This series aims to report new developments in mathematical economics and operations research and teaching quickly, informally and at a high level. The type of material considered for publication includes:

1. Preliminary drafts of original papers and monographs

2. Lectures on a new field, or presenting a new angle on a classical field

3. Seminar work-outs

4. Reports of meetings

Texts which are out of print but still in demand may also be considered if they fall within these categories.

The timeliness of a manuscript is more important than its form, which may be unfinished or tentative. Thus, in some instances, proofs may be merely outlined and results presented which have been or will later be published elsewhere.

Publication of *Lecture Notes* is intended as a service to the international mathematical community, in that a commercial publisher, Springer-Verlag, can offer a wider distribution to documents which would otherwise have a restricted readership. Once published and copyrighted, they can be documented in the scientific literature.

Manuscripts

Manuscripts are reproduced by a photographic process; they must therefore be typed with extreme care. Symbols not on the typewriter should be inserted by hand in indelible black ink. Corrections to the typescript should be made by sticking the amended text over the old one, or by obliterating errors with white correcting fluid. Should the text, or any part of it, have to be retyped, the author will be reimbursed upon publication of the volume. Authors receive 75 free copies.

The typescript is reduced slightly in size during reproduction; best results will not be obtained unless the text on any one page is kept within the overall limit of 18 x 26.5 cm (7 x 10 ½ inches). The publishers will be pleased to supply on request special stationery with the typing area outlined.

Manuscripts in English, German or French should be sent to Prof. Dr. M. Beckmann, Department of Economics, Brown University, Providence, Rhode Island 02912/USA or Prof. Dr. H. P. Künzi, Institut für Operations Research und elektronische Datenverarbeitung der Universität Zürich, Sumatrastraße 30, 8006 Zürich.

Die „Lecture Notes" sollen rasch und informell, aber auf hohem Niveau, über neue Entwicklungen der mathematischen Ökonometrie und Unternehmensforschung berichten, wobei insbesondere auch Berichte und Darstellungen der für die praktische Anwendung interessanten Methoden erwünscht sind. Zur Veröffentlichung kommen:

1. Vorläufige Fassungen von Originalarbeiten und Monographien.

2. Spezielle Vorlesungen über ein neues Gebiet oder ein klassisches Gebiet in neuer Betrachtungsweise.

3. Seminarausarbeitungen.

4. Vorträge von Tagungen.

Ferner kommen auch ältere vergriffene spezielle Vorlesungen, Seminare und Berichte in Frage, wenn nach ihnen eine anhaltende Nachfrage besteht.

Die Beiträge dürfen im Interesse einer größeren Aktualität durchaus den Charakter des Unfertigen und Vorläufigen haben. Sie brauchen Beweise unter Umständen nur zu skizzieren und dürfen auch Ergebnisse enthalten, die in ähnlicher Form schon erschienen sind oder später erscheinen sollen.

Die Herausgabe der „Lecture Notes" Serie durch den Springer-Verlag stellt eine Dienstleistung an die mathematischen Institute dar, indem der Springer-Verlag für ausreichende Lagerhaltung sorgt und einen großen internationalen Kreis von Interessenten erfassen kann. Durch Anzeigen in Fachzeitschriften, Aufnahme in Kataloge und durch Anmeldung zum Copyright sowie durch die Versendung von Besprechungsexemplaren wird eine lückenlose Dokumentation in den wissenschaftlichen Bibliotheken ermöglicht.

Lecture Notes in Operations Research and Mathematical Systems

Economics, Computer Science, Information and Control

Edited by M. Beckmann, Providence and H. P. Künzi, Zürich

38

Statistische Methoden I

Grundlagen und Versuchsplanung

Herausgegeben von E. Walter
Institut für medizinische Statistik und Dokumentation, Freiburg

Springer-Verlag
Berlin · Heidelberg · New York 1970

Advisory Board

H. Albach · A. V. Balakrishnan · F. Ferschl
W. Krelle · N. Wirth

ISBN-13: 978-3-540-04961-6   e-ISBN-13: 978-3-642-95169-5
DOI: 10.1007/978-3-642-95169-5

This work is subject to copyright. All rights are reserved, whether the whole or part of the material is concerned, specifically those of translation, reprinting, re-use of illustrations, broadcasting, reproduction by photocopying machine or similar means, and storage in data banks.

Under § 54 of the German Copyright Law where copies are made for other than private use, a fee is payable to the publisher, the amount of the fee to be determined by agreement with the publisher.

© by Springer-Verlag Berlin · Heidelberg 1970. Library of Congress Catalog Card Number 70-137102
Title No. 3787

Offsetdruck: Julius Beltz, Weinheim/Bergstr.

Vorwort

Die hier zusammengestellten Ausarbeitungen sind als Unterlagen für Kurse gedacht, die seit 1967 in Freiburg i.Br. mit Hilfe der Deutschen Forschungsgemeinschaft durchgeführt werden.

Sie sollen wissenschaftliche Mitarbeiter vorwiegend naturwissenschaftlicher und medizinischer Institute und Kliniken in die statistischen Methoden einführen. Dabei soll auch die Möglichkeit gegeben werden, die theoretische Begründung der Methoden kennenzulernen.

Bisher fanden zwei Einführungskurse und ein Fortsetzungskurs statt. In den Einführungskursen wurden die Grundlagen der statistischen Methoden, die Varianzanalyse und Versuchsplanung behandelt, im Fortsetzungskurs lag das Schwergewicht auf den mehrvariablen Methoden. Hierfür war es erforderlich, ausführlich auf die Matrizenrechnung einzugehen. Diejenigen Abschnitte, in denen diese oder andere wenig bekannte mathematische Methoden verwendet werden, sind im Inhaltsverzeichnis mit einem " H " versehen.

Es wurden auch Ausarbeitungen von Vorträgen aus Spezialgebieten aufgenommen, die während des Kurses in zusätzlichen Stunden für Interessierte geboten wurden. Abschnitte, die für das Verständnis des Folgenden nicht notwendig sind, sind mit einem "*" gekennzeichnet.

Von den während der Kurse verwendeten Tabellen und Übungsaufgaben sind im Anhang (Bd. II) nur Quizfragen angegeben worden.

Für die kritische Durchsicht der Manuskripte und für zahlreiche sehr wertvolle Verbesserungsvorschläge danke ich Fräulein Dipl. Math. I. Strasser.

Frau K. Matuz danke ich für das Schreiben der Druckvorlagen.

E. Walter

Inhaltsverzeichnis

	Seite
Einführung in die Mathematik (Eggs)	1
I. Mengen	1
II. Funktionen	8
III. Folgen	13
IV. Reihen	18
V. Stetigkeit, Differenzierbarkeit und Integration	23
VI. Permutation und Kombination	28
VII. Funktionen zweier Variablen	33
H Matrizenrechnung	38
Matrizen (Eggs und Schulte-Mönting)	38
Determinanten (Eggs und Schulte-Mönting)	44
Rang einer Matrix (Bammert)	52
Quadratische Formen (Bammert)	53
Matrizen-Inversion (Bammert)	55
Auflösung linearer Gleichungssyteme (Bammert)	57
Eigenwerte und Eigenvektoren (Bammert)	60
Beschreibende Statistik	
Häufigkeitsverteilung, Mittelwert und Varianz (Walter)	62
Darstellung zweivariabler Beobachtungen (Bloedhorn)	66
Regression und Korrelation (Bloedhorn)	70
Wahrscheinlichkeitsrechnung	74
Grundbegriffe (Walter)	74
Stichprobenraum, Ereignis, Wahrscheinlichkeit	74
Additions- und Multiplikationssätze, Unabhängigkeit, bedingte Wahrscheinlichkeit	75
Häufigkeitsfunktionen, Verteilungsfunktionen,	78
Funktionalparameter	78
Spezielle diskrete Verteilungen (Beinhauer)	
Binomialverteilung	82
Hypergeometrische Verteilung	83
Poissonverteilung	84
* Grenzwertsätze (Walter)	86
Wichtige Prüfverteilungen (Bloedhorn)	91
χ^2-Verteilung	91
t-Verteilung	94
F-Verteilung	95
Zweivariable Verteilungen (Beinhauer)	100
* Anwendungen der Bayesschen Formel (Walter)	104
H* Markoffsche Ketten (Walter)	107
H* Verzweigungsprozesse (Walter)	114

*	Drei Beispiele für die Anwendung stochastischer Prozesse in der Medizin (Dietz)	120
*	Monte-Carlo-Methoden (Walter)	122

Statistische Methoden ... 125
    Stichproben (Pfander) ... 125
    Statistische Schlußweisen (Walter) ... 128
        Grundgesamtheit, Stichprobe und Punktschätzung ... 128
        Testverfahren und Konfidenzintervall ... 131
        Einfache statistische Verfahren ... 141
    χ^2-Anpassungstest (Bammert) ... 146
    Vierfeldertest (Bammert) ... 148
    Kontingenztafeln (Bammert) ... 152
    Nichtparametrische Tests (Walter) ... 154
    Wahrscheinlichkeitspapier (Jesdinsky) ... 168

*	Zusammenstellung verschiedener Methoden für den Einstichprobenfall (Walter)	170
H*	Die Maximum-Likelihood-Methode (Walter)	176
*	Grundbegriffe der Entscheidungstheorie (Walter)	183
*	Sequentialanalyse (Bloedhorn)	188
*	Stichprobenpläne (Bloedhorn und Pfander)	200
*	ED_{50}-Schätzung (Jesdinsky)	205
*	Sterbetafelmethode (Walter)	209

Varianzanalyse und Versuchsplanung ... 212
    Einführung in die Versuchsplanung (Jesdinsky) ... 212
    Varianzanalyse: Einfachklassifikation (Roßner) ... 217
    Total hierarchische Klassifikation (Roßner) ... 224

*	Teilausgewogene total hierarchische Versuchspläne (Jesdinsky)	227

    Zweifachklassifikation (Roßner) ... 230
    Dreifachklassifikation (Roßner) ... 235
    Partiell hierarchische Klassifikation (Roßner) ... 238
    Anhang zu partiell hierarchischen Klassifikationen (Jesdinsky) ... 240
    Auswertung von Blockversuchen (Jesdinsky) ... 243

*	Versuche in ausgewogenen unvollständigen Blöcken (Jesdinsky)	246

    Lateinische Quadrate (Jesdinsky) ... 253

*	Graecolateinische und hypergraecolateinische Quadrate (Jesdinsky)	259

    Cross-Over-Versuche (Jesdinsky) ... 263

*	Wechselversuche (Jesdinsky)	265

    Versuchspläne zur Schätzung von Nachwirkungen (Jesdinsky) ... 269

	Signifikanztests bei Vergleichen zwischen mehr als zwei Mittelwerten (Jesdinsky)	273
	Transformationen (Roßner)	281
	Nichtparametrische Methoden für die Versuchsplanung (Walter)	283
	Fehlende Beobachtungen (Jesdinsky)	285
Regression und Korrelation		288
	Einfache lineare Regression (Pfander)	288
H	Multiple und partielle Regression (Jesdinsky und Pfander)	300
	Nichtlineare Regression (Pfander)	316
*	Orthogonalpolynome (Jesdinsky)	318
	Einfache Kovarianzanalyse (Widdra)	324
	Mehrfache Kovarianzanalyse (Widdra)	329
H*	Nichtorthogonale Varianzanalyse (Jesdinsky)	334

Autorenverzeichnis

Bammert J., Dr. rer. nat., Institut für medizinische Statistik und Dokumentation, Freiburg

Beinhauer R., Dr. rer. nat., Institut für mathematische Statistik, Karlsruhe

Bloedhorn H., Dr. med. Akad. Rat, Institut für medizinische Statistik und Dokumentation, Freiburg

Dietz K., Dr. rer. nat., WHO, Genf

Eggs H., Dr. rer. nat. Studienrat, Rotteck-Gymnasium, Freiburg

Jesdinsky H.-J., Dozent Dr. med., Institut für medizinische Statistik und Dokumentation, Freiburg

Pfander R., Dipl. Math., IBM, Sindelfingen

Roßner R., Dipl. Math., Institut für medizinische Statistik und Dokumentation, Freiburg

Schulte-Mönting J., Dipl. Math., Institut für medizinische Statistik und Dokumentation, Freiburg

Walter E., Prof. Dr. rer. nat., Institut für medizinische Statistik und Dokumentation, Freiburg

Widdra W., Dipl. Math., Institut für mathematische Statistik, Freiburg

Einführung in die Mathematik
I. Mengen
H. Eggs

1. Definition

Ein wichtiger mathematischer Grundbegriff ist die Menge.

__Beispiel:__ Die Gesamtheit der Mitglieder eines Vereins bilden eine Menge.

Zur Bildung einer Menge geben wir Eigenschaften vor, so daß wir von allen Objekten unseres Denkens oder unserer Anschauung entscheiden können, ob sie die genannten Eigenschaften erfüllen oder nicht. Die Objekte, die die genannten Eigenschaften erfüllen, fassen wir zu einer Menge zusammen.

__Bemerkung 1:__ Die Objekte einer Menge heißen Elemente.

__Bemerkung 2:__ In einer Menge kommt jedes Element nur einmal vor.

2. Darstellung von Mengen

Wir betrachten die Menge der ganzen Zahlen, die größer als fünf und kleiner als zehn sind. Diese Menge besteht aus den Elementen 6, 7, 8 und 9. Man kann sie auf folgende Arten angeben:

1. Verbal: Z.B. "Die Menge der ganzen Zahlen, die größer als 5 und kleiner als 10 sind".
2. Durch Aufzählung der Elemente
$$\{6, 7, 8, 9\} .$$
3. Durch folgenden Ausdruck in geschweiften Klammern: Hinter einem Symbol, das für ein Element der Menge steht, wird nach einem Doppelpunkt als Trennzeichen die definierende Eigenschaft der Elemente der Menge angegeben. Z.B.

$$\{x : x \text{ ist ganze Zahl größer als fünf und kleiner als zehn}\}.$$

Man wird jeweils die Darstellung wählen, die für die vorliegende Aufgabe am geeignetsten erscheint.

__Bemerkung 3:__ Wenn bei einer Betrachtung dieselbe Menge öfters vorkommt, dann empfiehlt es sich, sie z.B. nur mit einem großen lateinischen Buchstaben anzugeben. So wollen wir vereinbaren, daß wir die Menge der ganzen Zahlen kurz mit Z bezeichnen. Die Elemente werden oft durch kleine lateinische Buchstaben dargestellt.

<u>Bemerkung 4:</u> Für häufig vorkommende Formulierungen verwendet man Symbole. So setzt man für "ist Element der Menge" das Symbol $\in$. Z.B. für "5 ist Element der Menge der ganzen Zahlen"

$$5 \in Z.$$

Für "ist nicht Element der Menge" schreibt man das Symbol $\notin$. Also bedeutet

$$\frac{1}{2} \notin Z$$

"$\frac{1}{2}$ ist nicht Element der Menge der ganzen Zahlen".

<u>Bemerkung 5:</u> Eine Menge wird oft durch ein sogenanntes <u>Venn-Diagramm</u> veranschaulicht (s. Bild).

3. Gleichheit von Mengen, Untermengen, Grundmenge

a) Aus der Definition der Menge folgt, daß zwei Mengen gleich sind, wenn sie dieselben Elemente besitzen.

Z.B. ist $\{2, 3, 5\} = \{5, 2, 3\}$.

(I.1) <u>Def.:</u> Eine Menge A heißt <u>Untermenge</u> einer Menge B, wenn jedes Element der Menge A auch Element der Menge B ist.

Für "Die Menge A ist Untermenge der Menge B" schreiben wir kurz

$$A \subset B .$$

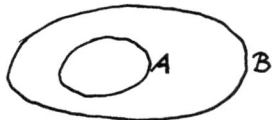

Es gilt z.B.
$$\{2, 5, 7, 12\} \subset \mathbb{Z}.$$

<u>Bemerkung 6:</u> Bei unserer Definition einer Untermenge ist jede Menge A Untermenge von sich selbst, es gilt also immer $A \subset A$. Gelte $A \subset B$ und habe B mindestens ein Element, das nicht in A enthalten ist, so nennen wir A eine <u>echte Untermenge</u> von B.

b) Es kommt bisweilen vor, daß man mehrere Mengen betrachtet, die alle Untermengen einer der ganzen Betrachtung zugrunde gelegten Menge sind. Diese Menge nennt man dann <u>Grundmenge</u> oder <u>Raum</u>.

(I.2) <u>Def.:</u> Das <u>Komplement</u> von A bezüglich B ist die Menge, deren Elemente genau die Elemente aus B sind, welche nicht in A liegen. Es wird mit
$$B - A$$
bezeichnet. In dem folgenden Venn-Diagramm ist B - A durch die schraffierte Fläche dargestellt.

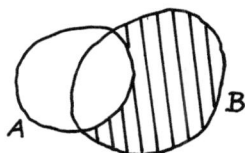

Ist A Untermenge einer Grundmenge $\mathfrak{X}$, so schreibt man für $\mathfrak{X} - A$ meist A', $\complement A$ oder $\bar{A}$.

Sei nun $A = B$, dann gibt es kein Element in B-A, wir sagen dann, daß B-A die "leere Menge" ist. Die leere Menge ist die Menge, die kein Element enthält. Sie wird durch $\emptyset$ angegeben.

4. Vereinigung, Durchschnitt, Cartesisches Produkt

a) (I.3) <u>Def.:</u> Die <u>Vereinigung zweier Mengen</u> A und B ist die Menge, die aus genau den Elementen besteht, welche in mindestens einer der Mengen A oder B enthalten sind.

Die Vereinigung von A und B geben wir an durch
$$A \cup B.$$

b) (I.4) Def.: Der Durchschnitt zweier Mengen A und B ist die Menge, die aus genau den Elementen besteht, welche in beiden Mengen A und B enthalten sind.

Den Durchschnitt von A und B stellen wir dar durch

$$A \cap B \quad \text{oder} \quad AB.$$

Es ist $A \cap B = \emptyset$ genau dann, wenn A und B keine gemeinsamen Elemente besitzen.

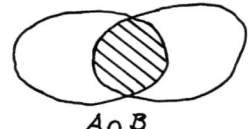
$A \cap B$

Beispiel: $R = \{2, 3\}$, $S = \{3, 4, 5\}$,
dann ist $R \cup S = \{2, 3, 4, 5\}$
$R \cap S = \{3\}$.

c) (I.5) Def.: Das Cartesische Produkt zweier Mengen A und B ist die Menge der Paare, deren 1. Glied alle Elemente aus A und deren 2. Glied alle Elemente aus B durchläuft.

Es gilt somit

$$A \times B = \{(x,y) : x \in A \text{ und } y \in B\}.$$

Beispiel: $R \times S = \{(2, 3),(2, 4),(2, 5),(3, 3),(3, 4),(3, 5)\}$.

Bemerkung 7: A und B seien zwei vorgegebene Mengen. In der Regel ist dann $A \times B$ von $B \times A$ verschieden.

Man beachte, daß $\{x,y\}$ die Menge mit den Elementen x und y darstellt, dagegen ist (x,y) ein Element eines cartesischen Produkts. Man nennt bisweilen ein Element (x,y) ein geordnetes Paar.

Bemerkung 8:

Gegeben seien die Mengen

$$A = \{1,2\}, \quad B = \{\alpha, \beta\}, \quad C = \{3,4,5\}.$$

Dann können wir damit bilden

$$A \times B \times C = \{(x,y,z) : x \in A, y \in B, z \in C\}.$$

Es gilt dann z.B.

$$(1, \alpha, 3) \in A \times B \times C$$
$$(2, \alpha, 5) \in A \times B \times C.$$

Man nennt $A \times B \times C$ ein "dreifaches cartesisches Produkt" und die Elemente dieser Menge "geordnete Tripel".

Seien $A_1, A_2, \ldots, A_n$ irgenwelche Mengen, dann ist

$$A_1 \times A_2 \times \ldots \times A_n$$

ein n-faches cartesisches Produkt und die Elemente werden **geordnete n-Tupel** genannt. $(2, -5, 7, 8, 12)$ ist ein geordnetes fünf-Tupel ganzer Zahlen. Ein geordnetes n-Tupel ist eine Anordnung von n Elementen, wobei es auf die Reihenfolge ankommt.

Bemerkung 9:

Gegeben sei eine Menge A. A_1 und A_2 seien zwei Untermengen hiervon. Man sagt, A_1 und A_2 stellen eine Zerlegung (Klasseneinteilung) von A dar, wenn gilt

$$A_1 \cap A_2 = \emptyset, \quad A_1 \cup A_2 = A.$$

Gilt

1. $A_1 \subset A, A_2 \subset A, \ldots, A_n \subset A$
2. $A_i \cap A_k = \emptyset$; $i, k = 1, 2, \ldots, n, i \neq k$
3. $A_1 \cup A_2 \cup A_3 \ldots \cup A_n = A$,

dann nennt man auch $A_1, A_2, \ldots, A_n$ eine Zerlegung von A.

5. Mengen und Zahlen

Die Menge der ganzen Zahlen geben wir durch das Symbol Z an, die positiven ganzen Zahlen heißen natürliche Zahlen. Ihre Menge geben wir mit N an. Die rationalen Zahlen sind die Zahlen, die sich durch Brüche der Gestalt $\frac{p}{q}$, p und $q \in Z$ mit $q \neq 0$ angeben lassen. Die Menge der rationalen Zahlen werde mit R angegeben. Ordnet man auf einer Geraden einem Punkt die Null, einem zweiten Punkt die Eins zu, dann kann man mit dem Strahlensatz jeder Zahl einen Punkt zuordnen. Wir haben eine **rationale Zahlengerade**. Es gibt aber Punkte, zu denen es keine Zahl gibt. Erweitert man R so, daß es zu jedem Punkt unserer Geraden eine Zahl und zu jeder Zahl einen Punkt gibt, dann haben wir die Menge der reellen Zahlen, die wir mit $\mathbb{R}$ angeben. Die Zahlen aus $\mathbb{R}-R$ sind die irrationalen Zahlen.

Für "a kleiner b" schreiben wir
$$a < b$$
und für "a kleiner oder gleich b"
$$a \leq b \; ,$$
entsprechend bedeutet
$$a > b$$
und
$$a \geq b$$

a ist größer bzw. größer oder gleich b.

Sei A eine Teilmenge der reellen Zahlen, also $A \subset \mathbb{R}$, dann nennt man A nach oben beschränkt, wenn es eine reelle Zahl gibt, so daß alle Elemente von A kleiner als diese Zahl sind. A heißt nach unten beschränkt, wenn es eine Zahl gibt, so daß alle Zahlen aus A größer als diese Zahl sind. "A ist beschränkt" besagt, das A nach unten und nach oben beschränkt ist.

<u>Bemerkung 10:</u> Gilt für a, $b \in \mathbb{R}$ die Ungleichung $a \leq b$, dann gilt bei $c \in \mathbb{R}$

(1) $ca \leq cb$ für $c > 0$
(2) $ca = cb = 0$ für $c = 0$
(3) $ca \geq cb$ für $c < 0$.

Das Gleichheitszeichen in (1) und (3) gilt genau dann, wenn $a=b$ ist.

Aus $a \leq b$ und $b \leq c$ folgt $a \leq c$.
Gilt $a \leq b$ und $b \leq a$, dann gilt $a = b$.

<u>Bemerkung 11:</u> Bilden wir das n-fache cartesische Produkt der reellen Zahlen $\mathbb{R}$. Diese Menge bezeichnen wir mit V_n

$$V_n = \underbrace{\mathbb{R} \times \mathbb{R} \times \mathbb{R} \times \ldots \times \mathbb{R}}_{n \text{ "Faktoren"}} \; .$$

(Es gilt $(5, \sqrt{5}, 7, -4) \in V_4$). Wir definieren auf V_n eine sogenannte Addition durch

(*) $(a_1, a_2, \ldots, a_n) + (b_1, b_2, \ldots, b_n) = (a_1+b_1, a_2+b_2, \ldots, a_n+b_n)$

(z.B.(2,5,7,-1)+(0,3,-2,1) = (2,8,5,0)) und eine Multiplikation mit einer Zahl $\alpha \in \mathbb{R}$ durch

(*,*) $\alpha(a_1, a_2, \ldots, a_n) = (\alpha a_1, \alpha a_2, \ldots, \alpha a_n)$

(z.B. 2(2,5,7,-1) = (4,10,14,-2)).

Falls für die n-Tupel reeller Zahlen (*) als Addition und (*,*) als Multiplikation mit einer Zahl definiert ist, nennen wir diese n-Tupel <u>Vektoren</u>.

<u>Bemerkung 12:</u> Sei A = $\{u : u \in \mathbb{R}$ und $0 \leq u \leq 1\}$, B = $\{v : v \in \mathbb{R}$ und $0 \leq v \leq 2\}$, dann ist in einem cartesischen Koordinatensystem A × B die Menge aller Punkte des Rechtecks mit den Eckpunkten (0,0), (1,0), (1,2) und (0,2). Dagegen ist B × A das Rechteck mit (0,0), (2,0), (2,1) und (0,1) als Eckpunkten.

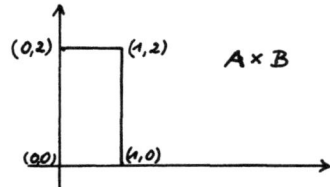
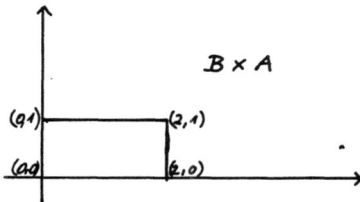

<u>Bemerkung 13:</u> Ein Intervall I ist eine Untermenge von $\mathbb{R}$, für die gilt: Sind α und β Elemente von I, dann sind auch alle Zahlen, die zwischen α und β liegen, Elemente von I.

<u>Bemerkung 14:</u> Eine reelle Zahl a, für die gilt

$$x \leq a \quad \text{für alle } x \in A,$$

heißt obere Schranke von A. Die kleinste dieser oberen Schranken ist die obere Grenze von A, geschrieben

$$\sup A \quad \text{oder} \quad \sup_{x \in A} x \,.$$

Entsprechend heißt eine reelle Zahl b, für die

$$x \geq b \quad \text{für alle } x \in A$$

gilt, untere Schranke von A. Die größte dieser unteren Schranken ist die untere Grenze von A

$$\inf A \quad \text{oder} \quad \inf_{x \in A} x \,.$$

II. Funktionen

H. Eggs

1. Definition

(II.1) Def.: Eine Funktion besteht aus zwei Mengen (Definitionsmenge, Wertemenge) und einer Vorschrift, die jedem Element der Definitionsmenge genau ein Element der Wertmenge zuordnet.

Oft wird eine Funktion kurz durch "f" angegeben, für die Definitionsmenge verwenden wir meist den Buchstaben D, für die Wertemenge W. Bisweilen schreibt man für eine Funktion auch

$$f : D \longrightarrow W.$$

Sei $x \in D$, dann wird diesem Element durch die Vorschrift ein Element aus W zugeordnet. Dieses bezeichnet man mit $f(x)$, was man "f von x" liest. Oft wird $f(x)$ gleich y gesetzt, also

$$y = f(x).$$

Es ist üblich, eine Funktion f durch ihr Bild $f(x)$ anzugeben.

Beispiel 1: $D = \mathbb{R}$, $W = \mathbb{R}$, die Vorschrift lautet: Ordne jedem $x \in \mathbb{R}$ den Wert $2x-1$ zu. Dafür schreiben wir kurz

$$y = 2x - 1 \quad \text{oder} \quad f(x) = 2x - 1.$$

Es ist dann $f(2) = 3$ oder $f(-1) = -3$.

Unter einem Schaubild einer Funktion f in einem cartesischen Koordinantensystem verstehen wir die Menge aller Punkte

$$\{(x, f(x)) : x \in D\}.$$

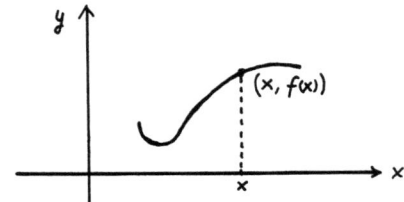

Beispiel 2: Die Betragsfunktion ist definiert durch $D = \mathbb{R}$, $W = \mathbb{R}$ und

$$f(x) = x \quad \text{für } x \geq 0$$
$$f(x) = -x \quad \text{für } x \leq 0.$$

Man setzt
$$f(x) = |x|.$$

Es ist z.B. $|-2| = -(-2) = 2$.

Also gilt für alle $x \in \mathbb{R}$
$$|x| \geq 0.$$

$|x-y|$ gibt an, wie weit die zu x und y gehörenden Punkte auf einer Zahlengeraden voneinander entfernt liegen.

(II.2) Def.: Eine Mengenfunktion ist eine Funktion f, die jeder Untermenge einer gegebenen Menge X reelle Zahlen zuordnet.

(II.3) Def.: Eine Mengenfunktion f heißt additiv, wenn für zwei beliebige Mengen A und B gilt
$$f(A \cup B) = f(A) + f(B) \text{ für } A \cap B = \emptyset.$$

Beispiel: $f(A) = |A|$ sei die Anzahl der Elemente der Menge A. Diese Mengenfunktion ist additiv.

Bemerkung 1: Bei einer Funktion f verlangen wir, daß es zu jedem $x \in D$ ein und nur ein $f(x) \in W$ gibt. Es darf aber $y \in W$ geben, zu denen es mehrere $x \in D$ gibt mit $f(x) = y$, es ist auch zulässig, daß W Elemente y enthält, zu denen es kein $x \in D$ gibt, für die $y = f(x)$ gilt.

Bemerkung 2: Wenn es bei einer Funktion f zu jedem $y \in W$ ein und nur ein $x \in D$ gibt, so daß gilt $y = f(x)$, dann nennt man die Funktion eineindeutig oder bijektiv.

Bemerkung 3: Wenn es zu einer Menge A eine Menge $N_r = \{1, 2, 3, \ldots, r-1, r\}$ gibt, so daß irgendeine eineindeutige Funktion $f : N_r \longrightarrow A$ existiert, dann nennt man A endlich.

Existiert eine eineindeutige Funktion $f : N \longrightarrow A$, dann heißt A abzählbar unendlich. Ist A weder endlich noch abzählbar, dann heißt A überabzählbar.

Die Menge der rationalen Zahlen ist abzählbar. Dagegen ist für beliebige $\alpha \in \mathbb{R}, \beta \in \mathbb{R}$ mit $\alpha < \beta$ die Menge $\{x : \alpha \leq x \leq \beta, x \in \mathbb{R}\}$ nicht abzählbar.

Bemerkung 4: Eine Funktion f heißt monoton wachsend, wenn aus $x_1 < x_2$

folgt, daß $f(x_1) \leq f(x_2)$ ist. Sie wird monoton fallend genannt, wenn aus $x_1 < x_2$ die Ungleichung $f(x_1) \geq f(x_2)$ folgt.

2. Exponentialfunktionen und Logarithmusfunktionen

a) Exponentialfunktionen

(II.4) Def.: Eine Funktion mit $f(x)=a^x$, $a>0$ nennt man Exponentialfunktion, a heißt Basis, x Exponent und a^x Potenz.

Man bekommt folgende Schaubilder:

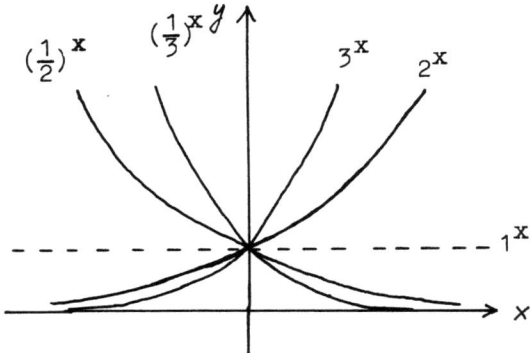

Für $a>1$ ist a^x monoton wachsend, für $0<a<1$ monoton fallend. Die wichtigsten Regeln für das Rechnen mit Potenzen sind folgende: Für $a>0$ und $b>0$ gilt für beliebige $x,y \in \mathbb{R}$

a) $a^x a^y = a^{x+y}$ b) $a^x : a^y = a^{x-y}$

c) $a^x b^x = (ab)^x$ d) $a^x : b^x = (\frac{a}{b})^x$

e) $(a^x)^y = a^{xy}$

Für $x=y$ folgt aus b) $a^0=1$, für $x=0$ bekommt man somit aus b) $\frac{1}{a^y} = a^{-y}$.

Für $a^{\frac{p}{q}}$ schreibt man auch $\sqrt[q]{a^p}$, was "q-te Wurzel aus a^p" gelesen wird.

$P(x,a^x)$ ist ein Kurvenpunkt von $f(x)=a^x$. Durch Spiegelung an der y-Achse bekommt man $P'(-x,a^x)$. Für $x_1=-x$ erhält man $P'(x_1, a^{-x_1}) = P'(x_1,(\frac{1}{a})^{x_1})$, also ein Punkt der Kurve von $g(x)=(\frac{1}{a})^x$: Spiegelt man diese Kurve von $f(x)=a^x$ an der y-Achse, dann erhält man die Kurve von $g(x) = (\frac{1}{a})^x$.

Die Kurve von $f(x)=a^{-x^2}$ hat für $a>1$ folgende Gestalt

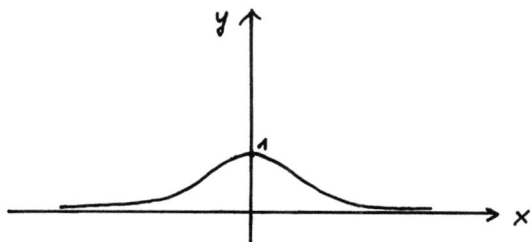

b) **Logarithmusfunktion**

Bei einer Logarithmusfunktion ist vorgegeben eine Basis a ($a>0$) und eine Potenz x, gesucht ist der Exponent y, so daß gilt $x = a^y$. Die Auflösung dieser Gleichung nach y wird folgendermaßen angegeben

$$y = \log_a x \quad ,$$

was "y gleich Logarithmus x zur Basis a" gelesen wird.

Merken wir uns:

$$\boxed{y = \log_a x \text{ ist gleichwertig mit } x = a^y}$$

Hieraus folgt: Gilt für ein Zahlenpaar $(u,v): v = a^u$, dann gilt $u = \log_a v$. Liegt also der Punkt $P(u,v)$ auf der Kurve von $y = a^x$, dann liegt $P'(v,u)$ auf der Kurve von $y = \log_a x$. P' erhält man aus P durch Spiegelung an der Geraden $y = x$: Die Kurve von $y = \log_a x$ erhält man aus der Kurve von $y = a^x$ durch Spiegelung an $y = x$.

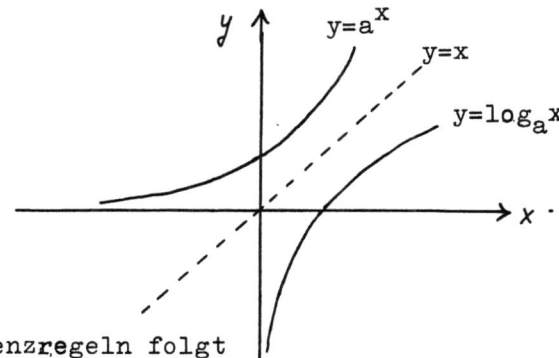

Aus den Potenzregeln folgt

α) $\log_a(xy) = \log_a x + \log_a y$

β) $\log_a(\frac{x}{y}) = \log_a x - \log_a y$

γ) $\log_a(x^y) = y \log_a x \quad .$

Aus $a^0 = 1$ folgt $0 = \log_a 1$, aus $a^1 = a$ bekommt man $1 = \log_a a$, hieraus bekommt man mit ß)

$$\log_a(\tfrac{1}{y}) = \log_a 1 - \log_a y$$
$$= -\log_a y \quad .$$

Somit bekommt man die Kurve von $y = \log_a(\tfrac{1}{x})$ aus der Kurve von $y = \log_a x$ durch Spiegelung an der x-Achse.

Für $\log_e x$*) schreibt man ln x, was "natürlicher Logarithmus von x" gelesen wird, für $\log_{10} x$ schreibt man lg x oder log x was "Zehnerlogarithmus von x" heißt.

Es gilt z.B.

$$\lg \sqrt[3]{100} = \lg(100^{\tfrac{1}{3}})$$
$$= \tfrac{1}{3} \log 100$$
$$= \tfrac{2}{3} \quad .$$

Denn $\log 100 = y$ ist gleichwertig mit $10^y = 100$, also ist lg 100=2.

---

*) $e = 2{,}718$ (vgl. III. Bemerkung 4)

III. Folgen

H. Eggs

1. Definition

(III.1) **Def.:** Eine Folge ist eine Funktion, deren Definitionsmenge die Menge der natürlichen Zahlen ist.

Statt $f(n)$ mit $n \in \mathbb{N}$ schreibt man bei Folgen meist a_n, x_n oder y_n, bisweilen auch a_i, x_i oder y_i mit $i \in \mathbb{N}$.

Das Urbild von x_n, also n, heißt <u>Index,</u> die Bilder heißen Glieder der Folge. Folgen werden oft einfach durch ihre Glieder, also a_n, angegeben.

<u>Beispiele:</u>

1) $a_n = 2n$; $a_1 = 2, a_2 = 4, a_3 = 6, a_4 = 8, \ldots$

2) $a_n = (-1)^n$; $a_1 = -1, a_2 = 1, a_3 = -1, a_4 = 1, \ldots$

3) $a_n = \frac{1}{n}$; $a_1 = 1, a_2 = \frac{1}{2}, a_3 = \frac{1}{3}, a_4 = \frac{1}{4}, \ldots$

4) $a_n = \frac{(-1)^n}{n}$; $a_1 = -1, a_2 = \frac{1}{2}, a_3 = \frac{-1}{3}, a_4 = \frac{1}{4}, \ldots$

5) $a_n = 1 - \frac{1}{n}$; $a_1 = 0, a_2 = \frac{1}{2}, a_3 = \frac{2}{3}, a_4 = \frac{3}{4}, \ldots$

6) $a_n = (-1)^n + \frac{1}{n}$; $a_1 = 0, a_2 = 1+\frac{1}{2}, a_3 = -1+\frac{1}{3}, a_4 = 1+\frac{1}{4}, \ldots$

<u>Bemerkung 1:</u> Sei $N_r = \{1, 2, 3, \ldots, r\}$ die Menge der r ersten natürlichen Zahlen, dann nennt man bisweilen

$$a : N_r \longrightarrow W$$

eine <u>endliche Folge</u>.

<u>Bemerkung 2:</u> Eine endliche <u>Doppelfolge</u> ist gegeben durch

$$a : N_r \times N_s \longrightarrow W .$$

Beispiel:
$$a : N_2 \times N_3 \longrightarrow \mathbb{R}, \; a_{nm} = nm.$$

Dann ist
$$a_{12} = 2, \; a_{23} = 6 \; .$$

Bemerkung 3:

Eine oft vorkommende Folge ist
$$a_n = n(n-1)(n-2) \ldots 2 \cdot 1 = n!$$

Man liest "n-Fakultät" für $n!$.

2. Konvergenz

Bei einigen der oben genannten Beispiele bemerken wir, daß sich die Werte der Folge immer mehr einer bestimmten Zahl nähern.

Bei den Beispielen 3) und 4) scheinen wir um so näher an Null heranzukommen, je größer n ist, im Beispiel 5) scheint sich a_n der eins zu nähern, bei 2) springen die Werte zwischen 1 und -1, während sie bei 1) unbeschränkt wachsen. Wir wollen nun das Beispiel 3) näher betrachten. Für $n \in N$ und $m \in N$ folgt aus $m < n$ die Ungleichung

$$\frac{1}{n} < \frac{1}{m} \; .$$

Hieraus folgt z.B.: Für alle $n \in N$ mit $3 < n$ gilt

$$\frac{1}{n} < \frac{1}{3} \; ,$$

das heißt: Für alle $n \in N$ mit $n > 3$ ist der Abstand zwischen a_n und o kleiner als $\frac{1}{3}$.

Nun zeigen wir: Sei $\varepsilon \in \mathbb{R}$ beliebig vorgegeben mit $\varepsilon > o$, dann gibt es ein $n_o \in N$, so daß für alle $n > n_o$ gilt

$$a_n < \varepsilon \; .$$

Da die Menge der natürlichen Zahlen nicht beschränkt ist, gibt es ein $n_o \in N$ mit $n_o > \frac{1}{\varepsilon}$, somit ist $\varepsilon > \frac{1}{n_o}$. Für alle $n > n_o$ gilt nun

$n > \frac{1}{\varepsilon}$ und somit $\varepsilon > \frac{1}{n}$, also ist für alle $n > n_o$

$$a_n < \varepsilon.$$

Wir sehen: Zu jedem noch so kleinen $\varepsilon > 0$ gibt es ein n_o, so daß für alle $n > n_o$ die a_n näher bei Null liegen als ε.

Nach unseren eben durchgeführten Überlegungen gilt dann: Zu jedem noch so kleinen $\varepsilon > 0$ gibt es ein n_o, so daß für alle $n > n_o$ gilt

$$|a_n| < \varepsilon.$$

Definiert man:

(III.2) Def.: Eine Folge a_n konvergiert gegen Null, wenn es zu jedem $\varepsilon \in \mathbb{R}$ mit $\varepsilon > 0$ ein $n_o \in \mathbb{N}$ gibt, so daß für alle $n > n_o$ gilt

$$|a_n| < \varepsilon.$$

Eine Folge, die gegen Null konvergiert, heißt Nullfolge.

Allgemein gilt:

(III.3) Def.: Eine Folge a_n konvergiert gegen die Zahl a, wenn die durch

$$\bar{a}_n = a_n - a$$

gegebene Hilfsfolge eine Nullfolge ist. a heißt der Grenzwert der Folge.

Für "a_n konvergiert gegen a" schreibt man

$$a_n \longrightarrow a$$

oder

$$\lim_{n \to \infty} a_n = a,$$

in Worten "limes a_n für n gegen unendlich gleich a".

Bemerkung 4: Die Folge $a_n = (1 + \frac{1}{n})^n$ konvergiert gegen $e = 2,718\ldots$

$$\lim_{n \to \infty} (1 + \frac{1}{n})^n = e.$$

3. Iteration

Wir wissen, daß wir $\sqrt{2}$ nur näherungsweise durch einen Dezimalbruch angeben können.

Wir wollen nun eine Folge konstruieren, die gegen $\sqrt{r}$ mit $r \in \mathbb{R}$ und $r > 0$ konvergiert. Dazu sei $a_1 > 0$ ein bekannter "Näherungswert", $\sqrt{r} \approx a_1$.

Es gelte
$$\sqrt{r} = a_1 + f_1$$
und somit
$$r = a_1^2 + 2a_1 f_1 + f_1^2 \ .$$

Es sei $|a_1| > |f_1|$, da sonst f_1 ein besserer Näherungswert als a. ist. So können wir f_1^2 vernachlässigen und bekommen

$$f_1 \approx \frac{r - a_1^2}{2a_1} = \frac{1}{2}\left(\frac{r}{a_1} - a_1\right) = \widetilde{f}_1 \ .$$

Es ist jetzt $a_1 + \widetilde{f}_1$ ein besserer Näherungswert als a_1, wir setzen

$$a_2 = a_1 + \widetilde{f}_1$$
$$= \frac{1}{2}\left(\frac{r}{a} + a_1\right) \ .$$

So fortfahrend bekommen wir eine Folge

$$a_{n+1} = \frac{1}{2}\left(\frac{r}{a_n} + a_n\right) \ .$$

Man setzt hier für jedes $n \in \mathbb{N}$ immer a_n in dieselbe Gleichung, um a_{n+1} zu berechnen. Es gilt

$$\lim_{n \to \infty} a_n = \sqrt{r} \ .$$

Wenn uns eine Folge gegeben ist, dann gibt es für die Menge der a_n, also für die Wertemenge, folgende Möglichkeiten:

1) Die Wertemenge ist nicht beschränkt (vergl. Beispiel 1)
2) Die Wertemenge ist beschränkt. Hierbei gibt es folgende Fälle:

a) Es gibt mehrere Zahlen, wobei in jeder Umgebung um solch eine Zahl immer Elemente a_n der Folge liegen (vergl. Beispiel 2) und 6)).

b) Es gibt genau eine Zahl, wobei in jeder Umgebung um solch eine Zahl alle bis auf endlich viele Elemente der Folge liegen (vergl. Beispiel 3) bis 5)).

<u>Bemerkung 5.:</u> Durch $a_n = q^n$, $q \in \mathbb{R}$ ist eine Folge gegeben. Diese Folge ist für $|q| < 1$ eine Nullfolge, für $q = 1$ hat sie 1 als Grenzwert, für $q = -1$ sind die Bilder abwechselnd 1 und -1, für $|q| > 1$ ist die Bildmenge nicht beschränkt.

IV. Reihen

H. Eggs

1. Summenzeichen

Es soll die Summe der ersten r Glieder irgendeiner Folge angeschrieben werden. Wir definieren dafür das Symbol $\sum_{k=1}^{r}$ durch

$$a_1 + a_2 + \ldots + a_r = \sum_{k=1}^{r} a_k .$$

Für die rechte Seite lesen wir "Summe über a_k von k=1 bis k=r".

Bemerkung 1:

Sei allgemein $S_k = \sum_{i=1}^{k} i$ die Summe der ersten k natürlichen Zahlen. Es ist

$$S_k = 1 + 2 + 3 + \ldots + (k-1) + k$$

$$S_k = k + (k-1) + (k-2) + \ldots + 1$$

$$2 S_k = (k+1) \cdot k$$

$$S_k = \frac{(k+1) \cdot k}{2} .$$

Für k = 5 ist $S_5 = \frac{5 \cdot 6}{2} = 15$.

Beispiel: Sei $a_k = k$, r = 10, dann ist

$$\sum_{k=1}^{10} a_k = a_1 + a_2 + a_3 + a_4 + a_5$$
$$+ a_6 + a_7 + a_8 + a_9 + a_{10}$$
$$= 1 + 2 + 3 + 4 + 5$$
$$+ 6 + 7 + 8 + 9 + 10$$
$$= \frac{10 \cdot 11}{2} = 55.$$

Bemerkung 2: Sei $a_i = 1$, dann ist

$$\sum_{i=1}^{r} a_i = a_1 + a_2 + \ldots + a_r = r$$

also

$$\sum_{i=1}^{r} 1 = r.$$

Bemerkung 3:

a) $\sum_{i=1}^{r} (a_i + b_i) = \sum_{i=1}^{r} a_i + \sum_{i=1}^{r} b_i$

b) $\sum_{i=1}^{r} c \, a_i = c \left(\sum_{i=1}^{r} a_i \right).$

Sei eine Doppelfolge gegeben.

Allgemein bedeutet

$$\sum_{k=1}^{r} \sum_{l=1}^{s} a_{kl} = \sum_{l=1}^{s} a_{1l} + \sum_{l=1}^{s} a_{2l} + \ldots + \sum_{l=1}^{s} a_{rl}$$

also gilt

$$\sum_{k=1}^{r} \sum_{l=1}^{s} a_{kl} = a_{11} + a_{12} + a_{13} + \ldots + a_{1s}$$
$$+ a_{21} + a_{22} + a_{23} + \ldots + a_{2s}$$
$$\vdots$$
$$+ a_{r1} + a_{r2} + a_{r3} + \ldots + a_{rs} \; .$$

Hierfür lesen wir: <u>Doppelsumme</u> über a_{kl} von $k = 1$ bis $k = r$ und $l = 1$ bis $l = s$.

Bemerkung 4:

$$\sum_{n=1}^{r-1} \sum_{m=n+1}^{r} a_{nm} = \sum_{m=2}^{r} a_{1m} + \sum_{m=3}^{r} a_{2m} + \ldots + \sum_{m=r}^{r} a_{r-1,m}.$$

Man bemerkt auf der rechten Seite leicht, daß genau die a_{nm} vorkommen, für die $n<m$ gilt. Es ist

$$\sum_{n=1}^{r-1}\sum_{m=n+1}^{r} a_{nm} = \sum_{\substack{n=1 \\ n<m}}^{r-1}\sum_{m=1}^{r} a_{nm}.$$

Wir berechnen

$$(\sum_{i=1}^{4} a_i)^2 = (a_1 + a_2 + a_3 + a_4)(a_1 + a_2 + a_3 + a_4)$$

$$= a_1^2 + a_1(a_2 + a_3 + a_4)$$

$$\quad + a_2^2 + a_2(a_1 + a_3 + a_4)$$

$$\quad + a_3^2 + a_3(a_1 + a_2 + a_4)$$

$$\quad + a_4^2 + a_4(a_1 + a_2 + a_3)$$

$$= \sum_{i=1}^{4} a_i^2 + 2(a_1(a_2+a_3+a_4) + a_2(a_3+a_4) + a_3 a_4)$$

$$= \sum_{i=1}^{4} a_i^2 + 2 \sum_{i=1}^{3} \sum_{k=i+1}^{4} a_i a_k.$$

Allgemein gilt

$$(\sum_{i=1}^{n} a_i)^2 = \sum_{i=1}^{n} a_i^2 + 2 \sum_{i=1}^{n-1} \sum_{k=i+1}^{n} a_i a_k$$

$$= \sum_{i=1}^{n} a_i^2 + 2 \sum_{\substack{i=1 \\ i<k}}^{n-1} \sum_{k=1}^{n} a_i a_k.$$

2. Definition der Reihen

Durch $a_n = (\frac{1}{2})^{n-1}$ ist eine Folge gegeben. Da für jede reelle Zahl r nach Definition $r^0 = 1$ gilt, können wir bilden

$$S_4 = \sum_{k=1}^{4} a_k = 1 + \frac{1}{2} + (\frac{1}{2})^2 + (\frac{1}{2})^3$$

$$\frac{1}{2} S_4 = \frac{1}{2} \sum_{k=1}^{4} a_k = \frac{1}{2} + (\frac{1}{2})^2 + (\frac{1}{2})^3 + (\frac{1}{2})^4$$

$$\overline{S_4 - \frac{1}{2} S_4 = 1 \qquad\qquad\qquad - (\frac{1}{2})^4}$$

und somit

$$S_4 = \frac{1-(\frac{1}{2})^4}{1-\frac{1}{2}} \, .$$

Für $a_n = q^{n-1}$ bekommen wir entsprechend

$$S_r = \frac{1-q^r}{1-q} \quad \text{bei } q \neq 1$$

$$S_r = r \quad \text{bei } q = 1.$$

Wir haben nun durch S_r eine neue Folge. Für $|q| < 1$ konvergiert

$$S_r = \frac{1-q^r}{1-q}$$

$$= \frac{1}{1-q} - \frac{1}{1-q} q^r$$

gegen den Grenzwert

$$S = \frac{1}{1-q} \, ,$$

da q^r für $|q| < 1$ gegen Null konvergiert (vgl. III Bemerkung 5.). Wir haben also eine Folge mit $a_r = q^{r-1}$. Damit bilden wir eine neue Folge durch

$$S_r = \sum_{k=1}^{r} q^{k-1} \, .$$

Für diese Folge gilt bei $|q| < 1$

$$\lim_{r \to \infty} S_r = \frac{1}{1-q} .$$

Dafür schreibt man auch

$$\sum_{k=1}^{\infty} q^{k-1} = \frac{1}{1-q} .$$

(IV.1) Def.: Gegeben ist eine Folge durch α_k. Damit bildet man eine neue Folge, wobei das r-te Glied dieser Folge die Summe der r ersten Glieder der Ausgangsfolge ist. Wenn diese neue Folge konvergiert, dann schreibt man für den Grenzwert

$$\sum_{k=1}^{\infty} \alpha_k$$

und nennt dies eine (unendliche) konvergierende Reihe. (Strebt die neue Folge gegen $+\infty$ oder $-\infty$, dann spricht man von einer unendlichen divergierenden Reihe!)

Die Reihe $\sum_{k=1}^{\infty} q^{k-1}$ wird geometrische Reihe genannt.

Bemerkung 5: Die Reihe $S_r = \sum_{i=0}^{r} \frac{1}{i!} = 1 + 1 + \frac{1}{2!} + \frac{1}{3!} + \frac{1}{4!} + \ldots$

konvergiert gegen $e = 2,718$.

Die Reihe $S_r = \sum_{i=0}^{r} \frac{x^i}{i!} = 1 + x + \frac{x^2}{2!} + \frac{x^3}{3!} + \ldots + \frac{x^r}{r!}$

konvergiert gegen e^x.

V. Stetigkeit, Differenzierbarkeit und Integration

H. Eggs

1. Stetigkeit

Betrachten wir folgende Funktionen über $\mathbb{R}$ mit den Zuordnungsvorschriften

a) $f(x) = x^2$

b) $f(x) = \begin{cases} x & \text{für } x \leq 1 \\ x + 1 & \text{für } x > 1 \end{cases}$

c) $f(x) = \begin{cases} x & \text{für } x < 1 \\ 2 & \text{für } x = 1 \\ -x+4 & \text{für } x > 1 \end{cases}$

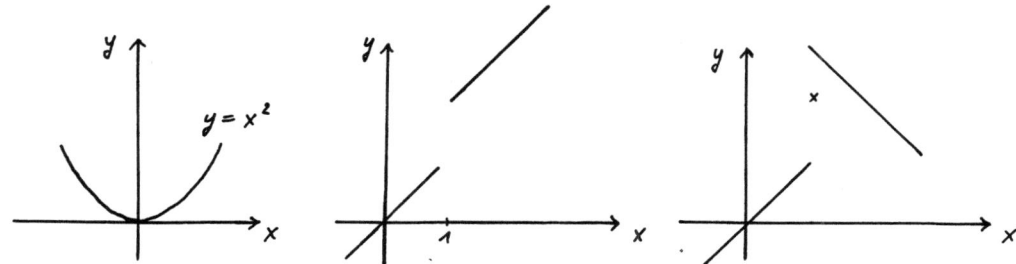

Anschaulich sind die Funktionen der Beispiele b) und c) in $x_i = 1$ nicht stetig. Für alle übrigen x sind diese Funktionen stetig. Die Funktion aus a) ist überall stetig.

Um Stetigkeit an der Stelle x_0 zu definieren, betrachten wir eine Folge x_i mit $x_i \to x_0$, und wir untersuchen dazu die Folge $f(x_i)$. Wenn solch eine Folge nicht gegen $f(x_0)$ konvergiert, dann ist die Funktion in x_0 nicht stetig.

(V.1) Def.: Eine Funktion f heißt an der Stelle $x_0 \in D$ stetig, wenn für jede gegen x_0 konvergierende Folge x_i gilt

$$f(x_i) \to f(x_0).$$

2. Differenzierbarkeit

Gegeben sei eine Funktion f.

Wir schneiden diese Funktion im Punkte $(x_o, f(x_o)) = (x_o, y_o)$

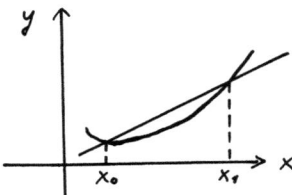

mit einer beliebigen Geraden. Diese hat die Gleichung

$$\frac{y - y_o}{x - x_o} = m,$$

wobei m die Steigung bedeutet.

Wir betrachten nun eine Gerade, die mit der Kurve noch einen zweiten Schnittpunkt hat. Ein zweiter Schnittpunkt dieser Geraden mit der Kurve sei $(x_1, f(x_1))$. Mit $y_o = f(x_o)$ und $y_1 = f(x_1)$ bekommen wir

$$\frac{f(x_1) - f(x_o)}{x_1 - x_o} = m_1 \ .$$

Wir lassen nun x_i eine Folge durchlaufen, die gegen x_o konvergiert und betrachten dazu die Folge

$$\frac{f(x_i) - f(x_o)}{x_i - x_o} = m_i \ .$$

Man definiert nun:

(V.2) __Def.__: Eine Funktion f heißt an der Stelle x_o differenzierbar, wenn für jede gegen x_o konvergierende Folge x_i die Folge

$$\frac{f(x_i) - f(x_o)}{x_i - x_o} = m_i$$

gegen denselben Grenzwert m_o konvergiert. Man nennt m_o die Ableitung oder den Differentialquotienten von f an der Stelle x_o.

Für m_o schreibt man $f'(x_o)$, $\frac{df}{dx}\big|_{x_o}$ oder y'.

Die Gerade durch $(x_o, f(x_o))$ mit der Steigung m_o heißt Tangente.

<u>Bemerkung 1</u>: Sei f in jedem Punkt $x_o \in D$ differenzierbar, dann ist f' eine Funktion, bei der jedem $x \in D$ der Wert $f'(x)$ zugeordnet wird.

<u>Bemerkung 2</u>: Betrachten wir eine Funktion f mit $f(x) = |x|$ und fragen wir, ob f an der Stelle o differenzierbar ist. Es sei x_i eine gegen o konvergierende Folge mit $x_i > o$ für jedes $i \in N$. Dann ist

$$\frac{|x_i| - |o|}{x_i - o} = \frac{x_i}{x_i} = 1, \text{ also } m_i = 1 \text{ für alle } i \in N.$$

Somit konvergiert diese Folge gegen $m_o = 1$.

Sei x_i eine gegen o konvergierende Folge mit $x_i < o$ für jedes $i \in N$, dann ist

$$\frac{|x_i| - |o|}{x_i - o} = \frac{-x_i}{x_i} = -1, \text{ also } m_i = -1 \text{ für alle } i \in N.$$

Hier ist $m_o = -1$. Somit ist unsere Funktion an der Stelle $x_o = o$ nicht differenzierbar.

3. Integration

Gegeben ist eine Funktion f mit
$$D = \{x: x \in \mathbb{R} \text{ und } \alpha \leq x \leq \beta\}$$
und $f(x) \geq o$ für alle $x \in D$.

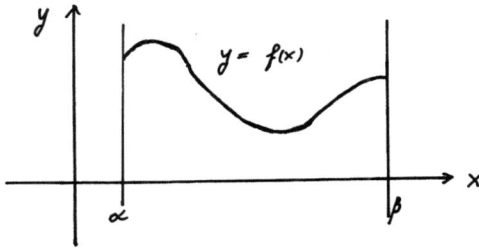

Wir wollen den Flächeninhalt F der Fläche berechnen, die von der x-Achse, den Geraden $x = \alpha$ und $x = \beta$ und der Kurve umrandet wird. Dazu beginnen wir folgendermaßen. Wir nehmen an, daß y_u der kleinste Wert ist, den die Funktion in diesem Intervall annimmt. Der Fall, daß kein derartiger Wert existiert, wird hier nicht betrachtet. Dann ist der Flächeninhalt des Rechtecks ABCD

$$U_1 = y_u (\beta-\alpha).$$

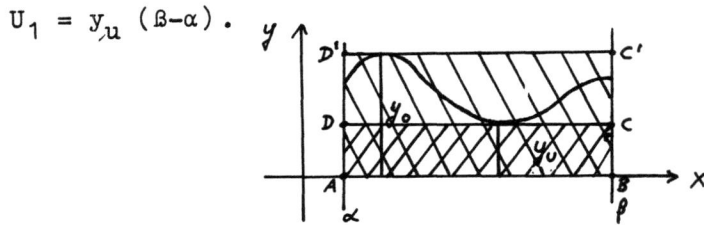

Sei y_o der größte Wert, den die Funktion in dem Intervall annimmt, dann ist der Flächeninhalt des Rechtecks ABC'D'

$$O_1 = y_o (\alpha-\beta).$$

Es gilt

$$U_1 \leq F \leq O_1.$$

Man nennt U_1 Untersumme und O_1 Obersumme.

Nun zerlegen wird D durch x_1 in zwei beliebige Strecken. Für jede

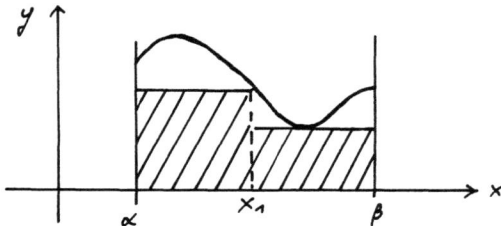

Teilstrecke wenden wir wieder obiges Verfahren an. So bekommen wir eine Untersumme U_2, die der Flächeninhalt zweier Rechtecke ist. Entsprechend bekommen wir eine Obersumme O_2. Zerlegen wir jetzt D durch x_1 und x_2 in 3 Strecken, dann bekommen wir analog U_3 und O_3. Wir bekommen so eine Folge U_i und O_i. Es gilt immer

$$U_i \leq F \leq O_i.$$

Wenn nun U_i und O_i konvergieren und ihre Grenzwerte zusammenfallen, wobei wir voraussetzen, daß die maximale Länge der Teilstrecken eine Nullfolge bildet, dann stellt dieser Grenzwert die Fläche F dar.

(V.3) Def.: Eine reelle Funktion f mit $D = \{x : x \in \mathbb{R}, \alpha \leq x \leq \beta\}$ heißt über D integrierbar, wenn jede dieser Folgen von Obersummen und Untersummen gegen denselben Grenzwert F konvergiert. Man nennt diesen Grenzwert das Integral.

Für F schreibt man

$$F = \int_\alpha^\beta f(x)\,dx \,.$$

<u>Bemerkung 3:</u> Die Funktion F heißt Stammfunktion der Funktion f, wenn für alle $x \in D$ gilt

$$F'(x) = f(x) \,.$$

Es gilt

$$\int_\alpha^\beta f(x)\,dx = F(\beta) - F(\alpha) \,.$$

<u>Bemerkung 4:</u> Es sei f gegeben durch

$$f(x) = \begin{cases} 2 & \text{für } x \in \{x \,:\, x \in \mathbb{R},\ 0 \le x \le 2\} \\ 1 & \text{für } x \in \{x \,:\, x \in \mathbb{R}-\mathbb{R},\ 0 \le x \le 2\} \end{cases}$$

Da auf jeder noch so kleinen Strecke rationale Zahlen und nicht rationale Zahlen liegen, ist

$$U_i = 2 \,,\ O_i = 4 \text{ für jedes } i \in \mathbb{N} \,.$$

Somit gibt es zu dieser Funktion kein Integral.

VI Permutation und Kombination

H. Eggs

1. Permutation

Gegeben sei die Menge

$$A = \{a_1, a_2, a_3\}.$$

Wir wollen alle möglichen Anordnungen der Elemente aus A in Form von Tripeln angeben. Diese sind

$$A_1 = (a_1, a_2, a_3), \quad A_2 = (a_1, a_3, a_2)$$
$$A_3 = (a_2, a_1, a_3), \quad A_4 = (a_2, a_3, a_1)$$
$$A_5 = (a_3, a_1, a_2), \quad A_6 = (a_3, a_2, a_1).$$

Nun betrachten wir die Menge, deren Elemente die Anordnungen A_1 bis A_6 sind.

$$P_3 = \{A_1, A_2, A_3, A_4, A_5, A_6\}.$$

Ein Element dieser Menge nennen wir Permutation. P_3 nennen wir die Menge der Permutationen von drei Elementen.

Wir definieren:

(VI. 1) **Def.:** Gegeben sei eine Menge A mit n Elementen. P_n sei die Menge aller möglichen Anordnungen der Elemente aus A. Ein Element der Menge P_n heißt eine Permutation.

Die Anzahl der Permutationen bezeichnet man mit $P(n)$. Hat die Ausgangsmenge A zwei Elemente, dann gibt es zwei Möglichkeiten

$$(a_1, a_2), (a_2, a_1).$$

Also ist $P(2) = 2$.

Haben wir eine Menge mit n Elementen, so greifen wir ein Element heraus und wählen dafür eine beliebige Stelle, also n Möglichkeiten. Für das nächste Element haben wir n-1 Plätze, also insgesamt n(n-1) Möglichkeiten. Durch Fortsetzung dieser Überlegung erhalten wir: Die Anzahl der Permutationen einer Menge von n Elementen ist
$$n! = n(n-1)(n-2)\ldots 1.$$

2. r-Permutation

<u>(VI. 2) Def.</u>: Gegeben sei eine Menge A mit n Elementen. P (n,r) sei die Menge aller möglichen Anordnungen von je r verschiedenen Elementen aus der Menge A. Ein Element der Menge P(n,r) heißt eine r-Permutation.

Es ist also bei $A = \{1, 2, 3\}$

$$P(3, 2) = \{(1, 2),(1, 3),(2, 1),(2, 3),(3, 1),(3, 2)\}.$$

Die Anzahl der möglichen r-Permutationen sei P(n,r). Es ist

$$P(n, n) = n!, \quad P(n, 1) = n.$$

Sei eine Menge A mit n Elementen gegeben. α sei eine Anordnung von r verschiedenen Elementen aus A. Wenn wir ein Element aus A als erstes Element für α gewählt haben, können wir in α noch n-1 Elemente auf r-1 Stellen verteilen. Wir können somit noch (r-1)-Permutationen bezüglich n-1 Elementen bilden. Deren Anzahl ist P(n-1, r-1). Da wir für die erste Stelle n Möglichkeiten haben, haben wir im ganzen n P(n-1 , r-1) Möglichkeiten. Also ist

$$P(n, r) = n \cdot P(n-1, r-1).$$

Es ist

$$\begin{aligned}P(6, 4) &= 6 \cdot P(5, 3) \\ &= 6 \cdot 5 \cdot P(4, 2) \\ &= 6 \cdot 5 \cdot 4 \cdot P(3,1) \\ &= \underbrace{6 \cdot 5 \cdot 4 \cdot 3}_{4 \text{ Faktoren}}\end{aligned}$$

Wenn eine Menge mit n Elementen gegeben ist, dann ist die Anzahl der möglichen r- Permutationen

$$P(n, r) = n(n-1) \ldots (n-(r-1)).$$

$$P(n,r) = \frac{n!}{(n-r)!},$$

wobei $0! = 1$ definiert wird.

3. r - Kombination

Betrachten wir alle Untermengen mit 2 Elementen der Menge

$$A = \{1, 2, 3\}.$$

Sie sind
$$\{1, 2\}, \quad \{1, 3\}, \quad \{2, 3\}.$$

Betrachten wir nun die Menge
$$\mathcal{K}(3, 2) = \{\{1, 2\}, \{1, 3\}, \{2, 3\}\}.$$

Ein Element dieser Menge nennen wir eine 2-Kombination.

<u>(VI. 3) Def.:</u> Gegeben ist eine Menge A mit n Elementen. $\mathcal{K}(n,r)$ sei die Menge aller möglichen Untermengen von A mit r Elementen. Ein Element der Menge $\mathcal{K}(n,r)$ heißt eine r-Kombination.

Wir wollen uns nun überlegen, wieviele r-Kombinationen es bei einer Menge mit n Elementen gibt. Denken wir uns, wir hätten alle r-Kombinationen solch einer Menge. Ihre Anzahl sei $C(n,r)$. Zu jeder r-Kombination gibt es r! Möglichkeiten von r-Permutationen. Also ist die Anzahl aller r-Permutationen r! $C(n,r)$. Somit ist

$$C(n,r) = \frac{P(n,r)}{r!}.$$

Also
$$C(n,r) = \frac{n!}{r!(n-r)!}.$$

Für $C(n,r)$ wird auch $\binom{n}{r}$ geschrieben, gelesen "n über r". Es ist also

$$\binom{n}{r} = \frac{1 \cdot 2 \cdot 3 \cdot \ldots \cdot (n-1) \cdot n}{1 \cdot 2 \cdot \ldots \cdot (r-1) \cdot r \cdot 1 \cdot 2 \cdot \ldots \cdot (n-r-1)(n-r)}$$

$$= \frac{n(n-1) \ldots (n-r+1)}{1 \cdot 2 \cdot \ldots \cdot (r-1)r}.$$

Die Anzahl aller Untermengen, die nur ein Element enthalten, ist somit

$$C(n,1) = \frac{n!}{(n-1)!} = n.$$

Die Anzahl der Untermengen mit n Elementen ist

$$C(n,n) = \frac{n!}{n! \, 0!} = 1$$

wie die Menge selbst.

Da jede Menge die leere Menge als Untermenge enthält, ist

$$C(n,0) = 1 \ .$$

Die Anzahl aller Untermengen ist

$$\sum_{r=0}^{n} C(n,r) = 2^n.$$

4. Aufteilungen.

Sei uns eine Menge mit 2 weißen und 3 roten Kugeln gegeben. Wir stellen die Frage, wie viele mögliche Anordnungen es für diese fünf Elemente gibt, wenn wir zwischen den Kugeln gleicher Farbe nicht unterscheiden.

Unsere Frage ist gleichwertig mit folgender: Wie können wir zwei Kugeln auf fünf Plätze verteilen oder wie können wir zwei Plätze unter fünfen auswählen, was letztlich auf die Frage hinausläuft: Wie viele Möglichkeiten finden wir, um aus einer Menge mit fünf Elementen Untermengen mit zwei Elementen auszuwählen? Die Anzahl der Möglichkeiten sei $P(5, 2, 3)$. Es ist also

$$P(5, 2, 3) = \binom{5}{2}$$

$$= \frac{5!}{2! \cdot 3!} \ .$$

Sei eine Menge A mit n Elementen gegeben. Diese zerlegen wir in 2 Untermengen B_1 und B_2, wobei n_1 die Anzahl der Elemente von B_1 und n_2 die von B_2 ist. Weiter gelte $B_1 \cap B_2 = \emptyset$ und $B_1 \cup B_2 = A$.
Die Anzahl der möglichen Permutationen der Elemente von A, wobei die Elemente derselben Untermenge nicht unterschieden werden, sei $P(n, n_1, n_2)$. Es ist

$$P(n, n_1, n_2) = \frac{n!}{n_1! \cdot n_2!} \ .$$

Nun sei A in B_1, B_2 und B_3 zerlegt. n_i sei die Anzahl der Elemente in B_i. Sei $B_2 \cup B_3 = C_1$, dann ist die Anzahl der möglichen Permutationen der Elemente von A, ohne Unterscheidung der Elemente aus B_1 bzw. C_1

$$P(n, n_1, n_2 + n_3) = \frac{n!}{n_1! \cdot (n_2+n_3)!} \ .$$

Wenn wir nun noch zwischen den Elementen von B_2 und B_3 unterscheiden, müssen wir $P(n, n_2 + n_3)$ mit $P(n_2 + n_3, n_2, n_3)$ multiplizieren

$$P(n, n_1, n_2, n_3) = \frac{n!}{n_1!(n_2+n_3)!} \cdot \frac{(n_2+n_3)!}{n_2! \cdot n_3!}$$

$$= \frac{n!}{n_1! \cdot n_2! \cdot n_3!} \ .$$

Sei n die Anzahl der Elemente von A, n_i die von A_i, wobei i von 1 bis r läuft. Es gelte

$$A_i \cap A_k = \emptyset \text{ für } i \neq k \quad i, k = 1 \ldots r \ .$$
$$A_1 \cup A_2 \cup A_3 \cup \ldots \cup A_r = A.$$

Sei $P(n, n_1, n_2, \ldots, n_r)$ die Anzahl aller Permutationen der Elemente von A, wobei zwischen den Elementen derselben Untermenge nicht unterschieden wird. Dann gilt

$$P(n, n_1, n_2, \ldots, n_r) = \frac{n!}{n_1! \cdot n_2! \cdot \ldots \cdot n_r!} \ .$$

VII. Funktionen zweier Variablen
==

H. Eggs

1. Cartesisches Koordinatensystem im Raum

Zur Bildung eines Cartesischen Koordinatensystems im Raum gehen wir von einem Cartesischen Koordinatensystem der Ebene aus. Es sei durch x- und y-Achsen gegeben. Durch den Schnittpunkt dieser Achsen legen wir eine dritte Achse, die senkrecht auf der von der x- und der y-Achse gebildeten Ebene steht. Diese Ebene nennen wir kurz x,y - Ebene. Dem Zahlentripel (x_0, y_0, z_0) ordnen wir folgenden Punkt zu: Zuerst suchen wir in der x,y - Ebene den Punkt (x_0, y_0). Ist $z_0 = 0$, dann ist dieser Punkt der gesuchte Punkt. Ist $z_0 > 0$, dann gehen wir über (x_0, y_0) um die Strecke z_0 nach oben und haben dann den gesuchten Punkt, bei $z_0 < 0$ gehen wir entsprechend nach unten.

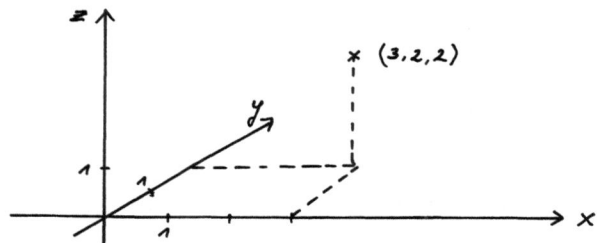

2. Definition der Funktionen zweier Variablen

(VII. 1)Def.: Eine Funktion

$$f : D \longrightarrow W$$

heißt eine Funktion zweier Variablen, falls D Teilmenge eines Cartesischen Produktes A x B ist.

Zu $(x,y) \in D$ stellt $(x,y,f(x,y))$ einen Punkt des Cartesischen Koordinatensystems im Raume dar.

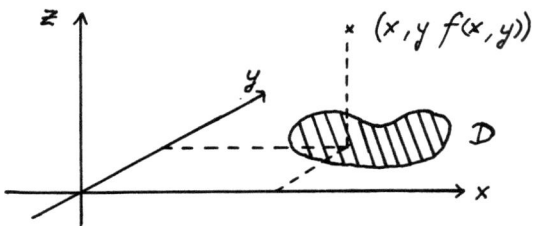

Die Menge aller Punkte
$$\{(x,y,f(x,y)) : (x,y) \in D\}$$
stellt das Schaubild einer Funktion mit 2 Variablen im Raum dar.

Beispiel: Es sei

$f : D \rightarrow \mathbb{R}$

$D = \{(x,y) : (x,y) \in \mathbb{R} \times \mathbb{R} \text{ und } x^2 + y^2 \leq 3^2\}$

$f(x,y) = \sqrt{x^2 + y^2}$.

Die Punkte von D sind in der x,y-Ebene die Punkte einer Kreisscheibe mit dem Radius r = 3. Unsere Funktion besagt: Nimm einen Punkt (x,y) dieser Kreisscheibe und ordne ihm $\sqrt{x^2 + y^2}$ zu. Betrachten wir das Schaubild **des** Beispiels: Die Menge aller Punkte (x,y) mit $x^2 + y^2 = r^2$ stellt einen mit der Kreisscheibe D konzentrischen Kreis dar, der bei $r \leq 3$ innerhalb D liegt. Sei $r \leq 3$, dann ist über solch einem Kreis

$$f(x,y) = \sqrt{x^2 + y^2}$$
$$= \sqrt{r^2}$$
$$= r,$$

das heißt, alle Punkte der Fläche über solch einem Kreis liegen mit derselben Höhe h = r über der x,y-Ebene. Wir bekommen somit einen nach obengeöffneten Kegel, dessen Achse mit der z-Achse zusammenfällt und dessen Spitze in dem Ursprung liegt.

Bemerkung 1: Für f(x,y) schreibt man oft z. Es ist somit

$$z = f(x,y) .$$

In der x,y - Ebene stellt für jede feste Zahl a die Menge der Punkte
$\{(x,a) : x \in \mathbb{R}\}$ eine Gerade dar, die parallel zur x-Achse im Abstand a
verläuft. Die Ebene senkrecht darüber besteht aus der Punktmenge

$$\{(x,a,z) : x \in \mathbb{R}, \quad z \in \mathbb{R}, \quad a \in \mathbb{R}, \text{ a fest}\}.$$

Der Schnitt solch einer Ebene mit dem Schaubild des Beispiels ist
eine Hyperbel. Dieser Schnitt gibt uns den Verlauf des Schaubildes
über der Geraden y=a der x,y-Ebene.

3. Punktfolgen in der x,y - Ebene

VII/2) Def.: Es stellt $P_i = (x_i, y_i)$, $i \in \mathbb{N}$ eine Punktfolge der
x,y-Ebene dar, falls die x_i und y_i Glieder einer Folge sind.

Beispiel:

$$P_i = (\frac{1}{i} ; \frac{1}{i^2}), \quad i \in \mathbb{N}$$

$$P_1 = (1,1)$$
$$P_2 = (\frac{1}{2}, \frac{1}{4})$$
$$P_3 = (\frac{1}{3}, \frac{1}{9})$$
$$P_4 = (\frac{1}{4}, \frac{1}{16})$$

(VII/3) Def.: Eine Punktfolge (x_i, y_i) heißt gegen (x_o, y_o)
konvergent, falls die durch x_i und y_i gegebenen Folgen mit $x_i \to x_o$,
$y_i \to y_o$ konvergieren.

Die Folge des obigen Beispiels konvergiert gegen $(0,0)$.

In Analogie zur Stetigkeit bei Funktionen einer Variablen definieren
wir:

(VII. 4) Def.: Eine Funktion

$$f : D \to \mathbb{R}, \quad D \subseteq \mathbb{R} \times \mathbb{R}$$

heißt im Punkte (x_o, y_o) stetig, falls mit jeder gegen (x_o, y_o)
konvergierenden Punktfolge (x_i, y_i) auch $f(x_i, y_i)$ gegen $f(x_o, y_o)$
konvergiert.

4. Integration

Gegeben sei eine Funktion

$$f : D \to \mathbb{R}, \quad D \subset \mathbb{R} \times \mathbb{R},$$

wobei D ein Rechteck ist. Es ist also

$$D = A \times B, \quad A = \{x : x \in \mathbb{R}, \alpha \leq x \leq \beta\}, \quad B = \{y : y \in \mathbb{R}, \gamma \leq y \leq \delta\}.$$

Für alle $(x,y) \in D$ gelte $f(x,y) \geq 0$.

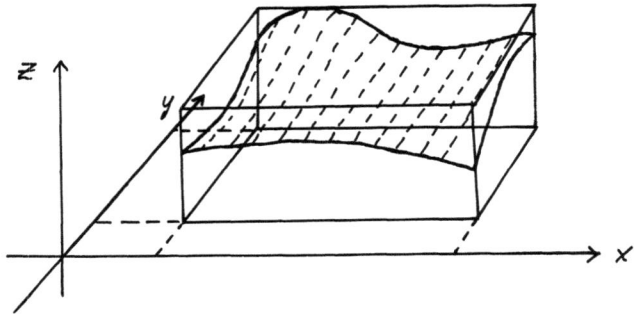

Das Bild der Funktion, die Fläche D, wie die Ebenen $x = \alpha$, $x = \beta$, $y = \gamma$ und $y = \delta$ begrenzen einen Körper. Der Zahlenwert des Volumens dieses Körpers wird durch das Integral von f über D gegeben. Dafür schreibt man

$$V = \iint_D f(x,y) \, dx \, dy \quad .$$

Zum Existenznachweis arbeitet man wieder mit Folgen von Obersummen und Untersummen. Sei y_u der kleinste Wert der Funktion in D. Dann berührt der Würfel mit der Grundfläche D und der Höhe y_u gerade das Bild der Funktion von unten. Sein Volumen ist

$$U_1 = (\beta-\alpha)(\delta-\gamma) \, y_u \quad .$$

Sicherlich ist

$$U_1 \leq V \quad .$$

Sei y_o der größte Wert der Funktion in D. Dann berührt der Würfel mit der Grundfläche D und der Höhe y_o das Bild der Funktion von oben. Sein Volumen ist

$$O_1 = (\beta-\alpha)(\delta-\gamma) \, y_o \quad .$$

Nun zerlegen wir D durch (x_1, y_1) in 4 Rechtecke.

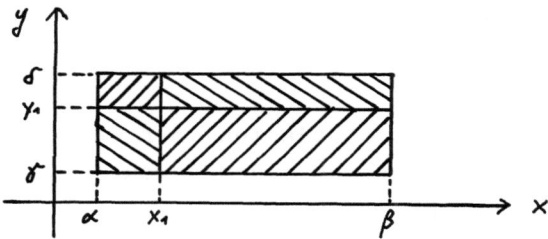

Für jedes Rechteck führen wir wie oben dieselben Überlegungen durch. Wir bekommen so z.B. Würfel über den 4 Rechtecken, die das Bild von unten berühren. Die Summe ihrer Volumeninhalte sei U_2. Dann gilt $U_2 \leq V$. Entsprechend bekommen wir O_2. Wir bilden nun Folgen U_i und O_i. Dabei müssen die Flächeninhalte der Teilrechtecke von D gegen Null gehen. Wenn dann alle Folgen gegen denselben Grenzwert konvergieren, dann stellt dieser Grenzwert das Integral V dar.

<u>Bemerkung:</u> Durch eine Funktion $f : D \rightarrow \mathbb{R}$; $D \subset \mathbb{R} \times \mathbb{R}$ mit $(f(x,y) \geq 0$ für alle $(x,y) \in D$ werde ein Körper dargestellt, der begrenzt wird durch D, die Bildfläche von f und einem Mantel, der senkrecht auf der x,y-Ebene steht und durch den Rand von D gehe. Dieser Körper habe das Volumen V. Dann ist

$$V = \iint\limits_{D} f(x,y) \, dx \, dy \; .$$

M a t r i z e n r e c h n u n g

Matrizen

H. Eggs und J. Schulte-Mönting

Ein Zahlenschema, bei dem n · m Zahlen (n, m $\in$ N) in n Zeilen und m Spalten angeordnet sind, heißt eine Matrix.

Allgemein definiert man:

<u>Def.:</u> Eine Anordnung von n · m Objekten in n Zeilen und m Spalten heißt eine Matrix. Dabei kommt es genau darauf an, an welcher Stelle die einzelnen Objekte stehen.

Man nennt n die Zeilenzahl und m die Spaltenzahl. Matrizen wollen wir durch große lateinische Buchstaben oder durch (a_{ik}) angeben.

$$A = \begin{pmatrix} a_{11} & a_{12} & \cdots & a_{1m} \\ a_{21} & a_{22} & \cdots & a_{2m} \\ \cdot & \cdot & & \cdot \\ \cdot & \cdot & & \cdot \\ \cdot & \cdot & & \cdot \\ a_{n1} & a_{n2} & \cdots & a_{nm} \end{pmatrix}$$

Um die Zeilen- und Spaltenanzahl zu kennzeichen, wird statt A manchmal $A_{n \times m}$ verwendet. Man sagt, A ist eine n×m-Matrix.

Da es auf die Stellung der Objekte ankommt, definieren wir weiter:

<u>Def.:</u> Zwei Matrizen heißen gleich, wenn sie gleiche Zeilen- und Spaltenzahl haben und wenn an entsprechenden Stellen gleiche Objekte stehen.

Wir wollen nun noch einige einfache Bemerkungen geben:

<u>Bemerkung 1:</u> Eine Matrix mit gleicher Zeilen- und Spaltenanzahl heißt quadratische Matrix.

<u>Bemerkung 2:</u> Eine quadratische Matrix

$$\begin{pmatrix} a_{11} & a_{12} & \cdots & a_{1n} \\ \vdots & \vdots & & \vdots \\ a_{n1} & a_{n2} & \cdots & a_{nn} \end{pmatrix},$$

bei der für alle $i, k = 1,\ldots,n$ gilt

$$a_{ik} = a_{ki},$$

heißt symmetrisch.

<u>Bemerkung 3:</u> Sei uns eine Matrix mit n Zeilen und m Spalten gegeben

$$A = \begin{pmatrix} a_{11} & a_{12} & \cdots & a_{1m} \\ a_{21} & a_{22} & \cdots & a_{2m} \\ \vdots & \vdots & & \vdots \\ a_{n1} & a_{n2} & \cdots & a_{nm} \end{pmatrix}.$$

Wir bilden hiermit eine neue Matrix A', indem wir die 1. Zeile von A zur 1. Spalte von A' machen, die 2. Zeile von A zur 2. Spalte von A'. Allgemein machen wir die i-te Zeile von A zur i-ten Spalte von A'

$$A' = \begin{pmatrix} a_{11} & a_{21} & \cdots & a_{n1} \\ a_{12} & a_{22} & \cdots & a_{n2} \\ \vdots & \vdots & & \vdots \\ a_{1m} & a_{2m} & \cdots & a_{nm} \end{pmatrix}.$$

Wir sehen: Für die Matrix $A' = (a_{ik}')$ gilt

$$a_{ik}' = a_{ki}.$$

Man nennt A' die transponierte Matrix von A. Die zu A transponierte Matrix A' erhält man aus A, wenn man A an den Gliedern a_{11}, a_{22},

$a_{33}, \ldots$ spiegelt.

Bemerkung 4: Ist m=1, so bezeichnet man die Matrix auch als Vektor, verwendet dann aber kleine lateinische Buchstaben, z.B.

$$a = \begin{pmatrix} a_1 \\ \vdots \\ a_n \end{pmatrix}.$$

Auch die Transponierte von a ist ein Vektor $a' = (a_1, \ldots, a_n)$.
Jede Matrix kann man als Zusammenfassung von m Vektoren, den "Spaltenvektoren",

$$A = (a_1, \ldots, a_m) \quad \text{mit} \quad a_k = \begin{pmatrix} a_{1k} \\ \vdots \\ a_{nk} \end{pmatrix}$$

oder n Vektoren, den "Zeilenvektoren",

$$A = \begin{pmatrix} a'_1 \\ \vdots \\ a'_m \end{pmatrix} \quad \text{mit } a'_i = (a_{i1}, \ldots, a_{im})$$

auffassen. In diesem Fall ist allerdings a'_i nicht die Transponierte von a_i, wie die Schreibweise suggerieren könnte.

Wenn wir später mit Matrizen umgehen, werden sich die folgenden Definitionen als nützlich erweisen:

Def.: Als Summe zweier (n×m)-Matrizen (a_{ik}) und (b_{ik}) definiert man: $(a_{ik}) + (b_{ik}) = (a_{ik} + b_{ik})$.

Beispiel: Sei $A = \begin{pmatrix} 1 & 1 \\ 0 & 1 \end{pmatrix}$ und $B = \begin{pmatrix} 1 & 0 \\ 1 & 1 \end{pmatrix}$, dann ist

$$A + B = \begin{pmatrix} 2 & 1 \\ 1 & 2 \end{pmatrix}.$$

<u>Def.:</u> Als Produkt einer Matrix (a_{ik}) mit einer Zahl $\alpha \in R$ definiert man: $\alpha(a_{ik}) = (\alpha a_{ik})$.

Beispiel: Sei $A = \begin{pmatrix} 1 & 1 \\ 0 & 1 \end{pmatrix}$ und $\alpha = 3$, dann ist

$$3A = \begin{pmatrix} 3 & 3 \\ 0 & 3 \end{pmatrix}.$$

Unter bestimmten Voraussetzungen können wir nun auch noch das Produkt zweier Matrizen bilden. Dazu benötigen wir aber den Begriff des Skalarprodukts zweier Vektoren.

<u>Def.:</u> Seien $a = (a_1, \ldots, a_n)$ und $b = (b_1, \ldots, b_n)$ zwei n-Vektoren. Das Skalarprodukt der beiden Vektoren a und b ist definiert als

$$a \cdot b = \sum_{i=1}^{n} a_i b_i.$$

<u>Def.:</u> Sei $A = (a_{ik})$ eine n × m-Matrix und $B = (b_{kj})$ eine m × p-Matrix. Das Produkt der beiden Matrizen ist die n × p-Matrix C, die in der i-ten Zeile und j-ten Spalte das Skalarprodukt des i-ten Zeilenvektors von A mit dem j-ten Spaltenvektor von B stehen hat, also:

$$(c_{ij}) = (\sum_{k=1}^{m} a_{ik} b_{kj}).$$

<u>Bemerkung 5:</u> Das Produkt zweier Matrizen kann man nur dann bilden, wenn die Spaltenzahl des ersten Faktors gleich der Zeilenzahl des 2. Faktors ist.

Beispiel: Sei

$$A = \begin{pmatrix} 1 & 1 \\ 0 & 1 \end{pmatrix}, \quad B = \begin{pmatrix} 1 & 0 \\ 1 & 1 \end{pmatrix},$$

dann ist

$$A \cdot B = \begin{pmatrix} 2 & 1 \\ 1 & 1 \end{pmatrix}, \quad B \cdot A = \begin{pmatrix} 1 & 1 \\ 1 & 2 \end{pmatrix}.$$

Bemerkung 6: Aus dem Beispiel folgt, daß es bei der Produktbildung auf die Reihenfolge der Faktoren ankommt. Dagegen gilt immer

$$(AB)C = A(BC),$$

falls die Produkte nach Bemerkung 5 gebildet werden können.

Ist A ein n×n-Matrix und $I_{n \times n}$ die quadratische Matrix (e_{ik}) mit

$$\text{und} \quad \begin{aligned} e_{ik} &= 1 \quad \text{für} \quad i = k \\ e_{ik} &= 0 \quad \text{für} \quad i \neq 0 \end{aligned},$$

so gilt $A \cdot I_{n \times n} = A$. Man nennt I die Einheitsmatrix.

So ist für n=2

$$\begin{pmatrix} a_{11} & a_{12} \\ a_{21} & a_{22} \end{pmatrix} \cdot \begin{pmatrix} 1 & 0 \\ 0 & 1 \end{pmatrix} = \begin{pmatrix} a_{11} & a_{12} \\ a_{21} & a_{22} \end{pmatrix}.$$

Bei der Darstellung linearer Gleichungssysteme ist die Matrizen-schreibweise überaus nützlich:

$$\begin{aligned} 2x_1 - x_2 &= 3 \\ x_1 - 3x_2 &= -1. \end{aligned}$$

Wir setzen

$$A = \begin{pmatrix} 2 & -1 \\ 1 & -3 \end{pmatrix}, \quad x = \begin{pmatrix} x_1 \\ x_2 \end{pmatrix}, \quad b = \begin{pmatrix} 3 \\ -1 \end{pmatrix}.$$

Dann ist

$$A \cdot x = \begin{pmatrix} 2x_1 - x_2 \\ x_1 - 3x_2 \end{pmatrix} = \begin{pmatrix} 3 \\ -1 \end{pmatrix},$$

also

$$Ax = b.$$

Ist ein Gleichungssystem

$$\sum_{k=1}^{n} a_{ik} x_k = b_i \qquad i = 1,\ldots,m$$

gegeben, dann setzen wir

$$A = \begin{pmatrix} a_{11} & a_{12} & \cdots & a_{1n} \\ \vdots & \vdots & & \vdots \\ a_{m1} & a_{m2} & \cdots & a_{mn} \end{pmatrix}$$

$$x = \begin{pmatrix} x_1 \\ \vdots \\ x_n \end{pmatrix}, \quad b = \begin{pmatrix} b_1 \\ \vdots \\ b_m \end{pmatrix},$$

womit wir für unser Gleichungssystem schreiben können

$$A \cdot x = b .$$

Determinanten

H. Eggs und J. Schulte-Mönting

Im Kapitel "Matrizen" hatten wir den Vektor rein formal als Spalte von mathematischen Objekten, meist reellen Zahlen kennengelernt. Für das Folgende geben wir ihm eine einfache geometrische Deutung:

<u>Definition:</u> Ein Vektor ist eine Strecke, deren Richtung festgelegt ist, deren Anfangspunkt jedoch noch beliebig gewählt werden kann.

Betrachten wir zwei Vektoren a_1 und a_2 in der Ebene, in der wir uns ein rechtwinkliges Koordinatensystem vorgegeben denken. Durch geeignetes Aneinandersetzen bilden wir ein Parallelogramm, dessen Seiten abwechselnd den beiden Vektoren entsprechen.

Der Flächeninhalt dieses Parallelogramms hängt nur von der Länge der beiden Vektoren und dem eingeschlossenen Winkel ab. Nennen wir die

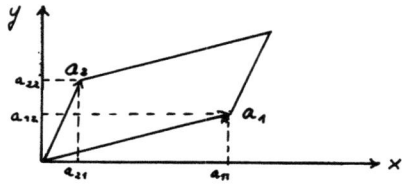

Länge in x-Richtung a_{11} bzw. a_{21}, die in y-Richtung a_{12} bzw. a_{22}, so errechnet man als Inhalt des Parallelogramms

$$|a_{11} a_{22} - a_{12} a_{21}|.$$

Um auch noch die Richtung, in der a_2 von a_1 aus gesehen liegt, mit einzubeziehen, lassen wir negative Inhalte zu, d.h. wir lassen die Absolutstriche weg

$$F(a_1, a_2) = a_{11} a_{22} - a_{12} a_{21}.$$

Folgende Eigenschaften des Flächeninhalts sind offensichtlich oder leicht einzusehen:

1. Verlängert man 2 parallele Seiten, so wird der Inhalt im gleichen Verhältnis größer:

$$F(\lambda a_1, a_2) = \lambda \cdot F(a_1, a_2)$$

2. $F(a_1+b, a_2) = F(a_1, a_2) + F(b, a_2)$

3. $F(a_1, a_2) = - F(a_2, a_1)$

Sind die beiden Vektoren parallel oder antiparallel, so ist der Inhalt offenbar 0; man sagt, die Vektoren sind linear abhängig.

Entsprechend kann man im dreidimensionalen Raum nach dem Rauminhalt eines von drei Vektoren "aufgespannten" Parallelepipeds fragen. Die Vektoren sind dann linear abhängig, falls sie in einer Ebene liegen, sie also nur ein zweidimensionales Gebilde statt eines dreidimensionalen aufspannen. Der Rauminhalt ist dann wieder 0.

Es liegt nahe, den Begriff der linearen Abhängigkeit und des Inhalts auf beliebige Dimensionen zu erweitern.

Nun sind Vektoren des n-dimensionalen Raumes durch n Koordinaten darzustellen; n Vektoren spannen ein Parallelepiped auf, also können wir die Koordinaten-n-Tupel als Spalten einer quadratischen Matrix anordnen.

Im folgenden haben wir es daher mit quadratischen Matrizen zu tun. Die Zahl der Zeilen und Spalten einer solchen Matrix bezeichnen wir als ihre Ordnung.

Wir suchen jetzt eine Abbildung det(A) der Menge der quadratischen Matrizen auf die reellen Zahlen, die den Inhalt des durch die Spaltenvektoren aufgespannten Parallelepipeds angibt. Man bezeichnet sie als Determinante der Matrix. Für mathematisch Interessierte soll nun gezeigt werden, daß es für den Fall n=2 nur eine derartige Funktion gibt.

Diese Funktion soll folgende Bedingungen erfüllen:

<u>Definition:</u>

Sei $A=(a_1,\ldots,a_n)$ eine n×n-Matrix.

1) $\det(a_1,\ldots,\lambda a_k,\ldots,a_n) = \lambda \det(A)$
2) $\det(a_1,\ldots,a_k+b,\ldots,a_n) = \det(A) + \det(a_1,\ldots,b,\ldots,a_1)$
3) $\det(a_1,\ldots,a_k,\ldots,a_l,\ldots,a_n) = -\det(a_1,\ldots,a_l,\ldots,a_k,\ldots,a_n)$
4) $\det(I) = 1$

Zunächst zwei einfache Konsequenzen:

<u>Folgerung 1:</u> Sind in A alle Elemente einer Spalte 0, so ist det(A)=0, denn es ist det(A)=0 · det(A).

<u>Folgerung 2:</u> Sind in A zwei Spalten elementweise gleich, so ist det(A) = 0, denn es ist det(A) = - det(A).

Wenden wir diese Regeln auf eine 2×2-Matrix $A = \begin{pmatrix} a_{11} & a_{12} \\ a_{21} & a_{22} \end{pmatrix}$ an, so erhalten wir

$$\det(A) = \det \begin{pmatrix} a_{11} & a_{12} \\ 0 & a_{22} \end{pmatrix} + \det \begin{pmatrix} 0 & a_{12} \\ a_{21} & a_{22} \end{pmatrix} =$$

$$= a_{11} \cdot a_{12} \cdot \det \begin{pmatrix} 1 & 1 \\ 0 & 0 \end{pmatrix} + a_{11} \cdot a_{22} \cdot \det \begin{pmatrix} 1 & 0 \\ 0 & 1 \end{pmatrix} + a_{21} \cdot a_{12} \cdot \det \begin{pmatrix} 0 & 1 \\ 1 & 0 \end{pmatrix}$$

$$+ a_{21} \cdot a_{22} \cdot \det \begin{pmatrix} 0 & 0 \\ 1 & 1 \end{pmatrix} =$$

$$= (a_{11} a_{22} - a_{12} a_{21}) \cdot \det(I) = a_{11} a_{22} - a_{12} a_{21} \quad .$$

Unsere Bedingungen legen die Funktion eindeutig fest. Das läßt sich auch für beliebige n×n-Matrizen zeigen.

Durch 1) -4) wird also die Determinante einer quadratischen Matrix festgelegt. Man schreibt sie allgemein so, daß man die Elemente der Matrix, statt in Klammern, zwischen senkrechte Striche setzt. Diese Analogie zum Absolutbetrag darf aber nicht darüber hinwegtäuschen, daß die Determinante auch negativ sein kann.

Löst man nach dem oben durchgeführten Prinzip die Determinante einer 3×3-Matrix so in Summanden auf, daß in jeder Spalte nur ein Element $\neq 0$ steht, dann ergibt sich, daß von den 27 Determinanten nur 6 nicht 0 sind: nämlich die, in denen in jeder Zeile und jeder Spalte genau ein Element $\neq 0$ ist. Das Ergebnis

$$\begin{vmatrix} a_{11} & a_{12} & a_{13} \\ a_{21} & a_{22} & a_{23} \\ a_{31} & a_{32} & a_{33} \end{vmatrix} = a_{11} a_{22} a_{33} + a_{21} a_{32} a_{13} + a_{31} a_{12} a_{23} \\ - a_{31} a_{22} a_{13} - a_{21} a_{12} a_{33} - a_{11} a_{32} a_{23}$$

faßt man üblicherweise in die

Sarrus'sche Regel:

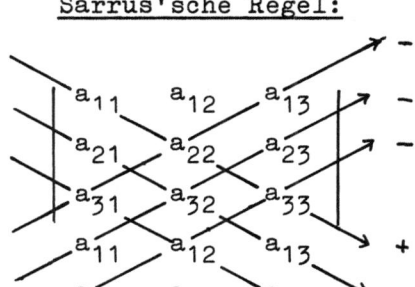

Wie man beim Beispiel der 2- und 3-reihigen Matrizen leicht sehen kann, gilt dort stets $\det(A) = \det(A')$, d.h. Transposition ändert den Wert der Determinante nicht.

Dieses Gesetz gilt für beliebige quadratische Matrizen. Als wichtige Konsequenz ziehen wir daraus die

Folgerung 3: Die Regeln 1) - 3) und die Folgerung 1 und 2 gelten auch, wenn man "Zeilen" statt "Spalten" setzt.

Für die Berechnung größerer als dreireihiger Determinanten ist die folgende Rechenregel von Bedeutung:

Folgerung 4: $\det(a_1,\ldots,a_k,\ldots,a_l + \lambda a_k,\ldots,a_n)$

$= \det(a_1,\ldots,a_k,\ldots,a_l,\ldots,a_n)$

$+ \lambda \det(a_1,\ldots,a_k,\ldots,a_k,\ldots,a_n)$

$= \det(a_1,\ldots,a_k,\ldots,a_l,\ldots,a_n)$.

D.h. die Addition eines Vielfachen einer Spalte (oder Zeile) zu einer anderen Spalte (Zeile) ändert den Wert der Determinante nicht.

Definition: Sei A eine n×n-Matrix. Als Unterdeterminanten von A bezeichnet man die Determinanten der quadratischen Matrizen, die aus A durch Herausstreichen gleich vieler Zeilen und Spalten entstehen. Speziell ist die zum Element a_{ik} adjungierte Unterdeterminante α_{ik} die Determinante der Matrix, die aus A durch Streichen der i-ten Zeile und der k-ten Spalte hervorgeht.

Es gilt (sogar in noch allgemeinerer Form) der

Entwicklungssatz:

Es ist für beliebige k

$$\det(A) = \sum_{i=1}^{n} (-1)^{i+k} a_{ik} \alpha_{ik}$$

und für beliebige i

$$\det(A) = \sum_{k=1}^{n} (-1)^{i+k} a_{ik} \alpha_{ik} \; .$$

Beweisskizze:
Die zweite Behauptung folgt mit Folgerung 3 aus der ersten.

Nach der Vertauschungsregel 3 können wir uns auf den Fall k=1 beschränken.

Nach Regel 2 ist

$$\begin{vmatrix} a_{11} & \cdots & a_{1n} \\ \cdot & & \cdot \\ \cdot & & \cdot \\ \cdot & & \cdot \\ a_{n1} & \cdots & a_{nn} \end{vmatrix} = \begin{vmatrix} a_{11} & a_{12} & \cdots & a_{1n} \\ 0 & a_{22} & \cdots & a_{2n} \\ \cdot & \cdot & & \cdot \\ \cdot & \cdot & & \cdot \\ 0 & a_{n2} & \cdots & a_{nn} \end{vmatrix} + \cdots + \begin{vmatrix} 0 & a_{12} & \cdots & a_{1n} \\ \cdot & \cdot & & \cdot \\ \cdot & \cdot & & \cdot \\ \cdot & \cdot & & \cdot \\ a_{n1} & a_{n2} & \cdots & a_{nn} \end{vmatrix} .$$

Nach Folgerung 4 ist der erste Summand, falls $a_{11} \neq 0$ ist, gleich

$$\begin{vmatrix} a_{11} & 0 & \cdots & 0 \\ 0 & a_{22} & \cdots & a_{2n} \\ \cdot & \cdot & & \cdot \\ \cdot & \cdot & & \cdot \\ 0 & a_{n2} & \cdots & a_{nn} \end{vmatrix} .$$

Das schon bei den 2- und 3-reihigen Determinanten angewandte Verfahren der Auflösung in Summanden, die in jeder Spalte nur ein Element $\neq 0$ haben, zeigt dann, daß die Determinante sich als

$$a_{11} \begin{vmatrix} a_{22} & \cdots & a_{2n} \\ \vdots & & \vdots \\ a_{n2} & \cdots & a_{nn} \end{vmatrix} = a_{11} \cdot \alpha_{11}$$

schreiben läßt.

Im Fall $a_{11} = 0$ dagegen ist in der Determinante eine ganze Spalte 0, also auch die Determinante selbst; ebenso wie das Produkt $a_{11} \cdot \alpha_{11}$. Die übrigen Summanden lassen sich durch Regel 3 auf die gleiche Form bringen. Damit ist die Entwicklung durchgeführt.

Das übliche Verfahren der Berechnung größerer Determinanten besteht nun darin, durch Zeilen- oder Spalten-Operationen nach Folgerung 4 zu erreichen, daß eine Spalte (Zeile) nur noch ein Element $\neq 0$ enthält. Im Entwicklungssatz bleibt dann bei Entwicklung nach dieser Spalte (Zeile) nur noch ein Summand übrig. Man erhält eine Determinante mit einer um 1 verringerten Ordnung. Schrittweise gelangt man so zu dreireihigen Determinanten, die man nach der Sarrus'-schen Regel berechnet, oder, was bisweilen günstiger ist, man geht bis zur zweireihigen Determinante.

Gelegentlich kann es dabei günstig sein, nach Regel 1 einen gemeinsamen Faktor aus einer Spalte (Zeile) herauszuziehen.

Als Rechenbeispiel betrachten wir die Determinante

$$\begin{vmatrix} 1 & 1 & 1 & 1 & 1 \\ 1 & 2 & 3 & 4 & 5 \\ 1 & 4 & 9 & 16 & 25 \\ 1 & 8 & 27 & 64 & 125 \\ 1 & 16 & 81 & 256 & 625 \end{vmatrix}.$$

1. Schritt: Von jeder Spalte wird die vorgehende abgezogen:

$$\begin{vmatrix} 1 & 0 & 0 & 0 & 0 \\ 1 & 1 & 1 & 1 & 1 \\ 1 & 3 & 5 & 7 & 9 \\ 1 & 7 & 19 & 37 & 61 \\ 1 & 15 & 65 & 175 & 369 \end{vmatrix}$$

2. Schritt: Nach erster Zeile entwickelt:

$$\begin{vmatrix} 1 & 1 & 1 & 1 \\ 3 & 5 & 7 & 9 \\ 7 & 19 & 37 & 61 \\ 15 & 65 & 175 & 369 \end{vmatrix}$$

3. Schritt: Wie 1.:

$$\begin{vmatrix} 1 & 0 & 0 & 0 \\ 3 & 2 & 2 & 2 \\ 7 & 12 & 18 & 24 \\ 15 & 50 & 110 & 194 \end{vmatrix}$$

4. Schritt: Wie 2.:

$$\begin{vmatrix} 2 & 2 & 2 \\ 12 & 18 & 24 \\ 50 & 110 & 194 \end{vmatrix}$$

5. Schritt: Faktoren aus Zeilen herausgezogen:

$$\begin{vmatrix} 1 & 1 & 1 \\ 2 & 3 & 4 \\ 25 & 55 & 97 \end{vmatrix} \cdot 2 \cdot 6 \cdot 2$$

6. Schritt: Wie 1.:

$$\begin{vmatrix} 1 & 0 & 0 \\ 2 & 1 & 1 \\ 25 & 30 & 42 \end{vmatrix} \cdot 2 \cdot 6 \cdot 2$$

7. Schritt: Wie 2.:

$$\begin{vmatrix} 1 & 1 \\ 30 & 42 \end{vmatrix} \cdot 2 \cdot 6 \cdot 2 =$$

$$24 \cdot (42 - 30) = \underline{288}$$

Abschließend sei ohne Beweis noch erwähnt:

<u>Satz:</u> Es ist $\det(A \cdot B) = \det(A) \cdot \det(B)$ für zwei n×n-Matrizen A und B.

Rang einer Matrix

J. Bammert

Deutet man die Vektoren geometrisch als Punkte in einem Koordinatensystem, so erfüllen die Vektoren mit n Komponenten gerade einen Raum mit n Dimensionen. Ist A eine n-reihige quadratische Matrix, so bildet die lineare Abbildung A den n-dimensionalen Raum in den n-dimensionalen Raum ab. Ist $|A| \neq 0$, so ist der Bildraum der ganze n-dimensionale Raum. Ist aber $|A|=0$, so ist der Bildraum eine echte Teilmenge davon, und zwar ist der Bildraum ein voller Unterraum mit einer Dimension $r \leq n$.

Die Dimension r des Bildraumes heißt Rang von A. Wir schreiben $r = \text{rank}(A)$.

Es ist also:
$$\text{rank}(A_{n \times n}) = n, \text{ wenn } |A_{n \times n}| \neq 0$$
$$\text{rank}(A_{n \times n}) = r < n, \text{ wenn } |A_{n \times n}| = 0$$

Man kann den Rang einer Matrix mit Hilfe ihrer Unterdeterminanten bestimmen. Es ist:

$\text{rank}(A) = r$, wenn alle mehr-als-r-reihigen Determinanten Null sind, aber nicht alle r-reihigen.

Eine andere Formulierung lautet:

$\text{rank}(A) = r$, wenn sich unter den Spaltenvektoren (oder Zeilenvektoren) r linear unabhängige finden, aber nicht mehr als r.

Quadratische Formen

J. Bammert

Durch eine quadratische Matrix A läßt sich eine Abbildung beschreiben, die jedem Vektor eine Zahl zuordnet und zwar dem Vektor x die Zahl x'Ax. Eine solche Abbildung heißt eine quadratische Form, und es ist üblich, sie stets mit ihren unbestimmten Argumenten in der Form x'Ax zu schreiben. Jede quadratische Form läßt sich durch eine symmetrische Matrix beschreiben; deshalb wird A stets als symmetrisch vorausgesetzt.

Das einfachste Beispiel einer quadratischen Form erhält man mit der Matrix I. Es ist

$$x'Ix = \sum_{i=1}^{n} x_i^2 = s^2.$$

Dieses s hat eine geometrische Deutung, nämlich als Länge des Vektors x.

Nimmt man etwas allgemeiner für A Diagonalmatrizen

$$A = \begin{pmatrix} a_1 & & & 0 \\ & \cdot & & \\ & & \cdot & \\ & & & \cdot \\ 0 & & & a_n \end{pmatrix}$$

so erhält man spezielle quadratische Formen

$$x'Ax = \sum_{i=1}^{n} a_i x_i^2.$$

Sind die Koeffizienten a_i alle positiv, so sind diese Formen Quadratsummen. Es ist klar, daß Quadratsummen außer für x = 0 immer positiv sind. Allgemein werden die quadratischen Formen, bzw. ihre Matrizen nach den Vorzeichenmöglichkeiten eingeteilt:
Die quadratische Form x'Ax bzw. die Matrix A heißt:

1. indefinit, wenn x'Ax für gewisse x positive und für gewisse andere x negative Werte liefert,

2. positiv (bzw. negativ) definit, wenn x'Ax für alle $x \neq 0$ nur positive (bzw. nur negative) Werte liefert (also auch nicht 0),

3. positiv (bzw. negativ) semidefinit, wenn x'Ax für alle x $\neq$ 0 nur positive Werte oder 0 liefert (bzw. nur negative Werte oder 0).

Quadratsummen sind also positiv definit.

Gehört A zu einer der obigen drei Typen und ist B eine Matrix mit $|B| \neq 0$, so gehört B'AB zum selben Typ wie A. Die lineare Abbildung B ist eineindeutig. Man verliert also keine Information, wenn man konsequent das Urbild y betrachtet anstelle von x = By. Man spricht von einer Transformation des Vektors x zu y, wobei sich die quadratische Form wie folgt transformiert:

$$x'Ax = (By)'A(By) = y'(B'AB)y .$$

Durch geeignete Wahl von B kann man erreichen, daß B'AB sogar eine Diagonalmatrix wird. Eine Diagonalmatrix ist genau dann positiv definit, wenn alle Diagonalelemente positiv sind.

Matrizen-Inversion

J. Bammert

Das Rechnen mit Matrizen entspricht in mancherlei Beziehung dem Rechnen mit Zahlen, doch können z.B. AB und BA verschieden sein.

Im Bereich der Zahlen lösen wir eine Gleichung ax=b durch Multiplikation mit dem Reziproken von a, wenn nur $a \neq 0$ gilt.

$$a^{-1} a x = a^{-1} b$$

$$1 x = a^{-1} b$$

$$x = a^{-1} b \ .$$

Das Problem, eine Vektorgleichung Ax = b nach dem Vektor x aufzulösen, führt auf die Frage, ob es auch für Matrizen ein Analogon zum Reziproken gibt. Für alle quadratischen Matrizen A mit $|A| \neq 0$ ist dies tatsächlich der Fall. Man schreibt wieder A^{-1} und nennt dies die inverse Matrix. Es gilt:

$$A^{-1} A = A A^{-1} = I \ .$$

Außerdem kann man folgende Rechenregeln zeigen:

$$(A^{-1})^{-1} = A$$
$$(AB)^{-1} = B^{-1} A^{-1}$$

wie man zu einer gegebenen Matrix $A = (a_{ij})$ die inverse Matrix A^{-1} ausrechnet, ist ein Problem für sich. Wir wollen es zunächst am Beispiel einer zweireihigen Matrix versuchen.

$$A = \begin{pmatrix} a_{11} & a_{12} \\ a_{21} & a_{22} \end{pmatrix}$$

Wir schreiben die Elemente der inversen Matrix mit oberen Indizes

$$A^{-1} = \begin{pmatrix} a^{11} & a^{12} \\ a^{21} & a^{22} \end{pmatrix}$$

Die Bedingung $AA^{-1} = I$ liefert ein Gleichungssystem, das man nach den Unbekannten a^{ij} aufzulösen hat.

1) $a_{11} a^{11} + a_{12} a^{21} = 1$

2) $a_{11} a^{12} + a_{12} a^{22} = 0$

3) $a_{21} a^{11} + a_{22} a^{21} = 0$

4) $a_{21} a^{12} + a_{22} a^{22} = 1$

aus 2) folgt $a^{12} = - \frac{a_{12}}{a_{11}} a^{22}$, aus 3) ebenso $a^{21} = - \frac{a_{21}}{a_{22}} a^{11}$.

Setzt man dies in 4) bzw. 1) ein, so hat man:

$$(a_{22} - \frac{a_{12} a_{21}}{a_{11}}) a^{22} = 1$$

$$(a_{11} - \frac{a_{12} a_{21}}{a_{22}}) a^{11} = 1$$

also $a^{11} = \frac{a_{22}}{|A|}$

$a^{22} = \frac{a_{11}}{|A|}$

$a^{12} = \frac{-a_{12}}{|A|}$

$a^{21} = \frac{-a_{21}}{|A|}$

Allgemein gilt für ein Element der inversen Matrix

$$a^{ij} = (-1)^{i+j} \cdot \frac{|A_{ji}|}{|A|}$$

wobei A_{ji} die Matrix bedeutet, die aus A entsteht, wenn man die j-te Zeile und i-te Spalte herausstreicht.

Zur numerischen Berechnung einer Matrizeninversion wäre bei dieser Methode vor allem für größere n der Rechenaufwand viel zu groß. Es gibt eine Reihe bessere Verfahren, die in der Praxis angewandt werden.

Auflösung linearer Gleichungssysteme

J. Bammert

Ein lineares Gleichungssystem kann als eine Vektorgleichung geschrieben werden

$$Ax = b$$

Wenn $|A| \neq 0$, dann gibt es einen eindeutig bestimmten Lösungsvektor, nämlich $x = A^{-1}b$.

Ist jedoch $|A|=0$, so gibt es entweder gar keine Lösung oder unendlich viele.

Geometrische Veranschaulichung im Fall von 2 Unbekannten:

(1) $a_{11} x_1 + a_{12} x_2 = b_1$
(2) $a_{21} x_1 + a_{22} x_2 = b_2$

Jede der beiden Gleichungen beschreibt für sich allein eine Gerade. Eine Lösung (x_1, x_2) müßte einen Punkt darstellen, der beiden Geraden gemeinsam ist.

Beide Geraden können sich in einem Punkt schneiden (Fall 1) oder sie können dieselbe Richtung haben und dann entweder parallel sein (Fall 2a) oder identisch (Fall 2b).

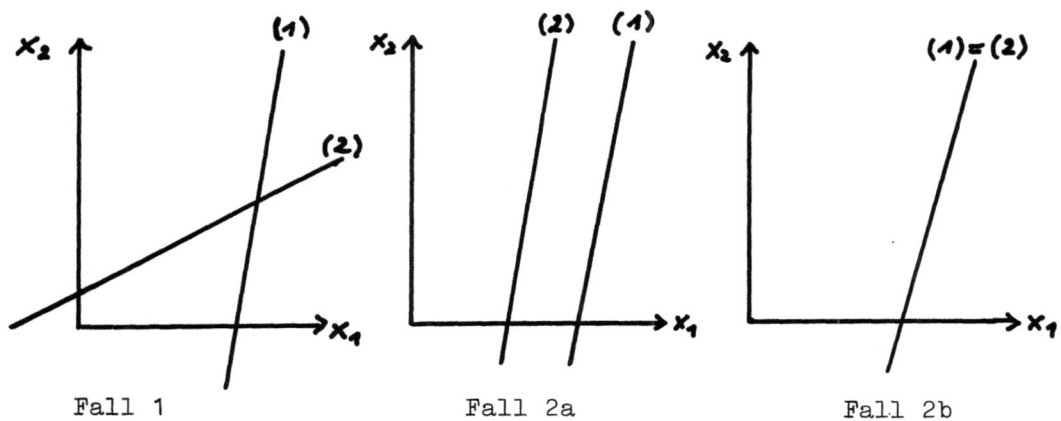

Fall 1   Fall 2a   Fall 2b

Veranschaulichung mit linearen Abbildungen:

Eine Matrix A beschreibt eine Abbildung, die einem Vektor wieder einen Vektor zuordnet, und zwar dem Vektor x das Produkt Ax. Solche Abbildungen heißen linear, und wir schreiben die Abbildung mit demselben Buchstaben wie die Matrix.

Die inverse Matrix beschreibt die Umkehrabbildung.

Die Gleichung Ax = b zu lösen heißt dann, zu b ein Urbild x zu suchen. Es gibt genau eines, wenn die Abbildung A umkehrbar ist. Ist A nicht umkehrbar, dann gibt es zu jedem Bildvektor b eine ganze Schar von Urbildvektoren, aber dafür existieren auch Vektoren b, die als Bilder gar nie vorkommen. Je nachdem, ob b von der einen oder der anderen Art ist, gibt es eine Schar von Lösungen oder **gar keine**.

Zusammenfassung:

Fall	Gleichung Ax=b	inverse Matrix A^{-1}	Determinante $|A|$	Abbildung A	geometrische Veranschaulichung
1	1 Lösung	existiert	$\neq 0$	umkehrbar	1 Schnittpunkt
2a	0 Lösungen	existiert nicht	=0	nicht umkehrbar — b nicht im Bildraum	Parallelität
2b	∞ Lösungen	existiert nicht	=0	b im Bildraum	ganz od. teilw. zusammenfallend

Gaußscher Algorithmus:

Ändert man eine Gleichung eines Gleichungssystems, indem man ein Vielfaches einer anderen desselben Systems dazu addiert, dann ändert sich an den Lösungen des Systems gar nichts.

Durch systematische **Anwendung** solcher Umformungen kann man erreichen, daß die Matrix des Gleichungssystems eine Form annimmt, bei der unterhalb der Diagonalen nur Nullen stehen.

$$A = \begin{pmatrix} a_{11} & a_{12} & \cdots & a_{1n} \\ 0 & a_{22} & & a_{2m} \\ \cdot & \cdot & \cdot & \cdot \\ \cdot & \cdot & \cdot & \cdot \\ \cdot & \cdot & \cdot & \cdot \\ 0 & 0 & \cdots & a_{nn} \end{pmatrix}$$

Ein solches Gleichungssystem läßt sich durch sukzessives Einsetzen von der untersten Gleichung her schnell auflösen.

Eigenwerte und Eigenvektoren

J. Bammert

Sei A eine quadratische Matrix. Es kann Vektoren geben, die durch die lineare Abbildung A besonders einfach abgebildet werden, nämlich ihre Richtung beibehalten und nur ihre Länge um einen Faktor λ ändern. Man nennt sie Eigenvektoren. Das läßt sich durch die Gleichung $Ax = \lambda x$ beschreiben oder etwas umgeformt:

$$(A - \lambda I)x = 0$$

Natürlich erfüllt $x = 0$ dieses Gleichungssystem, aber das ist uninteressant. Also: Eigenvektoren sind Lösungsvektoren $x \neq 0$ des obigen Gleichungssystems. Ob es solche Lösungsvektoren gibt, hängt von dem Wert der Zahl λ ab.

Die Zahlen λ, für die Eigenvektoren existieren, heißen Eigenwerte der Matrix A. Es sind die Lösungen der sogenannten charakteristischen Gleichung

$$|A - \lambda I| = 0 .$$

Beispiel:

$$A = \begin{pmatrix} 1 & 1 \\ 1 & 1 \end{pmatrix} \qquad |A - \lambda I| = \begin{vmatrix} 1-\lambda & 1 \\ 1 & 1-\lambda \end{vmatrix} = \lambda(\lambda - 2)$$

Die Eigenwerte von A sind $\lambda = 0$ und $\lambda = 2$.

Allgemein ist $|A - \lambda I|$ ein Polynom in λ. Da nicht jedes Polynom reelle Nullstellen hat, hat auch nicht jede Matrix reelle Eigenwerte. Aber es gilt:

Eine symmetrische Matrix A vom Rang r hat lauter reelle Eigenwerte und genau r linear unabhängige Eigenvektoren.

Gehören zu ein und demselben Eigenwert λ mehrere linear unabhängige Eigenvektoren, so ist auch jeder davon abhängige Vektor ein Eigenvektor zum selben Eigenwert λ. Man spricht dann vom Eigenraum zum Eigenwert λ. Eine Auswahl von unabhängigen Richtungen innerhalb dieses Eigenraums ist völlig willkürlich. Nur die Anzahl solcher Richtungen (= Dimension des Eigenraums) liegt fest.

Zur Bestimmung der Eigenwerte einer Matrix sind die folgenden 3 Sätze wichtig:

Hat eine Matrix Diagonalgestalt, so sind die Eigenwerte die Elemente dieser Diagonalen.

Ist B eine orthogonale Matrix (d.h. $B^{-1} = B'$), dann hat B'AB dieselben Eigenwerte wie A.

Ist A symmetrisch, dann gibt es immer ein orthogonales B, so daß B'AB Diagonalgestalt hat.

Ist x ein Eigenvektor der Matrix A, so ist der zugehörige Eigenwert λ durch den sogenannten Rayleigh-Quotienten gegeben

$$\lambda = \frac{x'Ax}{x'Ix}$$

Bildet man für beliebige Vektoren x den Rayleigh-Quotienten, so ist der größtmögliche Wert gerade der größte Eigenwert von A.

$$\lambda_1 = \sup_{x} \frac{x'Ax}{x'Ix}$$

Die anderen Eigenwerte, z.B. den zweitgrößten λ_2, erhält man als größten Rayleigh-Quotienten für alle diejenigen Vektoren y, die zu allen Eigenvektoren x zu λ_1 orthogonal sind.

Geometrische Deutung: Die Vektoren x, für die die quadratische Form x'Ax konstant ist, etwa x'Ax = 1, beschreiben eine Fläche zweiter Ordnung (für positiv definite Matrix A ein Ellipsoid). Die Eigenvektoren beschreiben die Hauptachsen dieser Fläche. Die Längen der Achsenabschnitte sind die reziproken Werte der Wurzeln aus den Beträgen der Eigenwerte.

Beschreibende Statistik

Häufigkeitsverteilung, Mittelwert und Varianz

E. Walter

§ 1 Beobachtungen und Häufigkeitsverteilung

Die in der Reihenfolge der Entstehung angeordneten Beobachtungen $x_1, x_2, \ldots, x_n$ bilden die Urliste. Man schreibt auch x_i ($i=1,\ldots,n$). Der Index i gibt die Nummer der Beobachtung an. Werden die Beobachtungen der Größe nach angeordnet, so werden die Indizes in Klammern gesetzt. Sie bedeuten dann den Rang der Beobachtung. $x_{(1)}$ ist also die kleinste Beobachtung, $x_{(n)}$ die größte Beobachtung. Dem Werte nach gleiche Beobachtungen werden als Bindungen bezeichnet (engl.: ties). Werden die Beobachtungen in <u>Klassen</u> (im allgemeinen mit gleicher Klassenbreite) eingeteilt, so umfaßt jede Klasse alle Beobachtungen zwischen der unteren Klassengrenze (einschließlich) und der oberen Klassengrenze (ausschließlich). Wir bezeichnen mit j die Nummer der Klasse ($j=1,\ldots,k$), k die Anzahl der Klassen, x_j die Klassenmitte (Mittel der beiden Klassengrenzen) und n_j die Anzahl der Beobachtungen in der j-ten Klasse (Besetzungszahl).

Es heißt

$h_j = n_j/n$ relative Häufigkeit der Klasse j,

$100\, h_j\%$ prozentuale Häufigkeit der Klasse j,

$G_j = n_1 + n_2 + \ldots + n_j$ aufsummierte Besetzungszahl (Anzahl der Beobachtungen, die kleiner als die obere Klassengrenze der j-ten Klasse sind),

$H_j = G_j/n$ Häufigkeitssumme (relativer Anteil der Beobachtungen, die kleiner als die obere Klassengrenze der j-ten Klasse sind).

Werden x_j als Abszisse und h_j als Ordinate in einem kartesischen Koordinatenkreuz aufgetragen, so erhält man eine graphische Darstellung der Verteilung der Beobachtungswerte, die <u>Häufigkeitsverteilung</u>. Wird über jedem Punkt x_j ein Rechteck gleicher Breite, aber mit der Höhe h_j aufgetragen, so spricht man von einem Säulendiagramm oder Histogramm. Werden statt h_j die Werte H_j an den oberen Klassengrenzen aufgetragen und die entstehenden Punkte miteinander verbunden, so erhält man die Summenkurve oder empirische <u>Verteilungsfunktion</u>. Sie gibt **dann dort** jeweils den Anteil der Beobachtungen an, die nicht größer als der Wert x_j sind.

Bei Dosiswirkungsbestimmungen werden diese Kurven meist direkt ermittelt. Jedes Tier hat eine minimale Dosis x_i, bei der es gerade noch reagiert. Dieser Wert kann im allgemeinen nicht beobachtet werden. Reagiert ein Tier bei einer Dosis x, so bedeutet dies, daß $x_i \leq x$ ist. Erhalten n Tiere die Dosis x und reagieren k Tiere, so entspricht $\frac{k}{n}$ der Häufigkeitssumme H. Werden diese Anteile für verschiedene Dosen x bestimmt, so ergibt sich eine direkte Schätzung der Verteilungsfunktion der x_i.

§ 2 Lokalisations- und Dispersionsmaße

Lokalisationsmaße sind Maße für die mittlere Lage einer Verteilung. Dispersionsmaße sind Maße, die die Variation der Verteilung kennzeichnen.

1. Mittelwert, arithmetisches Mittel, Durchschnitt (mean, average)

Das bekannteste Lokalisationsmaß ist der Mittelwert:

$$\bar{x} = \frac{x_1 + \ldots + x_n}{n} = \frac{\sum_{i=1}^{n} x_i}{n}.$$

Man kann sich die Beobachtung x_i aus zwei Bestandteilen zusammengesetzt denken, einem "mittleren" Wert a und einer Abweichung e_i:

$$x_i = a + e_i.$$

Aus der Forderung, daß

$$\sum_i e_i^2 = \sum_i (x_i - a)^2$$

ein Minimum ist, ergibt sich für a der Mittelwert $\bar{x}$.

Es ist nämlich

$$\sum_i (x_i - a)^2 = \sum_i (x_i - \bar{x} + \bar{x} - a)^2$$

$$= \sum_i (x_i - \bar{x})^2 + 2\sum_i (x_i - \bar{x})(\bar{x} - a) + \sum_i (\bar{x} - a)^2$$

$$= \sum_i (x_i - \bar{x})^2 + n(\bar{x} - a)^2 \qquad (1)$$

$$> \sum_i (x_i - \bar{x})^2, \text{ wenn } \bar{x} \neq a,$$

$$= \sum_i (x_i - \bar{x})^2, \text{ wenn } \bar{x} = a.$$

Der Mittelwert hat also die Eigenschaft, die Summe der Abweichungsquadrate $(x_i - a)^2$ zu minimieren.

Bei klassierten Werten ist

$$\bar{x} = \sum_j n_j x_j / n = \sum_j h_j x_j .$$

2. Varianz und Standardabweichung (variance bzw. standard deviation)

Das bekannteste Dispersionsmaß ist die Varianz: $s^2 = \dfrac{\sum (x_i - \bar{x})^2}{n-1}$.

Aus (1) folgt für a=o und $n\bar{x}^2 = (\sum x_i)^2/n$ die für die Berechnung geeignetere Form

$$s^2 = \frac{\sum x_i^2 - \dfrac{(\sum x_i)^2}{n}}{n-1}$$

Die <u>Standardabweichung</u> s ist die Wurzel der Varianz: $s = \sqrt{s^2}$.

3. Quantile

Das Quantil x_q ist derjenige Wert, bei dem höchstens der Anteil q der Beobachtungen kleiner und der Anteil 1-q größer als dieser Wert ist (oft nicht eindeutig anzugeben).

Man bezeichnet das Quantil $x_{0,5}$ als Median oder Halbwert x_M.

Es ist $x_M = x_{(\frac{n+1}{2})}$, wenn n ungerade, und man setzt

$$x_M = \frac{x_{(\frac{n}{2})} + x_{(\frac{n+2}{2})}}{2}, \text{ wenn n gerade ist.}$$

Der Median hat die Eigenschaft, die Summe der absoluten Abweichungen zu minimieren:

$$\sum_i |x_i - x_M| \leq \sum_i |x_i - a| \quad \text{für alle a}.$$

Die Quantile $x_{0,25}$, $x_{0,75}$ werden auch als Quartile,

$$x_{0,1}, x_{0,2}, \ldots, x_{0,9} \text{ als Dezile}$$

und $x_{0,01}, x_{0,02}, \ldots, x_{0,99}$ als Perzentile bezeichnet.

Der Quartilabstand $x_{0,75} - x_{0,25}$ (enthält 50% aller Beobachtungen) findet manchmal als Dispersionsmaß Verwendung.

4. Weitere Maße

Lokalisationsmaße:

a. Mode, Modalwert, Dichtemittel: Der Klassenwert mit der größten relativen Häufigkeit.

b. Bereichsmitte: $\dfrac{x_{(1)} + x_{(n)}}{2}$

c. Geometrisches Mittel: $x_G = \sqrt[n]{x_1 x_2 \ldots x_n}$

d. Harmonisches Mittel: $x_H = n/(1/x_1 + 1/x_2 + \ldots + 1/x_n)$

Dispersionsmaße:

e. Bereich (range): $w = x_{(n)} - x_{(1)}$

f. Variationskoeffizient: $v = s/\bar{x}$

Maß der Schiefe:

g. Schiefe: $g_1 = \dfrac{\Sigma(x_i - \bar{x})^3}{n\, s^3}$

Maß des Exzeß:

h. Exzeß: $g_2 = \dfrac{\Sigma(x_i - \bar{x})^4}{n\, s^4} - 3$

Darstellung zweivariabler Beobachtungen

H. Bloedhorn

An einem Objekt mögen jeweils zwei Merkmale x, y gemessen werden: z.B. bei Patienten Körpergröße und Körpergewicht oder systolischer Blutdruck und Lebensalter oder systolischer Blutdruck und Cholesteringehalt des Blutserums usf. Oft ist es nützlich, die Beobachtungspaare $(x_1, y_1), \ldots, (x_n, y_n)$ in einem kartesischen Koordinatensystem als Punktwolke darzustellen. Ferner kann man die Beobachtungswerte in Klassen einteilen derart, daß jeder Beobachtungswert in genau eine Klasse fällt. Werden die x-Werte in I Randklassen ($i=1,\ldots,I$) und die y-Werte in J Randklassen ($j=1,\ldots,J$) eingeteilt, so ergeben sich $I \cdot J$ Klassen. In unserem Beispiel ist $I=12$, $J=16$. Jede Randklasse umfaßt alle Beobachtungen des betreffenden Merkmals einschließlich der unteren und ausschließlich der oberen Randklassengrenze.

Die Anzahl der Beobachtungen in der Klasse (i,j) bezeichnen wir mit n_{ij}. In unserem Beispiel also $n_{11},\ldots,n_{12,16}$. Die Anzahl der Personen der j-ten Randklasse wird bestimmt durch Bildung der Summe $\sum_i n_{ij} = n_{.j}$ (Der Punkt steht an Stelle eines Index, hier also an Stelle von i und bedeutet, daß über den betreffenden Index summiert wurde).

Entsprechend ist die Anzahl der Beobachtungswerte der i-ten Randklasse gleich
$$\sum_j n_{ij} = n_{i.}$$

Man sieht leicht ein, daß gilt $\sum_i n_{i.} = n_{..}$; $\sum_j n_{.j} = n_{..}$.

$n_{i.}$ und $n_{.j}$ heißen Randbesetzungszahlen. Der Quotient $\frac{n_{ij}}{n}$ ist die relative Häufigkeit der Klasse (i,j), $\frac{n_{i.}}{n}$ bzw. $\frac{n_{.j}}{n}$ die relative Randhäufigkeit.

Es ist nützlich, in Verallgemeinerung des Begriffs der Häufigkeitssumme des eindimensionalen Falles jetzt eine Häufigkeitssumme H_{ij} einzuführen.

Häufigkeitstabelle von Messungen über Körpergröße und Länge des Unterarms
(Bei den Intervallangaben ist jeweils die obere Grenze nicht eingeschlossen)

Länge des Unterarms		Größe in Zoll, Y																Σ
I	X	1	2	3	4	5	6	7	8	9	10	11	12	13	14	15	16=J	
		59–60	60–61	61–62	62–63	63–64	64–65	65–66	66–67	67–68	68–69	69–70	70–71	71–72	72–73	73–74	74–75	
12	21,0–21,5																1	1
11	20,5–21,0													1	1			2
10	20,0–20,5														1			1
9	19,5–20,0										2			1		2		5
8	19,0–19,5									2	4	6	11	8	4	2	1	38
7	18,5–19,0					1		2	6	8	7	15	13	2	1			55
6	18,0–18,5				2		3	2	15	28	14	25	5	2	2			102
5	17,5–18,0				3	1	2	8	18	15	7	2	1	1				61
4	17,0–17,5			1	5	6	11	12	7	7	3	1						49
3	16,5–17,0			1	3	6	5	10				1						25
2	16,0–16,5		1	1		2		4										8
1	15,5–16,0	1	1															1
	Σ	1	2	3	13	16	21	36	47	61	38	50	30	15	9	4	2	348

Es sei

$$G_{ij} = n_{11} + n_{12} + \ldots + n_{1j}$$
$$+ n_{21} + n_{22} + \ldots + n_{2j}$$
$$\cdot \quad \cdot \quad \ldots \quad \cdot$$
$$+ n_{i1} + n_{i2} + \ldots + n_{ij} = \sum_{r=1}^{i} \sum_{s=1}^{j} n_{rs}$$

G_{ij} ist also die Anzahl derjenigen Beobachtungen, für die gilt:

$$x < k_{x_i} \, , \quad y < k_{y_j} \, ,$$

wobei k_{x_i} die obere Grenze der i-ten Randklasse des Merkmals x, entsprechend k_{y_j} die obere Grenze der j-ten Randklasse des Merkmals y ist.

$$H_{ij} = \frac{1}{n_{..}} G_{ij} = \frac{1}{n_{..}} \sum_{r=1}^{i} \sum_{s=1}^{j} n_{rs} \, .$$

Sei die aufsummierte Randbesetzungszahl bezüglich y gleich

$$G_{i.} = \sum_{r=1}^{i} n_{r.} \, , \quad \text{z.B.} \quad G_{3.} = 34 \, ,$$

dann ist die Randhäufigkeitssumme definiert als

$$H_{i.} = \frac{1}{n_{..}} G_{i.} = \frac{1}{n_{..}} \sum_{r=1}^{i} n_{r.} \quad \text{und mit} \quad G_{.j} = \sum_{s=1}^{j} n_{.s} \quad \text{gilt}$$

$$H_{.j} = \frac{1}{n_{..}} G_{.j} = \frac{1}{n_{..}} \sum_{s=1}^{j} n_{.s}$$

Die Tabelle enthält neben den Randverteilungen gleichzeitig die <u>bedingten Verteilungen.</u> Es stehen in der i-ten Reihe der Tabelle die Besetzungszahlen der y für gegebenes x_i bzw. stehen in der j-ten Spalte die Besetzungszahlen der x für gegebenes y_j.

Dementsprechend wird die relative Häufigkeit von y_j, wenn x_i eingetreten ist, definiert als

$$\frac{n_{ij}}{n_{i.}}$$ und die relative Häufigkeit von x_i, wenn y_j eingetreten

ist, als $\frac{n_{ij}}{n_{.j}}$.

Beispiel: Wir bestimmen die relative Häufigkeit der Beobachtungspaare mit einer Körpergröße von 68 - 69 Zoll, unter den Beobachtungspaaren, bei denen die Länge des Unterarms 17,5 - 18 Zoll beträgt.

$$\frac{n_{ij}}{n_{i.}} = \frac{7}{61} = 0,115$$

= $\dfrac{\text{relative Häufigkeit der Beobachtungspaare mit einer Unterarmlänge zwischen 17,5 und 18 Zoll und einer Körpergröße zwischen 68 und 69 Zoll}}{\text{relative Häufigkeit der Beobachtungspaare mit einer Unterarmlänge zwischen 17,5 und 18 Zoll}}$

Die bedingte Häufigkeitssumme beträgt $H_{i.y_j} = \frac{1}{n_{.j}} \sum_{r=1}^{i} n_{rj}$

bzw. $H_{j.x_i} = \frac{1}{n_{i.}} \sum_{s=1}^{j} n_{is}$.

Die bedingten Mittelwerte und Varianzen betragen

$$\bar{x}_{x.y_j} = \sum_i x_i \frac{n_{ij}}{n_{.j}} \;,\quad s^2_{x.y_j} = \frac{\sum_i x_i^2 n_{ij} - \dfrac{(\Sigma x_i n_{ij})^2}{n_{.j}}}{n_{.j} - 1}$$

$$\bar{y}_{y.x_i} = \sum_j y_j \frac{n_{ij}}{n_{i.}} \;,\quad s^2_{y.x_i} = \frac{\sum_j y_j^2 n_{ij} - \dfrac{(\Sigma y_j n_{ij})^2}{n_{i.}}}{n_{i.} - 1} \;.$$

Regression und Korrelation
===

H. Bloedhorn

Regression

Gegeben seien n Beobachtungspaare (x_1,y_1), (x_2,y_2),..., (x_n,y_n), die in Klassen bezüglich x eingeteilt sind. In jeder Klasse sei der bedingte Mittelwert $\bar{y}_{y.x_i}$ gebildet. Meist liegen diese Mittelwerte angenähert auf einer Geraden, der sogenannten Regressionsgeraden. Um diese Gerade zu bestimmen, betrachten wir zunächst den Fall nichtklassifizierter Beobachtungen. Sei $y = a + b(x-\bar{x})$ die gesuchte Gerade. Wir ziehen von dem Punkt (x_i, y_i) parallel zur y-Achse eine Verbindungslinie bis zur Regressionsgeraden. Die Länge dieser Strecke bezeichnen wir mit $d_{y.x_i}$. Wir können also auch sagen: Ein Beobachtungspunkt (x_i,y_i) hat die y-Koordinate

$$y_i = a + b(x_i - \bar{x}) + d_{y.x_i}$$

Die Regressionsgerade wird nun nach der Methode der kleinsten Quadrate so bestimmt, daß die Summe dieser Abweichungsquadrate, also $R = \sum_{i=1}^{n} d^2_{y.x_i}$, ein Minimum ist. Um also die Koeffizienten a und b der Geraden zu bestimmen, fordern wir

$$R = \Sigma d^2_{y.x_i} = \Sigma(y_i - a - b(x_i-\bar{x}))^2 = \text{Min}.$$

Durch partielle Differentiation nach a und b erhalten wir die Normalgleichungen

$$\frac{\partial R}{\partial a} = -2\Sigma[y_i-a-b(x_i-\bar{x})] = 0 \,;\, \frac{\partial R}{\partial b} = -2\Sigma[y_i-a-b(x_i-\bar{x})](x_i-\bar{x}) = 0$$

Aus diesen folgt $a = \dfrac{\sum_{i=1}^{n} y_i}{n}$.

$$b = \frac{\Sigma(x_i-\bar{x})y_i}{\Sigma(x_i-\bar{x})^2} = \frac{\Sigma(x_i-\bar{x})y_i - \Sigma(x_i-\bar{x})\bar{y}}{\Sigma(x_i-\bar{x})^2} = \frac{\Sigma(x_i-\bar{x})(y_i-\bar{y})}{\Sigma(x_i-\bar{x})^2}$$

Man bezeichnet

$$s_{xy} = \frac{\Sigma(x_i-\bar{x})(y_i-\bar{y})}{n-1}$$

als Kovarianz. Wenn die beiden Variablen gleich sind, ist die Kovarianz s_{xx} identisch mit der Varianz s_x^2.

Zur Berechnung benutzt man die Formel

$$s_{xy} = \frac{\Sigma x_i y_i - \frac{\Sigma x_i \Sigma y_i}{n}}{n-1} \quad .$$

Für die Berechnung von b ergibt sich somit

$$b = \frac{\Sigma x_i y_i - \frac{\Sigma x_i \Sigma y_i}{n}}{\Sigma x_i^2 - \frac{(\Sigma x_i)^2}{n}} \quad .$$

So, wie wir in der Varianz ein Maß für die Streuung der Beobachtungswerte um den Mittelwert $\bar{x}$ fanden, so haben wir jetzt als Maß für die Streuung der y-Werte um die Regressionsgerade den Ausdruck

$$s_{y.x}^2 = \frac{\Sigma d_{y.x_i}^2}{n-2} = \frac{S_y^2}{n-2}(1-r^2) \text{ mit } r = \frac{S_{xy}}{\sqrt{S_x^2 S_y^2}} \quad .$$

$s_{y.x}^2$ ist die Varianz von y, nachdem der Einfluß von x ausgeschaltet worden ist. r ist der Korrelationskoeffizient.

Bei diesen Überlegungen erhalten wir mit Hilfe der Regressionsgeraden zu jedem unabhängig vorgegebenen x einen mittleren y-Wert. Man bezeichnet daher x als unabhängige, y als abhängige Variable. Betrachten wir umgekehrt y als unabhängige und x als abhängige Variable, so können wir zu jedem y einen mittleren x-Wert berechnen.

Wir ziehen vom Punkt (x_i, y_i) parallel zur x-Achse eine Verbindungslinie bis zu der zu bestimmenden Regressionsgeraden.(Die Länge dieser Strecke bezeichnen wir mit $d_{x.y_i}$.)

Um sie zu gewinnen, wird die Summe der Quadrate der Abstände $\Sigma d^2_{x \cdot y_i}$ nach der Methode der kleinsten Quadrate wie oben minimiert.
Die Gleichung dieser neuen Geraden sei $x = \tilde{a} + \tilde{b}(y - \bar{y})$.
Eine Rechnung analog der oben durchgeführten ergibt

$$\tilde{a} = \frac{\sum_{i=1}^{n} x_i}{n}$$

$$\tilde{b} = \frac{\Sigma(x_i-\bar{x})(y_i-\bar{y})}{\Sigma(y_i-\bar{y})^2} = \frac{\Sigma x_i y_i - \frac{\Sigma x_i \Sigma y_i}{n}}{\Sigma y_i - \frac{(\Sigma y_i)^2}{n}} = \frac{S_{xy}}{S_{y^2}} \; .$$

Diese Gerade stimmt im allgemeinen nicht mit der oben berechneten Regressionsgeraden überein.

Man bezeichnet diese Regression als Regression von x auf y, während die oben erwähnte Regression von y auf x genannt wird. Die Regressionskoeffizienten werden, um sie auseinanderzuhalten, mit b_{yx} bzw. b_{xy} gekennzeichnet.

Das geometrische Mittel der beiden Regressionskoeffizienten ist gerade gleich r, also

$$r = \sqrt{b_{yx} \, b_{xy}} \; .$$

Als Maß für die Stärke der Beziehung zwischen x und y verwendet man den Korrelationskoeffizienten.

Bedeutung des Korrelationskoeffizienten

1) Nimmt nur Werte zwischen +1 und -1 an.

2) Positive Korrelation bedeutet, zu größeren Werten der einen Variablen gehören auch größere Werte der anderen Variablen.

   Negative Korrelation bedeutet, zu größeren Werten der einen Variablen gehören kleinere Werte der anderen.

3) Je näher die Werte bei $|1|$ liegen, umso mehr liegen die Punkte auf einer Geraden, d.h. umso enger ist die Beziehung zwischen den Größen x und y.

4) Sind die beiden Varianzen gleich groß, dann stimmen der Korrelationskoeffizient und die beiden Regressionskoeffizienten überein.

Rechenschema:

$$\Sigma x = \ldots \qquad \Sigma y = \ldots \qquad n = \ldots$$

$$\bar{x} = \frac{\Sigma x}{n} = \ldots \qquad \bar{y} = \frac{\Sigma y}{n} = \ldots$$

$$\Sigma x^2 = \ldots \qquad \Sigma y^2 = \ldots \qquad \Sigma xy = \ldots$$

$$\frac{(\Sigma x)^2}{n} = \ldots \qquad \frac{(\Sigma y)^2}{n} = \ldots \qquad \frac{(\Sigma x)(\Sigma y)}{n} = \ldots$$

$$S_{x^2} = \ldots \qquad S_{y^2} = \ldots \qquad S_{xy} = \ldots$$

$$r = \frac{S_{xy}}{\sqrt{S_{x^2}\, S_{y^2}}} = \ldots \qquad b_{yx} = \frac{S_{xy}}{S_{x^2}} = \ldots$$

Als Probe kann man $b_{xy} = \dfrac{S_{xy}}{S_{y^2}}$ ausrechnen und nachprüfen, ob dieses Ergebnis mit dem Korrelationskoeffizienten übereinstimmt:

$$\sqrt{b_{yx} \cdot b_{xy}} = r \; .$$

Wahrscheinlichkeitsrechnung
Grundbegriffe
E. Walter

§ 1 Stichprobenraum, Ereignis und Wahrscheinlichkeit

Für eine Wahrscheinlichkeitsaussage ist notwendig, daß eine Ausgangssituation und verschiedene Folgesituationen vorliegen (z.B. der Würfel im Würfelbecher und Würfeln einer der 6 verschiedenen Ausgangszahlen). Die Menge der möglichen Folgesituationen bezeichnen wir als den Stichprobenraum $\mathcal{X}$.

Im Beispiel ist

$$\mathcal{X} = \{x : x = 1, 2, \ldots, 6\}$$

der Stichprobenraum beim Würfeln.

Die Teilmengen von $\mathcal{X}$ bezeichnen wir als Ereignisse.

Tritt beim Experiment ein Wert x aus einer Untermenge A auf, so sagen wir, das Ereignis A sei eingetreten.

Als Wahrscheinlichkeitsmaß bezeichnen wir eine Zuordnung von Zahlen P(A) zu den Ereignissen A, die folgenden Bedingungen genügen:

1) $P(A) \geq 0$
2) $P(\mathcal{X}) = 1$
3) $P(A \cup B) = P(A) + P(B)$, wenn $A \cap B = \emptyset$.

Das Wahrscheinlichkeitsmaß ist also eine additive Mengenfunktion. Die Bedingung 3 wird meist für eine abzählbare Menge von sich gegenseitig ausschließenden Ereignissen angegeben. Auf die Frage, ob eine derartige Zuordnung für alle Untermengen des Stichprobenraums immer möglich ist, sei hier nicht näher eingegangen.

Praktisch erfolgt die Bestimmung der Wahrscheinlichkeit eines Ereignisses oft dadurch, daß der Versuch sehr häufig wiederholt wird. Ein Schätzwert für die Wahrscheinlichkeit P(A) ist dann die relative Häufigkeit, mit der das Ereignis eingetreten ist. Sei n die Gesamtanzahl der Versuche und n_A die Anzahl der Versuche, bei denen das Ereignis eingetreten ist, dann wird P(A) durch $\frac{n_A}{n}$ geschätzt.

Häufig kann man aber die Wahrscheinlichkeit auch mit Hilfe einer Modellannahme bestimmen, z.B. wenn der Stichprobenraum in N sich gegenseitig ausschließende Untermengen A_i aufgeteilt werden kann

$$\mathcal{X} = A_1 \cup A_2 \cup \ldots \cup A_N,$$

für die man voraussetzen kann, daß $P(A_i) = P(A_j)$ für alle $i, j \leq N$; dann folgt aus $\Sigma P(A_i) = 1$, daß die Wahrscheinlichkeit für ein einzelnes Ereignis $\frac{1}{N}$ ist. Wenn wir jetzt ein Ereignis A betrachten, das Vereinigung von k dieser Ereignisse ist, dann ist $P(A) = \frac{k}{N}$ (Laplacesche Definition).

Beispiel: Die Wahrscheinlichkeit für das Ereignis A, eine Zahl kleiner als 3 zu würfeln, kann man dadurch gewinnen, daß man sehr häufig würfelt und die relative Häufigkeit, mit der das Ereignis kleiner als 3 eintritt, als Schätzwert für die Wahrscheinlichkeit P(A) verwendet.

Man kann aber auch von dem Modell ausgehen, daß es sich um einen echten Würfel handelt, bei dem die 6 Seiten mit gleicher Wahrscheinlichkeit auftreten. Dann ist $N = 6$, $k = 2$ und $P(A) = \frac{2}{6} = \frac{1}{3}$.

§ 2 Additions- und Multiplikationssätze, Unabhängigkeit, bedingte Wahrscheinlichkeit

Für zwei beliebige Ereignisse A und B gilt der <u>Additionssatz</u> der Wahrscheinlichkeitsrechnung

$$P(A \cup B) = P(A) + P(B) - P(AB).$$

Bei drei Ereignissen ist

$$P(A \cup B \cup C) = P(A) + P(B) + P(C) - P(AB) - P(AC) - P(BC) + P(ABC).$$

Wir bezeichnen die beiden Ereignisse A und B als <u>unabhängig,</u> wenn

$$P(AB) = P(A) P(B)$$

ist.

Wenn A und B unabhängig sind, so gilt dies auch für die Komplementärereignisse, also aus $P(AB) = P(A) P(B)$ folgt:

$$P(A \bar{B}) = P(A) P(\bar{B})$$
$$P(\bar{A} B) = P(\bar{A}) P(B)$$
$$P(\bar{A} \bar{B}) = P(\bar{A}) P(\bar{B}).$$

Drei Ereignisse A, B, C werden unabhängig genannt, wenn

$$P(ABC) = P(A) P(B) P(C)$$
$$\text{und} \quad P(AB) = P(A)P(B), \quad P(AC) = P(A)P(C), \quad P(BC) = P(B)P(C).$$

Dies folgt aber nicht notwendig aus der gegenseitigen Unabhängigkeit von A und B, B und C und A und C. Unabhängigkeit ist ein Spezialfall, bei dem sich die Wahrscheinlichkeiten für das gleichzeitige Auftreten zweier Ereignisse in einfacher Weise darstellen lassen. Im allgemeinen Falle müssen wir eine neue Größe, die bedingte Wahrscheinlichkeit, einführen. Wir bezeichnen

$$P(B|A) = \frac{P(AB)}{P(A)}$$

als <u>bedingte Wahrscheinlichkeit</u> für das Eintreten von B, wenn A eingetreten ist. Bei Unabhängigkeit ist $P(B|A) = P(B)$. Aus der Definition der bedingten Wahrscheinlichkeit folgt der <u>Multiplikationssatz</u> der Wahrscheinlichkeitsrechnung

$$P(AB) = P(A) \, P(B|A)$$
$$P(AB) = P(B) \, P(A|B) \, .$$

<u>Beispiel</u>: Beim aufeinanderfolgenden Ziehen zweier Karten aus einem vollständigen Kartenspiel sei A das Ereignis, einen König beim ersten Zug und B das Ereignis, einen König beim zweiten Zug zu ziehen. Es sei vorausgesetzt, daß jede Karte die gleiche Wahrscheinlichkeit hat, gezogen zu werden. Dann folgt aus der Laplaceschen Definition

$$P(A) = \frac{4}{52} = \frac{1}{13} \, .$$

Wenn die erste Karte wieder zurückgelegt wird, bevor der zweite Zug erfolgt, ist die Wahrscheinlichkeit, den König beim zweiten Zug zu ziehen, gleichgroß, also

$$P(B) = \frac{1}{13} \, , \text{ so daß } P(AB) = \frac{1}{13} \cdot \frac{1}{13} \text{ ist.}$$

Wenn die Karte nicht zurückgelegt wird, dann hängt die Wahrscheinlichkeit, beim zweiten Zug einen König zu ziehen, davon ab, ob beim ersten Zug ein König gezogen wurde oder nicht. Wurde ein König gezogen, so ist die Wahrscheinlichkeit

$$P(B|A) = \frac{3}{51} \, , \text{ so daß } P(AB) = P(A) \, P(B|A) = \frac{1}{13} \cdot \frac{3}{51}$$

ist.

Wenn der Stichprobenraum $\mathfrak{F}$ aus k Elementen besteht und der Versuch n-mal wiederholt wird, so kann man einen neuen Stichprobenraum

$$\mathfrak{F} \times \mathfrak{F} \times \ldots \times \mathfrak{F} = \mathfrak{F}^n$$

mit k^n Elementen betrachten. Ist A_1 ein Ereignis beim ersten Versuch, A_2 ein Ereignis beim zweiten Versuch, ..., A_n ein Ereignis beim n-ten Versuch und sind die Versuche unabhängig voneinander, so ist

$$P(A_1 \ A_2 \ \ldots \ A_n) = P(A_1) \ P(A_2) \ \ldots \ P(A_n) \ .$$

Hierbei steht links die Wahrscheinlichkeit eines Ereignisses im Stichprobenraum $\mathcal{X}^n$. Rechts stehen Wahrscheinlichkeiten im Stichprobenraum $\mathcal{X}$. Handelt es sich jedesmal um ein Ereignis, das bei jedem Versuch die gleiche Wahrscheinlichkeit p hat, so ist

$$P(A_1 \ A_2 \ \ldots \ A_n) = p^n \ .$$

Die Stichprobenräume können natürlich auch von Versuch zu Versuch wechseln.

Die Unabhängigkeit aufeinanderfolgender Versuche und der auf Grund dieser Versuche gewonnenen Beobachtungen ist die wichtigste Voraussetzung für die Anwendung der meisten statistischen Verfahren.

§ 3 Häufigkeitsfunktionen, Verteilungsfunktionen, Funktionalparameter

Den Elementen des Stichprobenraumes können oft Punkte x auf der reellen Achse zugeordnet werden. Eine solche Zuordnung heißt <u>Zufallsvariable</u> und wird meist mit großen Buchstaben gekennzeichnet. Dadurch wird auf der reellen Achse ein Wahrscheinlichkeitsmaß definiert, das wir <u>Verteilung</u> nennen wollen. Die Zuordnung der 6 verschiedenen Würfelergebnisse zu den 6 Punkten 1, 2, ..., 6 ist eine Zufallsvariable und erzeugt eine Gleichverteilung auf den Zahlen 1 bis 6.

Kann die Zufallsvariable nur endlich viele (oder abzählbar unendlich viele) Punkte x_i (i = 1,2,...) annehmen, so spricht man von einer <u>diskreten</u> Verteilung. Die Wahrscheinlichkeit, daß die Zufallsvariable X den Wert x annimmt, ist P(X = x) oder kurz P(x). Die Funktion P(x) in Abhängigkeit von x heißt <u>Häufigkeitsfunktion.</u>

1. Beispiel: Gleichverteilung
(auf den ersten N natürlichen Zahlen)

$$P(x) = \frac{1}{N} \ (x = 1,2,\ldots,N)$$

2. Beispiel: Zweistufige Verteilung
(auf den Zahlen 0 und 1)
Man macht einen Versuch, der nur zwei mögliche Ergebnisse haben kann, denen die Werte 1 ("Erfolg") und 0 ("Mißerfolg") zugeordnet werden.

$$P(x) = \begin{cases} p & \text{für } x = 1 \\ 1 - p & \text{für } x = 0 \end{cases}$$

3. Beispiel: Geometrische Verteilung

Bei einem Versuch trete ein Ereignis mit der Wahrscheinlichkeit p ein. Der Versuch werde so lange wiederholt, bis das Ereignis auftritt (z.B. Würfeln, bis eine 6 geworfen wird). Zufallsvariable sei die Anzahl der dazu nötigen Versuche. Die Wahrscheinlichkeit P(x), daß x Versuche notwendig sind, ist gleich der Wahrscheinlichkeit, daß bei den ersten x-1 Versuchen das Ereignis nicht eingetreten ist, multipliziert mit der Wahrscheinlichkeit, daß das Ereignis beim x-ten Versuch eintritt. Mit $q = 1 - p$ erhalten wir

$$P(x) = q^{x-1}p.$$

Die Menge der Werte, die die Zufallsvariable annehmen kann, ist abzählbar unendlich.

Wir verwenden zur Kennzeichung einer Verteilung auch die **Verteilungsfunktion**:

$$F(x) = P(X \leq x) ,$$

die die Wahrscheinlichkeit angibt, daß die Zufallsvariable einen Wert kleiner als x oder gleich x annimmt. Im diskreten Fall ist

$$F(x) = \sum_{z \leq x} P(z) .$$

Es ist

$$F(-\infty) = 0 , \quad F(+\infty) = 1 .$$

Im Beispiel der Gleichverteilung ist

$$F(x) = 0 \text{ für } x < 1 ;$$
$$= \frac{i}{N} \text{ für } i \leq x < i+1 ; \quad i = 1,\ldots,N-1;$$
$$= 1 \text{ für } x \geq N;$$

und im Beispiel der geometrischen Verteilung

$$F(x) = 1 \text{ für } x < 0$$
$$= \sum_{j=1}^{i} q^{j-1}p = 1 - q^i \text{ für } i \leq x < i+1 ; \quad i = 1,2,\ldots .$$

Wir betrachten außerdem dem diskreten den **stetigen Fall**.

Im stetigen Fall nimmt eine Zufallsvariable alle Werte in einem endlichen Intervall, auf einer Halbachse oder der ganzen reellen Achse an.

Anstelle der Häufigkeitsfunktion, für die P(x) = 0 gilt, wird die
<u>Wahrscheinlichkeitsdichte</u>

$$f(x)$$

betrachtet. $f(x)\Delta x$ ist für kleine Δx angenähert die Wahrscheinlichkeit, daß die Zufallsvariable einen Wert zwischen x und $x +\Delta x$ annimmt.

$$F(x) = \int_{-\infty}^{x} f(z)\, dz$$

ist die Verteilungsfunktion. - Es gilt

$$f(x) = F'(x)$$

bis auf endlich viele x.

<u>1. Beispiel: Gleichverteilung in einem Intervall</u>

$$\begin{aligned}F(x) &= 0 \text{ für } x < 0, \\ &= x \text{ für } 0 \leq x \leq 1, \\ &= 1 \text{ für } x > 1, \\ f(x) &= 1 \text{ für } 0 \leq x \leq 1, \\ &= 0 \text{ sonst;}\end{aligned}$$

allgemein

$$\begin{aligned}F(x) &= 0 \text{ für } x < a, \\ &= \frac{x-a}{b-a} \text{ für } a \leq x \leq b, \\ &= 1 \text{ für } x > b, \\ f(x) &= \frac{1}{b-a} \text{ für } a \leq x \leq b, \\ &= 0 \text{ sonst.}\end{aligned}$$

Die Verteilung der Abrundungsfehler ist eine Gleichverteilung mit $a = -\frac{1}{2}$ und $b = +\frac{1}{2}$.

<u>2. Beispiel: Normalverteilung</u>

Die wichtige Normalverteilung ist eine stetige Verteilung, die auf der ganzen reellen Achse definiert ist. Die Wahrscheinlichkeitsdichte

$$f(x) = \frac{1}{\sqrt{2\pi}\sigma} e^{-\frac{(x-\mu)^2}{2\sigma^2}} \qquad -\infty < x < \infty$$

hat die Form der Glockenkurve, mit dem Maximum an der Stelle µ und den Wendepunkten an den Stellen µ-σ und µ+σ.

Tabelliert ist die standardisierte Normalverteilung, für die µ = 0 und σ = 1 gilt. Die Variable wird meist mit u bezeichnet. Für sie gilt

$$f(u) = \frac{1}{\sqrt{2\pi}} e^{-\frac{u^2}{2}} \qquad -\infty < u < \infty \quad .$$

Zu gegebenem u kann F(u) und f(u) nachgesehen werden oder zu gegebenem p=F(u) der Wert von u. Die Umrechnungsformeln für die ursprüngliche Normalverteilung lauten

$$u = \frac{x-\mu}{\sigma} \quad \text{und} \quad x = \mu + u\sigma \quad .$$

Maßzahlen zur Bestimmung der Verteilung bezeichnet man als <u>Parameter</u>. Zur Kennzeichnung der Lage (Lokalisation) verwendet man am häufigsten den Mittelwert oder Erwartungswert:

$$E(X) = \sum_{j} x_j P(x_j) \quad \text{im diskreten Fall,}$$

$$= \int_{-\infty}^{+\infty} x f(x) dx \quad \text{im stetigen Fall.}$$

Der <u>Erwartungswert</u> irgendeiner reellen Funktion $\varphi(x)$ ist entsprechend definiert:

$$E(\varphi(X)) = \sum_{j} \varphi(x_j) P(x_j) \quad \text{im diskreten Fall,}$$

$$= \int_{-\infty}^{+\infty} \varphi(x) f(x) \, dx \quad \text{im stetigen Fall.}$$

Zur Abkürzung wird E(X) oft auch mit µ bezeichnet.

Als <u>Dispersionsmaß</u> verwendet man allgemein die <u>Varianz</u>

$$V(X) = E((X-\mu)^2) = E(X^2)-\mu^2,$$

bzw. deren Wurzel, die <u>Standardabweichung</u> σ. $V(X)$ wird auch mit σ^2 abgekürzt.

Eine weitere Reihe von Lokalisationsmaßen stellen die <u>Quantile</u> dar. Bei einer stetigen Verteilung ist das Quantil x_p durch die Beziehung $F(x_p) = p$ definiert. x_p ist also derjenige Wert, bei dem gerade die Wahrscheinlichkeit für einen kleineren Wert p und die Wahrscheinlichkeit für einen größeren Wert $1-p$ beträgt.

Bei einer diskreten Verteilung läßt sich ein solcher Wert nicht immer angeben. Man verwendet dann den Wert, bei dem die Wahrscheinlichkeit für ein kleineres x kleiner oder gleich p und die Wahrscheinlichkeit für ein größeres x kleiner oder gleich $1-p$ ist. Erfüllen mehrere Werte diese Bedingung, so wird der Mittelwert verwendet.

Für den Erwartungswert und die Varianz gelten folgende Rechenregeln. Es seien a und b Konstante, X und Y Zufallsvariable, so ist

$$E(aX+b) = aE(X)+b$$
$$V(aX+b) = a^2 V(X)$$
$$E(X+Y) = E(X)+E(Y)$$
$$V(X+Y) = V(X)+V(Y), \text{ wenn X und Y unabhängig sind.}$$

Aus der Definition der Varianz folgt die in der Varianzanalyse wichtige Beziehung

$$E(X^2) = V(X) + E(X)^2.$$

Ist S_n die Summe von n Zufallsvariablen mit gleicher Verteilung

$$S_n = X_1 + \ldots + X_n$$

und $\bar{X}$ ihr Mittelwert

$$\bar{X} = S_n/n,$$

dann gilt für den Erwartungswert

$$E(S_n) = nE(X), \quad E(\bar{X}) = E(X).$$

Sind die Zufallsvariablen unabhängig, so ist

$$V(S_n) = nV(X), \quad V(\bar{X}) = \frac{V(X)}{n}.$$

Mit wachsendem Stichprobenumfang geht also die Varianz des Mittelwertes gegen Null.

Spezielle diskrete Verteilungen

R. Beinhauer

Man interessiert sich vielfach dafür, wie oft ein gewisses Ereignis eintritt, das man als Erfolg oder Treffer bezeichnet. Hängt das Eintreten des Ereignisses vom Zufall ab, so ist auch die Anzahl der Erfolge eine Zufallsvariable. Für diese Art von Zufallsvariablen ergeben sich häufig die folgenden Verteilungsfunktionen.

1. Binomialverteilung

Wenn man n-mal einen Versuch wiederholt, der nur zwei Ergebnisse ("Erfolg" E oder "Mißerfolg" M) haben kann, so kann man das Ergebnis als eine Folge von n Zeichen E und M angeben, etwa

$$E\ E\ E\ M\ M\ M\ E\ M$$

Ist p die Wahrscheinlichkeit eines Erfolges und $q = 1 - p$, so ergibt sich die Wahrscheinlichkeit der Folge als ein Produkt von p's und q's, das ebenso aufgebaut ist wie die Folge selbst, für das Beispiel also

$$p\ p\ p\ q\ q\ p\ q = p^4 q^3 .$$

Interessiert man sich nur für die Anzahl x der Erfolge, so muß man alle Folgen in Betracht ziehen, die genau x Erfolge enthalten. Sie haben alle die Wahrscheinlichkeit $p^x q^{n-x}$, und es gibt $\binom{n}{x}$ solche Folgen. Daher ist die Wahrscheinlichkeit, genau x Erfolge zu haben,

$$P(x) = \binom{n}{x} p^x q^{n-x} \qquad x = 0,1,\ldots,n$$

Erwartungswert und Varianz der Anzahl X der Erfolge werden gegeben durch

$$E(X) = np$$
$$V(X) = npq$$

Eine erwartungstreue Schätzung für p ist also $\hat{p} = \frac{x}{n}$.

Man kann die Zufallsvariable X auch als Summe von n unabhängigen Zufallsvariablen, die der zweistufigen Verteilung folgen, erhalten. Daraus folgt nach dem zentralen Grenzwertsatz, daß die Binomialverteilung für große n durch eine Normalverteilung mit $\mu = np$ und $\sigma^2 = npq$ angenähert werden kann.

Beispiel: Unter den 8 Kindern einer Familie können sich 0,1,2,...,8 Jungen befinden. Kennt man die Wahrscheinlichkeit p für eine Knabengeburt, so kann man mit der Binomialverteilung angeben, wie groß die Wahrscheinlichkeit für x Jungen unter 8 Kindern ist.

2. Hypergeometrische Verteilung

Aus einem Behälter, der r rote und N - r weiße, insgesamt also N Kugeln enthält, soll eine Stichprobe von n Kugeln entnommen werden. X sei die Anzahl der roten Kugeln in der Stichprobe. Die Wahrscheinlichkeitsverteilung von X ist dann gegeben durch

$$P(x) = \frac{\binom{n}{x} \binom{N-n}{r-x}}{\binom{N}{r}}$$

mit $E(X) = \dfrac{nr}{N}$

$V(X) = \dfrac{nr \, (N-r)(N-n)}{N^2 \, (N-1)}$

Um P(x), d.h. die Wahrscheinlichkeit für das Auftreten von x roten Kugeln zu bestimmen, nehmen wir zunächst an, daß zuerst x rote Kugeln und dann n - x weiße Kugeln gezogen werden. Die Wahrscheinlichkeit, bei der ersten Ziehung eine rote Kugel zu ziehen, ist r/N. Für das Ereignis, bei der zweiten Ziehung wieder eine rote Kugel zu ziehen, hat man die Wahrscheinlichkeit $\dfrac{r-1}{N-1}$, da jetzt nur noch N - 1 Kugeln, darunter r - 1 rote, vorhanden sind. Die Wahrscheinlichkeit, bei der x-ten Ziehung eine rote Kugel zu erhalten, ist schließlich

$$\frac{r - x + 1}{N - x + 1}$$

und die Wahrscheinlichkeit, anschließend eine weiße Kugel zu ziehen, ist

$$\frac{N - r}{N - x} \, .$$

Um die Wahrscheinlichkeit für die Ziehung von zunächst x roten und dann n - x weißen Kugeln zu berechnen, müssen alle die Einzelwahrscheinlichkeiten miteinander multipliziert werden. Das ergibt

$$\frac{r\,(r-1)\,\ldots\,(r-x+1)(N-r)\cdot(N-r-1)\,\ldots\,(N-r-n+x+1)}{N\,(N-1)\,\ldots\,(N-x+1)(N-x)\cdot(N-x-1)\,\ldots\,(N-n+1)}$$

$$= \frac{r!\,(N-r)!(N-n)!}{N!\,(r-x)!(N-r-n+x)!} \quad .$$

Jede andere Anordnung der Ziehung von insgesamt x roten Kugeln würde den gleichen Nenner und den gleichen Zähler ergeben, nur die Reihenfolge der Faktoren des Zählers würde variieren. Die gesuchte Wahrscheinlichkeit ergibt sich daher, wenn wir die letzte Formel mit der Anzahl dieser Anordnungen multiplizieren; sie beträgt $\binom{n}{x}$.

Wenn bei jeder einzelnen Ziehung die Kugel wieder zurückgelegt wird, so bleibt die Wahrscheinlichkeit für die Ziehung einer roten Kugel konstant $\frac{r}{N}$. Das Gleiche gilt auch, wenn die Anzahl der roten und die Anzahl der weißen Kugeln so groß ist, daß sich ihr Verhältnis durch die Ziehung praktisch nicht ändert. Setzt man $\frac{r}{N} = p$ und $\frac{N-r}{N} = q$, so kommt man wieder auf die Binomialverteilung zurück.

Beispiel: In einer Herde von N Tieren befinden sich r kranke. Fängt man eine Stichprobe von n Tieren zur Untersuchung auf diese Krankheit, so ist die Anzahl X der in der Stichprobe gefundenen kranken Tiere hypergeometrisch verteilt.

3. Poissonverteilung

Dies ist die Verteilung der Anzahl X von seltenen Ereignissen, die aber beliebig oft eintreten können.

$$P(x) = \frac{m^x}{x!}\,e^{-m} \qquad x = 0, 1, 2, \ldots$$

$$E(X) = m$$

$$V(X) = m \quad .$$

Beispiele von Poisson-verteilten Zufallsvariablen:

a) Die Anzahl der Bakterienkolonien auf einer Platte mit Nährlösung.

b) Die Anzahl der Emissionen von radioaktivem Material in einer bestimmten Zeit.

Wie die Beispiele zeigen, gibt es örtliche oder zeitliche Poissonverteilungen. Der Parameter m, die mittlere Trefferzahl, ist entsprechend proportional zur betrachteten Fläche F oder zum betrachteten

Zeitintervall T (Es ist klar, daß sich z.B. die mittlere Trefferzahl verdoppelt, wenn man die Ereignisse in einer doppelt so langen Zeitspanne auszählt):

$$m = \lambda F \quad \text{oder} \quad m = \lambda T$$

λ ist die mittlere Zahl von Treffern pro Flächeneinheit bzw. pro Zeiteinheit.

Zur Schätzung von m benutzt man die Trefferzahl x selbst, ebenso zur Schätzung der Varianz. Hat man z.B. 80 Treffer in einer bestimmten Zeit erhalten, so wird man $\sigma \approx 9$ setzen.

Auch die Poissonverteilung hängt mit der Binomialverteilung zusammen. Ist in der Formel für die Binomialverteilung p sehr klein und n sehr groß, so erhält man mit pn = m (m bleibt beim Grenzübergang konstant!)

$$P(x) = \frac{np \cdot (n-1)p \ldots (n - x + 1)p}{x!} (1- \frac{m}{n})^{n-x} \to \frac{m^x}{x!} e^{-m}.$$

Dieser Zusammenhang ist auch anschaulich einzusehen. Man teilt sich das Zeitintervall T, in dem man Treffer beobachten will, in sehr viele (n) Zeitintervalle ΔT ein, die so klein sind, daß man die Wahrscheinlichkeit für zwei und mehr Treffer vernachlässigen kann. Ist m die mittlere Trefferzahl für die Zeit T, so erhält man in der Zeit $\Delta t = \frac{T}{n}$ mit Wahrscheinlichkeit $p = \frac{m}{n}$ einen Treffer, mit Wahrscheinlichkeit (1-p) keinen Treffer. Die Trefferzahl in der Zeit T setzt sich dann aus den Trefferzahlen der n kleinen Zeitabschnitte Δt zusammen und ist binomialverteilt mit Parameter p.

Für kleine p und große n ist also die Poissonverteilung mit m=np eine bequeme Näherung für die Binomialverteilung.

Grenzwertsätze

E. Walter

Der wichtigste Grenzwertsatz ist das Gesetz der großen Zahlen. Zu seiner Ableitung benötigen wir die Tschebyscheffsche Ungleichung: *)

$$P(|X-\mu| \geq k\sigma) \leq \frac{1}{k^2} \quad .$$

Sie besagt: die Wahrscheinlichkeit, daß die Abweichung der Zufallsvariablen X vom Mittelwert μ nicht weniger als das k-fache der Standardabweichung beträgt, ist nicht größer als $1/k^2$.

Setzt man $k\sigma = a$, so ergibt sich

$$P(|X-\mu| \geq a) \leq \frac{\sigma^2}{a^2} \quad .$$

Seien $X_1,...,X_n$ n Zufallsvariable mit gleichem Mittelwert μ und gleicher Varianz σ^2.

Wenn die Zufallsvariablen unabhängig sind, gilt für die Varianz des Mittelwertes $\bar{X}$

$$\text{Var}(\bar{X}) = \frac{1}{n^2} \sum_{i=1}^{n} \text{Var}(X_i) = \frac{\sigma^2}{n}$$

Mit wachsendem Stichprobenumfang n geht also die Varianz des Mittelwertes gegen 0. Es sei a eine beliebige Konstante; dann geht auf Grund der Tschebyscheffschen Ungleichung die Wahrscheinlichkeit, daß $\bar{X}$ nicht weniger als a vom Mittelwert μ abweicht

$$P(|\bar{X}-\mu| \geq a) \leq \frac{\text{Var}(X)}{na^2}$$

---

*)
Beweis:
$$\sigma^2 = \sum_{x} (x-\mu)^2 f(x)$$
$$\geq \sum_{\{x: |x-\mu| \geq k\sigma\}} (x-\mu)^2 f(x)$$
$$\geq k^2 \sigma^2 \sum_{\{x: |x-\mu| \geq k\sigma\}} f(x)$$
$$= k^2 \sigma^2 P(|x-\mu| \geq k\sigma)$$

Daraus folgt die Behauptung nach Division durch $k^2 \sigma^2$.

mit wachsendem n ebenfalls gegen Null. Wir müssen zwar immer damit rechnen, daß auch bei großem n ein $\bar{X}$ auftritt, das nicht weniger als a von µ entfernt ist; die Wahrscheinlichkeit hierfür wird aber beliebig klein. Die Wahrscheinlichkeit, daß die Abweichung kleiner als a ist, strebt entsprechend gegen 1.

Man bezeichnet den durch

$$\lim_{n\to\infty} P(|\bar{X} - \mu| \geq a) = 0$$

oder durch $\lim_{n\to\infty} P(|\bar{X} - \mu| < a) = 1$

ausgedrückten Satz als <u>Gesetz der großen Zahlen</u>.

Voraussetzung für die Anwendung des Gesetzes der großen Zahlen ist die Unabhängigkeit der Zufallsvariablen, da bei Abhängigkeit die Varianz des Mittelwerts nicht gegen Null zu streben braucht.

Wenn wir Ereignisse, die mit einer Wahrscheinlichkeit auftreten, die kleiner als ε ist, nicht berücksichtigen wollen, dann müssen wir zu gegebenem a

$$n \geq \frac{Var(X)}{a^2 \varepsilon}$$

wählen, um (mit einer Wahrscheinlichkeit von höchstens ε) sicher zu sein, daß keine Abweichung größer als a auftritt. Diese Schätzung gilt für jede Ausgangsverteilung, ist aber sehr grob. Wir werden bessere Abschätzungen kennenlernen.

Als spezielle Anwendung betrachten wir die Schätzung der Wahrscheinlichkeit p eines Ereignisses mit Hilfe der relativen Häufigkeit, mit der das Ereignis nach m-maliger Wiederholung des Experiments eingetreten ist. Ordnen wir dem Eintreten des Ereignisses den Wert 1 und dem Nichteintreten den Wert 0 zu, so folgt die so definierte Zufallsvariable der zweistufigen Verteilung mit dem Erwartungswert p und der Varianz p(1-p).

Bezeichnen wir die Anzahl der Experimente, bei denen bei n-facher Wiederholung das Ereignis eintrat, mit S_n, so gilt

$$P(|\frac{S_n}{n} - p| \geq a) \leq \frac{p(1-p)}{na^2} \ .$$

Wenn p nicht bekannt ist, kann wegen $p(1-p) \leq \frac{1}{4}$ die Formel

$$P(|\frac{S_n}{n} - p| \geq a) \leq \frac{1}{4na^2} \text{ benutzt werden.}$$

Soll nur mit der Wahrscheinlichkeit $\varepsilon = 0,01$ eine Abweichung, die größer als $a=0,05$ ist, auftreten, benötigt man

$$n = \frac{1}{4a^2\varepsilon} = 10000$$

Beobachtungen.

Der <u>Zentrale Grenzwertsatz</u> der Wahrscheinlichkeitsrechnung:

Seien $X_1 \ldots X_n$ n unabhängige Zufallsvariable mit gleicher Verteilung und endlicher Varianz. Dann kann die Verteilung der Summe $Z=X_1+\ldots+X_n$ umso besser durch eine Normalverteilung angenähert werden, je größer n ist. Es gilt:

$$\lim_{n \to \infty} P\left(\frac{Z-n\mu}{\sqrt{n}\,\sigma} \leq u_q\right) = q.$$

Man sagt: Z ist asymptotisch $N(n\mu, n\sigma^2)$-verteilt. Ebenso ist der Mittelwert $\bar{X}$ asymptotisch $N(\mu, \sigma^2/n)$-verteilt.

x	P(x)·216	F(x)	u	F(u)
3	1	0,005	-2,366	0,009
4	3	0,018	-2,028	0,021
5	6	0,046	-1,690	0,046
6	10	0,093	-1,352	0,088
7	15	0,162	-1,014	0,155
8	21	0,259	-0,676	0,250
9	25	0,375	-0,338	0,368
10	27	0,500	0	0,500
11	27	0,625	0,338	0,632
12	25	0,741	0,676	0,750
13	21	0,838	1,014	0,845
14	15	0,907	1,352	0,912
15	10	0,954	1,690	0,954
16	6	0,981	2,028	0,979
17	3	0,995	2,366	0,991
18	1	1,000	2,704	0,997

Anpassung der Verteilung der Summe von drei Würfen durch die Normalverteilung $N(10,5; 8,75)$.

Wir wollen diesen Satz am Beispiel der Summe von Wurfergebnissen, also einer Gleichverteilung als Ausgangsverteilung, erläutern. Er trifft aber für jede Ausgangsverteilung zu,

sofern nur ihre Varianz endlich ist. Die angegebene Verteilung
der Summe von 3 Würfen hat schon eine glockenförmige Verteilung.

In der Tabelle ist neben F(x) auch die normierte Größe

$$u = \frac{x + 0{,}5 - \mu}{\sigma} = \frac{x + 0{,}5 - 10{,}5}{2{,}958}$$

angegeben. Der Summand 0,5 ist eine Stetigkeitskorrektur, um die nur
natürliche Zahlen annehmende Summe besser an eine stetig verteilte
Zufallsvariable anzupassen. In der letzten Spalte ist schließlich
die Verteilungsfunktion der Normalverteilung angeführt. Sie weicht
immer weniger von F(x) ab, je größer die Anzahl n der Würfe ist.

Da die Anzahl S_n, mit der bei n Wiederholungen das betrachtete Ereignis aufgetreten ist, als Summe von n Zufallsvariablen, die der zweistufigen Verteilung folgen, aufgefaßt werden kann, ist auch dieses S_n asymptotisch normalverteilt

$$N(np, np(1-p))$$

und kann für nicht zu kleine n durch die Normalverteilung approximiert
werden. Für das Quantil x_q der Verteilung von X gilt

$$u_q = \frac{x_q + 0{,}5 - np}{\sqrt{np(1-p)}} \quad .$$

Entsprechend kann die Verteilung einer relativen Häufigkeit durch
$N(p, p(1-p)/n)$ approximiert werden.

Mit Hilfe dieser Approximation ergeben sich viel kleinere Grenzen
für die Anzahl der benötigten Beobachtungen als mit Hilfe der
Tschebyscheffschen Ungleichung.

Die Anzahl der benötigten Beobachtungen beträgt $n = \frac{u^2_{1-\varepsilon/2}}{4a^2}$.

Für das oben erwähnte Beispiel mit a = 0,05 und ε = 0,01 ergibt sich
n = 666.

Neben diesen beiden klassischen Grenzwertsätzen sind in den letzten
Jahrzehnten einige weitere Sätze entdeckt worden.

<u>Das starke Gesetz der großen Zahlen</u>

Wir betrachten eine Folge von Zufallsvariablen $X_1, \ldots, X_n, \ldots$ mit
gleicher Verteilung und endlicher Varianz. Dann ist der Mittelwert
$\bar{X}_n$ aus den ersten n Zufallsvariablen auch eine Zufallsvariable, für
die das eben angegebene schwache Gesetz der großen Zahlen aussagt,

daß die Wahrscheinlichkeit, daß der Mittelwert $\bar{X}$ von μ weniger abweicht als eine vorgegebene Zahl a, mit $n \to \infty$ gegen 1 strebt, d.h.

$$\lim_{n \to \infty} P(|\bar{X}_n - \mu| < a) = 1 .$$

Das starke Gesetz besagt, daß die Wahrscheinlichkeit, daß nicht nur $\bar{X}_n$, sondern $\bar{X}_n$ und alle folgenden Mittelwerte nicht stärker als a von μ abweichen, gegen 1 geht. Für jedes r gilt also

$$\lim_{n \to \infty} P(|\bar{X}_{n+i} - \mu| < a; \quad i = 0, 1, \ldots, r) = 1 .$$

Das Gesetz vom iterierten Logarithmus

Dieses Gesetz gibt die Grenzen an, zwischen denen Abweichungen $\bar{X}_n - \mu$ fast immer bleiben. Wir wollen dieses Gesetz nur für den Fall der Binomialverteilung angeben. Es besagt, daß die Folge der Anzahlen S_n der eingetretenen Ereignisse nur für endlich viele n die Grenze

$$A(n) = np + \lambda \sqrt{npq \log \log n}$$

überschreitet, wenn $\lambda > 1$ ist, aber unendlich oft, wenn $\lambda < 1$ ist. Die untere Grenze

$$B(n) = np - \lambda \sqrt{npq \log \log n}$$

wird entsprechend auch nur endlich oft unterschritten, wenn $\lambda > 1$ ist bzw. unendlich oft, wenn $\lambda < 1$ ist.

Wichtige Prüfverteilungen
===

H. Bloedhorn

In der Wahrscheinlichkeitsrechnung wird häufig die Gammafunktion benötigt. Sie ist definiert als

$$\Gamma(x) = \int_0^\infty e^{-t} t^{x-1} dt \quad \text{für } x > 0.$$

Auf die Berechnung dieser Funktion soll nicht eingegangen werden. Erwähnt sei lediglich, daß für ganzzahlige n gilt $\Gamma(n+1) = n!$ Ferner ist $\Gamma(\frac{1}{2}) = \sqrt{\pi}$.

Die Gammafunktion kommt in den hier zu besprechenden Prüfverteilungen vor. Jedoch sind die wichtigsten Werte dieser Prüfverteilungen tabelliert, so daß wir für unsere Zwecke nicht auf die Gammafunktion zurückzugreifen brauchen.

χ^2-Verteilung

Gegeben seien n unabhängige nach $N(\mu, \sigma^2)$ verteilte Zufallsvariable X_i, $i=1,\ldots,n$. Wir bilden neue Zufallsvariable

$$Y_i = \frac{X_i - \mu}{\sigma}, \qquad i = 1,\ldots,n.$$

Die Y_i sind also normalverteilt mit Mittelwert 0 und der Varianz 1 und sind ebenfalls unabhängig. Wir fragen jetzt nach der Verteilung der Zufallsvariablen

$$Z = \sum_{i=1}^n Y_i^2$$

Die Verteilung von Z ist verschieden für verschiedene n. Man nennt n die Anzahl der Freiheitsgrade, die Verteilung selbst heißt χ^2-Verteilung mit n Freiheitsgraden.

Will man die Anzahl der Freiheitsgrade n zum Ausdruck bringen, so schreibt man χ^2_n.

Die χ_n^2 - Verteilung hat die Dichte

$$f(z) = \frac{1}{2^{n/2}\Gamma(\frac{n}{2})} e^{-\frac{z}{2}} (z)^{n/2-1} \quad \text{für } z > 0$$

n ist also ein Parameter der χ^2-Verteilung. Den Erwartungswert für χ_n^2 können wir leicht bestimmen. Es ist, da $E(Y_i) = 0$

$$E(Y_i^2) = E(Y_i^2) - 0 = E(Y_i^2) - \left[E(Y_i)\right]^2 = \text{Var}(Y_i) = 1$$

$$E(Z) = E\Sigma(Y_i^2) = \sum_i E(Y_i^2) = \sum_{i=1}^n 1 = n.$$

Berücksichtigen wir, daß die Y_i unabhängig sind, so finden wir für die Varianz:

$$\text{Var}(Z) = \text{Var}(\Sigma Y_i^2) = \sum_{i=1}^n \text{Var}(Y_i^2) = n \, \text{Var}(Y_i^2).$$

Sei $Y_i^2 = U$, dann ist

$$\text{Var}(U) = E(U^2) - (E(U))^2$$
$$\text{Var}(Y_i^2) = E(Y_i^4) - (E(Y_i^2))^2.$$

Wie hier im einzelnen nicht ausgeführt werden soll, findet man durch partielle Integration für den Erwartungswert von Y_i^4 leicht $E(Y_i^4) = 3$, so daß

$$\text{Var}(Y_i^2) = 3 - 1 = 2$$
$$\text{Var}(Z) = n \, \text{Var}(Y_i^2) = 2n.$$

Nach dem zentralen Grenzwertsatz ist Z asymptotisch (d.h. für $n \to \infty$) normalverteilt. An Stelle der dadurch gegebenen Approximation kann man aber ein Verfahren benutzen, daß von R.A. Fisher stammt und die Normalverteilung schneller approximiert. Fisher zeigte, daß $\sqrt{2Z}$ annähernd normalverteilt ist mit Mittelwert $\sqrt{2n-1}$ und Varianz 1.

Aus dem Quantil $\chi_{n,p}^2$ findet man also das entsprechende Quantil u_p von $N(0,1)$ mit

$$u_p = \sqrt{2\chi_{n,p}^2} - \sqrt{2n-1}$$

und umgekehrt

$$\chi_{n,p}^2 = \frac{1}{2}(\sqrt{2n-1} + u_p)^2.$$

Beispiel: Gegeben sei das p-Quantil $\chi^2_{20,p} = 37{,}57$, d.h. das Quantil einer χ^2-Verteilung mit 20 Freiheitsgraden. Wie groß ist p?

$$u_p = \sqrt{2 \cdot 37{,}57} - \sqrt{2 \cdot 20 - 1} = 8{,}67 - 6{,}24 = 2{,}43 \approx u_{0,99}$$

d.h. $p \approx 0{,}99$

Beispiel: Wie groß ist das Quantil $Z_{100,\,0,95}$?

$$Z_{100,\,0,95} = \tfrac{1}{2}(\sqrt{2 \cdot 100 - 1} + 1{,}64)^2 = \tfrac{1}{2} \cdot 15{,}75^2 \approx 124 .$$

Diese Approximationen wird man nur für große n anwenden, wenn man keine Tabellen für die χ^2-Verteilung zur Verfügung hat.

Eine genauere Approximation stammt von Wilson und Hilferty.

Sie zeigen, daß $(Z_n/n)^{\frac{1}{3}}$ annähernd normalverteilt ist mit dem Mittelwert $1 - \frac{2}{9n}$ und der Varianz $\frac{2}{9n}$.

Der Rechenaufwand ist für diese Approximation allerdings größer.

Es gilt approximativ:

$$u_p = \frac{\sqrt[3]{(Z_{n,p}/n)} - (1 - \frac{2}{9n})}{\sqrt{\frac{2}{9n}}}$$

und

$$\chi^2_{n,p} = n(u_p \sqrt{\tfrac{2}{9n}} + (1 - \tfrac{2}{9n}))^3$$

Beispiel:

Gegeben sei das p-Quantil $\chi^2_{40,p} = 59{,}342$.

Wie groß ist p?

$$u_p = \frac{\sqrt[3]{(59{,}342/40)} - (1 - \frac{2}{9 \cdot 40})}{\sqrt{\frac{2}{9 \cdot 40}}} = 1{,}958$$

$p = 0{,}975$.

Beispiel:

Wie groß ist das Quantil $\chi^2_{60, 0.95}$?

$$\chi^2_{60, 0.95} = 60 \left(1{,}6449 \sqrt{\frac{2}{9 \cdot 60}} + \left(1 - \frac{2}{9 \cdot 60}\right)\right)^3 = 79{,}08 \, .$$

Dieser Wert stimmt mit dem genauen Wert bis auf die letzte Stelle überein.

Wenn wir zwei unabhängige, χ^2-verteilte Zufallsvariable Z_m, Z_n haben mit m und n Freiheitsgraden, so ist $Z_m + Z_n = \sum_{i=1}^{m} X_i^2 + \sum_{i=1}^{n} Y_i^2$ verteilt nach χ^2_{m+n}, d.h. die Summenvariable ist wieder χ^2-verteilt mit m+n Freiheitsgraden.

Um in der Varianzanalyse die Verteilung der dort auftretenden quadratischen Formen zu erhalten, benötigt man den folgenden <u>Satz von Cochran</u>:

Gegeben seien n unabhängige normalverteilte Zufallsvariable Y_i, i = 1,...,n
mit Erwartungswert 0 und Varianz 1.
Es sei $Y' = (Y_1, \ldots, Y_n)$.
Es seien $Q_1, \ldots, Q_k$ k quadratische Formen in den Y_i (i=1,2,...n) mit den Rängen $n_1, \ldots, n_k$ und es gelte
$Y'Y = Q_1 + \ldots + Q_k$,
dann ist n = Σn_i
notwendig und hinreichend dafür, daß
a) Q_i verteilt ist nach $\chi^2_{n_i}$
b) $Q_1, Q_2, \ldots, Q_k$ unabhängig sind.

Bei der Varianzanalyse entsprechen die Summen der Quadrate SQ bis auf einen konstanten Faktor den quadratischen Formen Q_i und die den SQ zugehörenden Freiheitsgrade den n_i.

t-Verteilung

Es sei U eine nach N(0,1) verteilte zufällige Variable. Z_n eine von U unabhängige χ^2-verteilte Variable mit n Freiheitsgraden.

Dann hat die Zufallsvariable $t_n = \dfrac{U}{\sqrt{\dfrac{Z_n}{n}}}$

die Dichte

$$f(t) = \frac{1}{\sqrt{\pi n}} \cdot \frac{\Gamma(\frac{n+1}{2})}{\Gamma(\frac{n}{2})} (1 + \frac{t^2}{n})^{-\frac{n+1}{2}}.$$

Diese Dichtefunktion ist symmetrisch um den Wert $t = 0$. Die Verteilung heißt t-Verteilung mit n Freiheitsgraden. Die Zahl der Freiheitsgrade richtet sich nach derjenigen der χ^2-Verteilung, die in die Definition der zufälligen Variablen t_n eingeht. Die t-Verteilung hat den Erwartungswert 0 und die Varianz $V(t_n) = \dfrac{n}{n-2}$ ($n > 2$).

F-Verteilung

Es seien Z_m und Z_n zwei voneinander unabhängige χ^2-verteilte zufällige Variable mit m bzw. n Freiheitsgraden. Dann hat die Variable

$$F_{m,n} = \frac{Z_m/m}{Z_n/n}$$

eine Verteilung mit folgender Dichte

$$f(F) = \frac{\Gamma(\frac{m+n}{2})}{\Gamma(\frac{m}{2})\Gamma(\frac{n}{2})} \, m^{m/2} n^{n/2} \, \frac{F^{m/2-1}}{(n+mF)^{(m+n)/2}} \quad \text{für } F \geq 0.$$

F ist der Quotient zweier nicht negativer Variabler und kann daher selbst keine negativen Werte annehmen. Die Verteilung heißt F-Verteilung mit m und n Freiheitsgraden.

Für die F-Verteilung gilt

$$E(F) = \frac{n}{n-2}, \quad n > 2 : V(F) = \frac{2n^2(n+m-2)}{(n-2)^2 m(n-4)}, \quad n > 4$$

In den Tabellen finden wir $F_{m,n,0,95}$ und $F_{m,n,0,99}$ angegeben. Wir benötigen aber gelegentlich auch das Quantil $F_{m,n,0,05}$ und $F_{m,n,0,01}$. Diese können wir jedoch berechnen aus den entsprechenden Quantilen $F_{m,n,0,95}$ bzw. $F_{m,n,0,99}$.

Sei Z eine F-verteilte Zufallsvariable. Es ist

$P(Z \leq F_{m,n,1-\alpha}) = 1 - \alpha$.

Nehmen wir nun den Kehrwert, so dreht sich die Ungleichung um.

$P\left(\dfrac{1}{Z} \geq \dfrac{1}{F_{m,n,1-\alpha}}\right) = 1-\alpha$.

Das Gegenereignis hierzu ist

$P\left(\dfrac{1}{Z} < \dfrac{1}{F_{m,n,1-\alpha}}\right) = \alpha$.

Nun ist definitionsgemäß

$P\left(\dfrac{1}{Z} \leq F_{n,m,\alpha}\right) = \alpha$.

Da $P\left(\dfrac{1}{Z} = F_{n,m,\alpha}\right) = 0$,

folgt daraus, daß

$F_{n,m,\alpha} = \dfrac{1}{F_{m,n,1-\alpha}}$.

<u>Beispiel:</u> Wie groß ist $F_{6,\ 12,\ 0,05}$? Antwort:

$$F_{6,\ 12,\ 0,05} = \dfrac{1}{F_{12,\ 6,\ 0,95}} = \dfrac{1}{4,00} = 0,25 .$$

<u>Inverse Interpolation</u>

Sind die F-Quantile, die man sucht, nicht mit den entsprechenden Freiheitsgraden angegeben, so interpoliert man nach dem Verfahren der inversen Interpolation.

Ist $F_{n,m_1,\alpha}$ und $F_{n,m_2,\alpha}$ der Tabelle zu entnehmen, aber

$F_{n,m,\alpha}$ mit $m_1 < m < m_2$ gesucht, so ist

näherungsweise

$$F_{n,m,\alpha} = F_{n',m_1,\alpha} + \frac{\frac{1}{m} - \frac{1}{m_2}}{\frac{1}{m_1} - \frac{1}{m_2}} (F_{n,m_2,\alpha} - F_{n,m_1,\alpha}).$$

Zusammenhang zwischen den Quantilen der Normalverteilung und der χ^2-Verteilung.

Für die Quantile der Normalverteilung u_α und $u_{1-\alpha}$ gilt

$$P(u_\alpha < U < u_{1-\alpha}) = 1 - 2\alpha.$$

Da $u_\alpha = -u_{1-\alpha}$, ist

$$P(-u_{1-\alpha} < U < u_{1-\alpha}) = 1 - 2\alpha$$

und

$$P(U^2 < u^2_{1-\alpha}) = 1 - 2\alpha.$$

Sei $p = 1 - 2\alpha$, dann ist

$$P(U^2 < u^2_{\frac{1+p}{2}}) = p.$$

U^2 hat aber eine χ^2-Verteilung mit einem Freiheitsgrad, so daß

$$\chi^2_{1,p} = u^2_{\frac{1+p}{2}}.$$

Beispiel:

Sei $p = 0{,}99$, also $\frac{1+p}{2} = 0{,}995$,

dann ist

$$\chi^2_{1,0{,}99} = u^2_{0{,}995}$$

$$6{,}635 = 2{,}576^2.$$

Aus $E(Z_n) = n$
$V(Z_n) = 2n$

folgt:

$$E(\frac{Z_n}{n}) = 1 \quad \text{und}$$

$$V(\frac{Z_n}{n}) = \frac{2n}{n^2} = \frac{2}{n}.$$

Daraus ergibt sich, daß $\frac{Z_n}{n}$ für $n \to \infty$ gegen 1 strebt.

Wenn wir in

$$F = \frac{Z_m/m}{Z_n/n}$$

n gegen unendlich gehen lassen, erhalten wir

$$F_{m,\infty,p} = \frac{\chi^2_{m,p}}{m}.$$

Beispiel:

Sei m = 20, und p = 0,95,

dann gilt

$$F_{20,\infty,0,95} = 1,5705 = \frac{31,410}{20} = \frac{\chi^2_{20,095}}{20}.$$

Wir betrachten jetzt

$$t = \frac{U}{\sqrt{\frac{\chi^2_n}{n}}}.$$

Wir haben vorhin gesehen, daß $\frac{\chi^2_n}{n}$ für $n \to \infty$ nach Wahrscheinlichkeit gegen 1 geht. Damit folgt , daß für $n \to \infty$ die t-Verteilung mit der standardisierten Normalverteilung übereinstimmt.

Ohne Beweis erwähnen wir

$$t_{\infty,\alpha} = u_\alpha$$

$$F_{1,n,p} = t^2_{n,\frac{1+p}{2}}.$$

Beispiel:

Sei n = 10, p = 0,99

$F_{1, 10, 0,99} = 10,04 = 3,169^2 = t^2_{10, 0,995}$.

Für $n \rightarrow \infty$ geht der Nenner gegen 1. Daraus folgt $F_{1,\infty,p} = u^2_{0,5(1+p)}$.

Zusammenfassung:

$$F_{m, \infty, p} = \frac{\chi^2_{m,p}}{m}$$

$$\sqrt{F_{1,\infty,p}} = u_{0,5(1+p)}$$

$$\sqrt{F_{1,n,p}} = t_{n,0,5(1+p)}$$

$$F_{n,m,\alpha} = \frac{1}{F_{m,n,1-\alpha}} .$$

Zweivariable Verteilungen

R. Beinhauer

Oft werden an einer Versuchseinheit zwei Merkmale X und Y gemessen. So kann man an einer Person Körpergröße und Körpergewicht messen. Beide Messungen zusammen bestimmen einen Punkt (x,y) in einem ebenen Koordinatensystem. Wir fragen nach der Wahrscheinlichkeitsverteilung solcher Punkte in der Ebene.

Im diskreten Fall wird man die Verteilung einfach dadurch angeben, daß man jedem Punkt (x,y), der überhaupt angenommen werden kann, eine Wahrscheinlichkeit zuordnet:

$$P(x,y) = P(X=x, Y=y) .$$

Allen andern Punkten wird die Wahrscheinlichkeit 0 zugeordnet. Im stetigen Fall ist auch hier wieder die Wahrscheinlichkeit, einen bestimmten einzelnen Punkt anzunehmen, gleich 0. Man hat wie im eindimensionalen Fall eine Wahrscheinlichkeitsdichte und eine Verteilungsfunktion zu definieren. Mit Hilfe der Wahrscheinlichkeitsdichte $f(x,y)$ kann die Wahrscheinlichkeit dafür, daß der Punkt (X,Y) in ein kleines Rechteck mit der Ecke (x,y) und den Kantenlängen Δx und Δy fällt, annähernd bestimmt werden:

$$f(x,y)\, \Delta x\, \Delta y \approx P\left[X \in (x, x+\Delta x),\; Y \in (y, y+\Delta y)\right]$$

Die gemeinsame Verteilungsfunktion von X und Y wird definiert durch

$$F(x,y) = P(X \leq x,\; Y \leq y) .$$

Die Wahrscheinlichkeit dafür, daß der Punkt (X,Y) in ein bestimmtes Gebiet G der Ebene fällt, erhält man aus der Wahrscheinlichkeitsdichte durch Integration über dieses Gebiet:

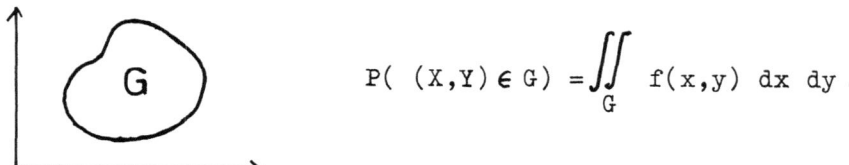

$$P((X,Y) \in G) = \iint_G f(x,y)\, dx\, dy ,$$

Daraus ergibt sich die Beziehung zwischen der Dichte und der Verteilungsfunktion: Man hat die Dichte über das spezielle Gebiet D: $(X \leq x, Y \leq y)$ zu integrieren, um die Verteilungsfunktion zu erhalten.

$$F(x,y) = \iint_D f(s,t) \, ds \, dt \, .$$

Die Verteilungsfunktion für die isoliert betrachtete Zufallsvariable X erhält man aus der gemeinsamen Verteilungsfunktion als sogenannte Randverteilung, indem man Y beliebig variieren läßt.

$$F_1(x) = P(X \leq x) = P(X \leq x, Y \text{ beliebig}) = F(x,\infty).$$

Entsprechend wird die Randverteilung von Y berechnet:

$$F_2(y) = F(\infty,y).$$

Aus den Randverteilungen erhält man durch Differenzieren die Randdichten

$$f_1(x) = F_1'(x),$$
$$f_2(y) = F_2'(y).$$

Die Zufallsvariablen X und Y heißen unabhängig, wenn ihre gemeinsame Verteilung das Produkt ihrer beiden Randverteilungen ist:

$$F(x,y) = F_1(x) \, F_2(y).$$

Eine entsprechende Beziehung gilt im Fall der Unabhängigkeit für die Dichten:

$$f(x,y) = f_1(x) \, f_2(y).$$

Einige Parameter der zweivariablen Verteilung von X und Y sind uns schon bekannt:

$$E(X) = \mu_X \, , \; E(Y) = \mu_Y \, , \; \sigma_X^2, \; \sigma_Y^2 \, .$$

Sie berechnen sich in bekannter Weise aus den Randverteilungen. Ihre Bedeutung beschränkt sich jedoch nicht auf die Randverteilungen, denn sie sind auch als Lokalisations- und Streuungsmaße der gemeinsamen Verteilung wichtig. Ein für die zweivariable Verteilung typischer Parameter ist die Kovarianz

$$\text{cov}(X,Y) = E\left[(X-\mu_X)(Y-\mu_Y)\right] = E(XY) - \mu_X\mu_Y \, .$$

Das Produkt XY hängt von beiden Variablen ab, sein Erwartungswert kann daher nur mit Hilfe der gemeinsamen Dichte berechnet werden.

$$E(XY) = \iint_{\mathfrak{X}} x \, y \, f(x,y) \, dx \, dy.$$

Das Integrationsgebiet ist die ganze Ebene $\mathfrak{X}$.
Die Kovarianz tritt als Korrekturglied in der Formel für die Varianz der Zufallsvariablen X+Y auf, wenn X und Y abhängig sind.

$$V(X+Y) = \sigma_X^2 + \sigma_Y^2 + 2\,\text{cov}(X,Y),$$
$$V(X-Y) = \sigma_X^2 + \sigma_Y^2 - 2\,\text{cov}(X,Y).$$

Ein weiterer Parameter der zweivariablen Verteilung ist die Korrelation

$$\varrho(X,Y) = \frac{\text{cov}(X,Y)}{\sigma_X \sigma_Y}.$$

ϱ kann nur Werte im Intervall $[-1, +1]$ annehmen. $\varrho = +1$ und $\varrho = -1$ bedeuten vollständige lineare Abhängigkeit. Die Wahrscheinlichkeit, daß die Zufallsvariablen X und Y Werte auf einer nicht zu den Achsen parallelen Geraden der (x,y) Ebene annehmen, ist dann 1. Sind X und Y unabhängig, so ist $\varrho = 0$. Aus $\varrho = 0$ folgt aber nicht die Unabhängigkeit von X und Y.
Für die Korrelation gilt die Rechenregel

$$\varrho(aX+b,\ cY+d) = \varrho(X,Y),$$

die Korrelation ist also unabhängig vom Maßstab und von Verschiebungen beider Variablen.

Beispiele

a) Zweidimensionale Gleichverteilung im Einheitsquadrat.

$$f(x,y) = \begin{cases} 1 & \text{für } 0 \le x \le 1 \text{ und } 0 \le y \le 1, \\ 0 & \text{sonst.} \end{cases}$$

$$\begin{aligned}
F(x,y) &= 0 \quad \text{für } x < 0 \text{ oder } y < 0, \\
&= xy \quad \text{für } 0 \le x \le 1,\ 0 \le y \le 1, \\
&= x \quad \text{für } 0 \le x \le 1,\ y > 1, \\
&= y \quad \text{für } 0 \le y \le 1,\ x > 1, \\
&= 1 \quad \text{für } x > 1,\ y > 1.
\end{aligned}$$

b) Zweidimensionale Normalverteilung

Die Dichte der zweidimensionalen Normalverteilung beträgt

$$f(x,y) = \frac{1}{2\pi\sqrt{1-\varrho^2}\ \sigma_1 \sigma_2} \exp\left\{-\frac{1}{2}\frac{1}{1-\varrho^2}\left[\frac{(x-\mu)^2}{\sigma_1^2} - 2\varrho\frac{(x-\mu)(y-\eta)}{\sigma_1 \sigma_2} + \frac{(y-\eta)^2}{\sigma_2^2}\right]\right\}$$

mit $\quad \begin{aligned} V(X) &= \sigma_1^2 \\ V(Y) &= \sigma_2^2 \end{aligned} \qquad \begin{aligned} E(X) &= \mu \\ E(Y) &= \eta \end{aligned} \qquad$ und $\varrho = \varrho(X,Y)$.

Die Dichte dieser Verteilung ist in dem einfachsten Fall, daß X und Y
unabhängig und beide N(0,1)-verteilt sind, gegeben durch

$$f(x,y) = \frac{1}{2\pi} e^{-\frac{x^2+y^2}{2}} \ .$$

Man sieht, daß die Linien gleicher Wahrscheinlichkeitsdichte Kreise
um den Nullpunkt sind. Im allgemeinen Fall sind diese Linien konzentrische Ellipsen, deren Mittelpunkt der Punkt (μ_X, μ_Y) ist. Das Achsenverhältnis der Ellipsen wird durch das Verhältnis der Standardabweichungen σ_X und σ_Y bestimmt.

In der Regressionsrechnung wird auch die Verteilung von Y betrachtet,
wenn X einen festen Wert x_0 annimmt. Man nennt dies eine bedingte
Verteilung. Man kann zum Beispiel fragen, wie die Körpergewichte von
180 cm großen Männern verteilt sind. Die Dichte der bedingten Verteilung von Y bei gegebenem x_0 berechnet sich aus der gemeinsamen
Dichte und der Randdichte von X nach der Formel

$$f(y|x_0) = \frac{f(x_0,y)}{f_1(x_0)} \ .$$

Mit Hilfe dieser Verteilung kann man einen bedingten Erwartungswert
und eine bedingte Varianz berechnen. In dem eben angeführten Beispiel
wäre der bedingte Erwartungswert als das mittlere Körpergewicht von
180 cm großen Männern zu deuten.

Die zweidimensionale Normalverteilung zeichnet sich dadurch aus, daß
die bedingte Varianz unabhängig von x_0 überall denselben Wert hat,
und daß die bedingten Erwartungswerte auf einer Geraden, der sogenannten Regressionsgeraden, liegen, die aber nicht mit der Hauptachse der
Ellipsen gleicher Wahrscheinlichkeitsdichte übereinstimmt.

Es gilt also:

$$E(Y|X = x) = \eta + \beta_{yx}(x-\mu)$$

mit

$$\mu = E(X)$$
$$\eta = E(Y) \ .$$

Anwendungen der Bayesschen Formel

E. Walter

Die Bayessche Formel

$A_1,\ldots,A_m$ seien m sich gegenseitig ausschließende Ereignisse, die nicht direkt beobachtbar sind. Es sei

$$\sum_{i=1}^{m} P(A_i) = 1 \; .$$

$B_1,\ldots,B_n$ seien n beobachtbare Ereignisse, für die ebenfalls

$$\sum_{j=1}^{n} P(B_j) = 1$$

gilt. Ferner seien die Wahrscheinlichkeiten $P(A_i)$ ($i = 1,\ldots,m$) und die bedingten Wahrscheinlichkeiten $P(B_j|A_i)$ ($i = 1,\ldots,m$; $j = 1,\ldots,n$) bekannt. Gesucht sind die Wahrscheinlichkeiten $P(A_i|B_j)$ für die Ereignisse A_i, wenn das Ereignis B_j eingetreten ist.

Aufgrund der Multiplikationsregel ergibt sich die Bayessche Formel:

$$P(A_i|B_j) = \frac{P(A_i \cap B_j)}{P(B_j)}$$

$$= \frac{P(A_i)\, P(B_j|A_i)}{\sum_{k=1}^{m} P(A_k \cap B_j)}$$

$$= \frac{P(A_i)\, P(B_j|A_i)}{\sum_{k=1}^{m} P(A_k)\, P(B_j|A_k)}$$

Man bezeichnet $P(A_i)$ als a-priori-Wahrscheinlichkeiten und $P(A_i|B_j)$ als a-posteriori-Wahrscheinlichkeiten. Falls m = 2, gilt

$$P(A_1|B_j) = \frac{P(A_1)P(B_j|A_1)}{P(A_1)P(B_j|A_1)+P(A_2)P(B_j|A_2)} = \frac{1}{1 + \dfrac{P(A_2)\, P(B_j|A_2)}{P(A_1)\, P(B_j|A_1)}} \; .$$

Das Bayessche Postulat

Für den Fall, daß die a-priori-Wahrscheinlichkeiten nicht bekannt sind, schlug T. Bayes vor, die a-priori-Wahrscheinlichkeiten als gleich anzunehmen. In diesem Fall ergibt sich als Bayessche Formel für m = 2

$$P(A_1|B_j) = \frac{1}{1 + \frac{P(B_j|A_2)}{P(B_j|A_1)}}$$

Die Essen-Möller-Formel

Bei der Begutachtung der Vaterschaft eines von der Mutter genannten Mannes geht man von den beiden Ereignissen

A_1 der genannte Mann ist der Vater

A_2 der genannte Mann ist nicht der Vater

aus. $B_1,\ldots,B_n$ sind die verschiedenen möglichen Terzette, d.h. die beobachteten Blutgruppen der Mutter, des Kindes und des benannten Mannes. Berechenbar sind die Wahrscheinlichkeiten

$$V = P(B_j|A_1) \text{ und } \bar{V} = P(B_j|A_2),$$

daß das Terzett B_j unter der Voraussetzung auftritt, daß der genannte Mann der Vater bzw. nicht der Vater ist.

Mit Hilfe der Bayesschen Formel kann die a-posteriori-Wahrscheinlichkeit für A_1, daß der genannte Mann der Vater ist, berechnet werden. Obwohl bekannt ist, daß die a-priori-Wahrscheinlichkeit nicht 0,5 beträgt, werden gleiche Wahrscheinlichkeiten angenommen. Wenn r Blutgruppensysteme untersucht werden, wird bei der Berechnung zusätzlich verwendet, daß die Wahrscheinlichkeiten für die einzelnen Systeme unabhängig sind.

Sei T_1 das Auftreten der Phänotypkombination im ersten System (z.B. Mutter O, Kind O, Vater B), T_2 im zweiten System usw., dann ist die Formel von Essen-Möller durch

$$P(A_1|B_j) = \frac{1}{1 + \frac{\bar{V}}{V}}$$

mit $V = P(T_1|A_1) \cdot \ldots \cdot P(T_r|A_1)$
und $\bar{V} = P(T_1|A_2) \cdot \ldots \cdot P(T_r|A_2)$ gegeben.

Die automatische Diagnose

Verschiedene Verfahren der automatischen Diagnose benutzen den folgenden Ansatz. Sie gehen davon aus, daß ein Patient eine der Krankheiten A_1 bis A_m besitzt. Mit B_1 bis B_n seien die verschiedenen möglichen Symptomkomplexe bezeichnet. Es sei bekannt, mit welcher a-priori-Wahrscheinlichkeit die einzelnen Krankheiten auftreten und mit welcher Wahrscheinlichkeit die Symptome bei den einzelnen Krankheiten vorkommen. Man kann dann mit Hilfe der Bayesschen Formel die Wahrscheinlichkeit angeben, mit der der Patient die Krankheit A_i besitzt, wenn der Symptomkomplex B_j beobachtet wurde.

Hierbei treten ähnliche Schwierigkeiten auf wie bei der Vaterschaftsbegutachtung. Die Wahrscheinlichkeiten für das Auftreten der einzelnen Krankheiten sind schwer zu bestimmen, da sie örtlich und zeitlich stark variieren. Auch ist die Anzahl der Symptomkomplexe außerordentlich groß, so daß es nur in wenigen Fällen möglich ist, die entsprechenden bedingten Wahrscheinlichkeiten anzugeben. Es kann auch nicht angenommen werden, daß die einzelnen Symptome unabhängig sind. Dadurch fällt die leichte Berechenbarkeit, wie sie die Essen-Möller-Formel auszeichnet, fort.

Markoffsche Ketten

E. Walter

Bei Anwendung vieler statistischer Verfahren ist notwendig, daß die Beobachtungen voneinander unabhängig sind. Dies trifft in der Praxis oft nicht zu. Die einfachste Art der Abhängigkeit tritt bei Markoffschen Ketten auf. Diese ist eine Folge von Zufallsvariablen, bei der die Verteilung der k-ten Zufallsvariable nur von dem Ausfall der direkt vorhergehenden, aber nicht von den weiter zurückliegenden abhängt. Wir wollen annehmen, daß der Stichprobenraum nur aus endlich vielen sich gegenseitig ausschließenden Ereignissen $A_1,\ldots,A_m$ besteht, die man in der Theorie der Markoffschen Ketten als Zustände bezeichnet.

Während man zur Berechnung der Wahrscheinlichkeit für das Auftreten einer Folge von Ereignissen im Unabhängigkeitsfalle nur die Wahrscheinlichkeiten $P(A_j)$ zu kennen braucht, müssen bei der Markoffschen Kette die bedingten Wahrscheinlichkeiten $P(A_j|A_i)$ für A_j, wenn direkt vorher A_i beobachtet wurde, bekannt sein. Man bezeichnet sie als Übergangswahrscheinlichkeiten, die der Einfachheit halber in der Form p_{ij} geschrieben werden. Diese Wahrscheinlichkeiten werden im allgemeinen als quadratische Matrix

$$P = \begin{pmatrix} p_{11} & \cdots & p_{1m} \\ \cdots & \cdots & \cdots \\ p_{m1} & \cdots & p_{mm} \end{pmatrix}$$

angegeben (Stochastische Matrix).

Außerdem müssen noch die Wahrscheinlichkeiten $P(A_j^{(1)})$, daß A_j als Anfangszustand auftritt, bekannt sein. $P(A_j^{(1)})$ wird im folgenden mit a_j bezeichnet.

Beispiel:

a) <u>Irrfahrt</u> (random walk)

Ein Teilchen kann sich entlang einer Geraden auf den Punkten $i = 1, 2,\ldots,m$ bewegen. Der Zustand wird durch die Stelle i, an der sich das Teilchen befindet, gekennzeichnet. Bei jedem Schritt geht es mit der Wahrscheinlichkeit p zu dem nächstgrößeren Wert und mit der Wahrscheinlichkeit q zu dem nächstkleineren Wert. An den Rändern angekommen, wird es mit der Wahrscheinlichkeit 1 absorbiert. Als stochastische Matrix ergibt sich

$$P = \begin{pmatrix} 1 & 0 & 0 & 0 & . & . & . & . \\ q & 0 & p & 0 & . & . & . & . \\ 0 & q & 0 & p & . & . & . & . \\ . & . & . & . & . & . & . & . \\ . & . & . & . & . & q & 0 & p \\ . & . & . & . & . & 0 & 0 & 1 \end{pmatrix}$$

bzw.

$$p_{ij} = q, \text{ wenn } j = i - 1$$
$$\phantom{p_{ij}} = p, \text{ " } j = i + 1 \quad (i = 2,\ldots,m-1)$$

$$p_{11} = 1$$
$$p_{mm} = 1$$
$$p_{ij} = 0 \text{ sonst}.$$

Diese Irrfahrt tritt beim Problem vom "Ruin des Spielers" auf: Peter und Paul werfen nacheinander eine Münze, und Peter erhält von Paul eine Mark, wenn die Zahl der Münze zu sehen ist, und Paul erhält von Peter eine Mark, wenn das Bild zu sehen ist. Hier ist $p = q = \frac{1}{2}$. Das Spiel hört auf, wenn einer der Partner kein Geld mehr hat.

Beim klassischen Irrfahrtproblem reflektieren die Ränder, d.h. statt $p_{11} = p_{mm} = 1$ wird

$$p_{11} = q \quad p_{12} = p$$
$$p_{m,m-1} = q \quad p_{mm} = p$$

gesetzt.

b) <u>Das Diffusionsmodell von Ehrenfest</u>

In einem sehr kleinen Behälter sind m Moleküle in zwei Abteilungen A und B. Bei jedem Versuch wird ein Molekül zufällig ausgewählt und in die andere Abteilung gebracht. Der Zustand wird durch die Anzahl der Moleküle in A gekennzeichnet. Wir haben dann die folgenden Übergangswahrscheinlichkeiten:

$$p_{i,i+1} = 1 - \frac{i}{m}$$
$$p_{i,i-1} = \frac{i}{m} \quad i = 1,\ldots,m-1$$

$$p_{01} = p_{m,m-1} = 1$$

$$p_{ij} = 0 \text{ sonst}.$$

c) **Populationsgenetik**

In einer Population von m Individuen trete i-mal das Gen A und (2m-i)-mal das Gen a auf. Dies sei der Zustand i.

$$p_{ij} = \binom{2m}{j} \left(\frac{i}{2m}\right)^j \left(1 - \frac{i}{2m}\right)^{2m-j}$$

ist die Wahrscheinlichkeit dafür, daß die Population in der nächsten Generation in den Zustand j kommt. Da $p_{00} = p_{2m,2m} = 1$, hat die Markoffsche Kette zwei absorbierende Randzustände.

d) **Übergangswahrscheinlichkeiten höherer Art**

Häufig ist die Wahrscheinlichkeit dafür zu berechnen, daß man in einer Markoffschen Kette nach 2 Schritten vom Zustand i in den Zustand j gelangt. Diese Wahrscheinlichkeit wird mit $p_{ij}^{(2)}$ bezeichnet und heißt Übergangswahrscheinlichkeit 2-ter Ordnung. Das Ereignis, nach 2 Schritten vom Zustand i in den Zustand j zu gelangen, setzt sich aus den m gegenseitig ausschließenden Ereignissen zusammen, daß der Übergang von i nach j über den Zwischenzustand k (k=1,...,m) im ersten Versuch erfolgt. Daher erhält man für $p_{ij}^{(2)}$:

$$p_{ij}^{(2)} = \sum_{k=1}^{m} p_{ik} p_{kj}$$

Dies ist ein Spezialfall der Kolmogoroff-Chapmanschen Gleichung. Diese Übergangswahrscheinlichkeiten zweiter Ordnung können wieder in einem quadratischen Schema angeordnet werden. Dabei zeigt sich, daß die Werte gerade den Elementen der Matrix P^2 entsprechen. Allgemein ergibt sich die Wahrscheinlichkeit, nach n Schritten vom Zustand i in den Zustand j zu gelangen aus den Übergangswahrscheinlichkeiten (n - 1)-ter Stufe:

$$p_{ij}^{(n)} = \sum_{k=1}^{m} p_{ik}^{(n-1)} p_{kj}$$

Daraus folgt, daß die $p_{ij}^{(n)}$ die Elemente der Matrix P^n sind.

Grenzverteilungen

Häufig interessiert die Frage, wie die Verteilung asymptotisch für sehr große n aussieht. Hierbei muß man unterscheiden, ob die Markoffsche Kette einen oder mehrere absorbierende Zustände besitzt. Sind mehrere absorbierende Zustände vorhanden, wie beim Irrfahrtproblem mit absorbierenden Rändern, so interessieren die Wahrscheinlichkeiten, mit der die Irrfahrt in den absorbierenden Zuständen endet. Existiert nur ein absorbierender Zustand, so wird die Geschwindigkeit betrachtet, mit der dieser Zustand erreicht wird. Wenn kein absorbierender Zustand vorliegt, tritt im allgemeinen eine asymptotische Verteilung der einzelnen Zustände auf. Für die Wahrscheinlichkeiten q_j für den Zustand j in dieser asymptotischen Verteilung gilt:

$$q_j = p_{1j} q_1 + \ldots + p_{mj} q_m \quad (j = 1,\ldots,m) .$$

Dies ist ein Gleichungssystem, dessen Lösungen unter gewissen Bedingungen durch die asymptotischen Wahrscheinlichkeiten

$$q_j = \lim_{n \to \infty} p_{ij}^{(n)}$$

dargestellt werden.

Darstellung der Übergangswahrscheinlichkeiten nach n Schritten

Der Vektor der Wahrscheinlichkeiten a_i, mit der bei Beginn die Zustände i auftreten, sei

$$a = \begin{pmatrix} a_1 \\ \cdot \\ \cdot \\ \cdot \\ a_m \end{pmatrix}$$

und
$$a^{(n)} = \begin{pmatrix} a_1^{(n)} \\ \cdot \\ \cdot \\ \cdot \\ a_m^{(n)} \end{pmatrix}$$

der Vektor der Wahrscheinlichkeiten $a_i^{(n)}$ für die Zustände i nach n Schritten,

dann gilt
$$a^{(n)} = P^n a \quad ,$$

wobei P die Matrix der Übergangswahrscheinlichkeiten ist.

Es sei
$$X = (x_1, \ldots, x_m)$$

die Matrix der Eigenvektoren von P, dann gilt
$$PX = X\Lambda$$

wobei Λ die Diagonalmatrix bedeutet, deren Diagonalelemente die Eigenwerte sind. Wir wollen voraussetzen, daß X eine Inverse X^{-1} besitzt.

Sei $b^{(n)} = X^{-1} a^{(n)}$ $(n = 1, \ldots)$
$b = X^{-1} a$,

dann ist
$$\begin{aligned} a^{(1)} &= Pa \\ Xb^{(1)} &= PXb \\ b^{(1)} &= X^{-1}PXb = \Lambda b \\ a^{(2)} &= Pa^{(1)} \\ Xb^{(2)} &= PXb^{(1)} \\ b^{(2)} &= X^{-1}PXb^{(1)} = \Lambda b^{(1)} \\ &= \Lambda^2 b \quad . \end{aligned}$$

Allgemein ergibt sich
$$b^{(n)} = \Lambda^n b$$

und
$$a^{(n)} = X \Lambda^n X^{-1} a .$$

Beispiel: Es sei
$$P = \begin{pmatrix} 0,4 & 0,5 & 0,1 \\ 0,1 & 0,7 & 0,2 \\ 0 & 0,5 & 0,5 \end{pmatrix}$$

dann ergeben sich die Eigenwerte aus der Gleichung

$$|P - \lambda I| = \begin{vmatrix} 0,4-\lambda & 0,5 & 0,1 \\ 0,1 & 0,7-\lambda & 0,2 \\ 0 & 0,5 & 0,5-\lambda \end{vmatrix}$$

$$= \lambda^3 - 1,6 \lambda^2 + 0,68 \lambda - 0,08$$

mit der Lösung

$$\lambda_1 = 0,2$$
$$\lambda_2 = 0,4$$
$$\lambda_3 = 1 .$$

Die Eigenvektoren x_i erhält man aus dem Gleichungssystem

$$P x_i = \lambda_i x_i$$

und ergeben die Matrix

$$X = (x_1 x_2 x_3)$$
$$= \begin{pmatrix} 1 & -1,4 & 1 \\ -0,6 & -0,2 & 1 \\ 1 & 1 & 1 \end{pmatrix}$$

mit

$$X^{-1} = \frac{1}{48} \begin{pmatrix} +15 & -30 & 15 \\ -20 & 0 & 20 \\ 5 & 30 & 13 \end{pmatrix}$$

Damit ist $P^n = X \Lambda^n X^{-1}$.

Die Ausrechnung ergibt:

$$P^n = \frac{1}{48} \begin{pmatrix} 5+28\cdot 0{,}4^n+15\cdot 0{,}2^n & 30-30\cdot 0{,}2^n & 13-28\cdot 0{,}4^n+15\cdot 0{,}2^n \\ 5+4\cdot 0{,}4^n-9\cdot 0{,}2^n & 30+18\cdot 0{,}2^n & 13-4\cdot 0{,}4^n-9\cdot 0{,}2^n \\ 5-20\cdot 0{,}4^n+15\cdot 0{,}2^n & 30-30\cdot 0{,}2^n & 13+20\cdot 0{,}4^n+15\cdot 0{,}2^n \end{pmatrix}$$

Literatur:

Kemény J.G., and J.L. Snell: Finite Markov Chains. Van Nostrand Comp. Princeton 1960.

Verzweigungsprozesse

E. Walter

Verzweigungsprozesse sind stochastische Prozesse, die die Vermehrung bzw. das Aussterben von Populationen beschreiben.

p_i sei die Wahrscheinlichkeit, daß ein Individuum in der nächsten Generation i Nachkommen hat (i = 0, 1,...). Es wird angenommen, daß zum Zeitpunkt Null ein Individuum vorhanden ist und die Wahrscheinlichkeit berechnet, daß in der n-ten Generation x_n Individuen vorhanden sind. Dabei interessiert besonders die Wahrscheinlichkeit für $x_n = 0$ (Aussterben). Dies ist eine Markoffsche Kette (mit abzählbar unendlich vielen Zuständen), da die Wahrscheinlichkeit, daß nach n+1 Generationen x_{n+1} Individuen vorhanden sind, nur von der Anzahl der Individuen in der n-ten Generation abhängt.

Anwendungen

1. Aussterben von Familiennamen

Bei gegebener Wahrscheinlichkeitsverteilung für die Anzahl der Söhne eines Angehörigen einer Familie wird die Wahrscheinlichkeit betrachtet, daß die Familie ausstirbt.

2. Kernspaltung

Ein Teilchen trifft mit der Wahrscheinlichkeit p einen Atomkern und es entstehen m neue Teilchen oder es trifft keinen Kern und hat daher keine "Nachkommen". Wie groß muß p sein, damit der Prozeß praktisch nicht ausstirbt?

3. Genetik

Ein mutiertes Gen tritt in der nächsten Generation i-fach mit der Wahrscheinlichkeit p_i auf.

Weitere Anwendungsbeispiele:

Höhenstrahlung, die Verbreitung von Epidemien, Zellenwachstum.

Erzeugende Funktionen

Ein wichtiges Mittel zur Beschreibung von Verzweigungsprozessen ist die erzeugende Funktion.

Ist X eine Zufallsvariable, die nur nichtnegative, ganze Zahlen x mit den Wahrscheinlichkeiten p_x annimmt, so heißt

$$\varphi(s) = \sum_{x=0}^{\infty} p_x s^x$$

die erzeugende Funktion von X. Dabei ist s eine Variable mit $|s| < 1$. Die erzeugende Funktion wird auf verschiedenen Gebieten der mathematischen Statistik und Wahrscheinlichkeitsrechnung anstelle der Verteilungsfunktion verwendet, weil sie viele Eigenschaften der Verteilung gut charakterisiert.

Wir betrachten im folgenden zwei Zufallsvariablen X und Y mit den **erzeugen**den Funktionen

$$\varphi_X(s) = \sum_x p_x s^x \quad \text{und} \quad \varphi_Y(s) = \sum_y q_y s^y$$

1. Für die erzeugende Funktion $\varphi(s)$ der Verteilung der Summe $Z = X + Y$ gilt, wenn X und Y unabhängig sind

$$\varphi_Z(s) = \varphi_X(s) \, \varphi_Y(s) \, .$$

Beweis: Es ist
$$r_z = \sum_{\substack{x \ y \\ x+y=z}} p_x q_y$$

$$= \sum_{x=0}^{z} p_x q_{z-x}$$

und

$$\varphi_Z(s) = \sum_z r_z s^z$$

$$= \sum_z \sum_x^z p_x s^x q_{z-x} s^{z-x}$$

$$= \sum_{x=0} p_x s^x \sum_{y=0} q_y s^y \quad \text{mit } y=z-x$$

$$= \varphi_X(s) \cdot \varphi_Y(s) \, .$$

Die erzeugende Funktion der Summe Z von n unabhängigen gleichverteilten Zufallsvariablen mit den erzeugenden Funktionen $\varphi(s)$ ist dann

$$\varphi_Z(s) = (\varphi(s))^n .$$

2. Die Zufallsvariable Z, für die Z = X mit der Wahrscheinlichkeit u_1 und Z = Y mit der Wahrscheinlichkeit $u_2 = 1 - u_1$ gilt, hat die erzeugende Funktion

$$\varphi_Z(s) = \Sigma r_z s^z = \Sigma(u_1 p_z + u_2 q_z) s^z$$

$$= u_1 \varphi_X(s) + u_2 \varphi_Y(s) .$$

3. Der Erwartungswert von X ist in folgender Weise gegeben :

$$E(X) = \varphi'(s)\big|_{s=1} = \varphi'(1)$$

$$= \Sigma x\, p_x s^{x-1}\big|_{s=1}$$

$$= \Sigma x p_x .$$

Ähnlich erhält man für die Varianz

$$V(X) = \varphi''(1) + \varphi'(1) - (\varphi'(1))^2 .$$

4. In einem Verzweigungsprozess ist

$$\varphi(s) = \sum_{i=0}^{\infty} p_i s^i$$

die erzeugende Funktion der Verteilung der Nachkommen eines Individuums. Mit $\varphi_n(s)$ wird die erzeugende Funktion der Anzahl X_n der Individuen in der n-ten Generation bezeichnet. Da bei Beginn, in der 0-ten Generation, ein Individuum vorhanden ist, gilt

$$\varphi_1(s) = \varphi(s).$$

Wir wollen nun zeigen, daß unter der Voraussetzung, daß die Anzahlen der Nachkommen der einzelnen Individuen unabhängig voneinander sind,

$$\varphi_n(s) = \varphi(\varphi_{n-1}(s))$$

gilt.

Wenn in der 1. Generation i Individuen auftreten, ist die erzeugende Funktion der Anzahl ihrer Nachkommen (nach n-1 Generationen) durch

$$(\varphi_{n-1}(s))^i$$

gegeben.

Daraus ergibt sich

$$\varphi_n(s) = \Sigma p_i (\varphi_{n-1}(s))^i ,$$

dies ist aber gerade

$$= \varphi(\varphi_{n-1}(s)) .$$

Aussterbe-Wahrscheinlichkeit

Bei Verzweigungsprozessen interessiert vor allen Dingen die Wahrscheinlichkeit q_A, mit der der Prozeß ausstirbt.

Man kann nun zeigen, daß diese Wahrscheinlichkeit die kleinste Lösung der Gleichung

$$\varphi(s) = s \quad |s| \leq 1$$

ist. Sei nämlich q_n die Wahrscheinlichkeit, daß der Prozess bis zur n-ten Generation ausstirbt, dann setzt sich q_{n+1} zusammen aus der Summe der Wahrscheinlichkeiten, daß nach der 1. Generation i Individuen aufgetreten sind und jedes der i Individuen nach n Generationen keine Nachkommen besitzt. Damit ist

$$q_{n+1} = \sum_{i=1}^{\infty} p_i (q_n)^i = \varphi(q_n) .$$

q_{n+1} ist eine monoton ansteigende Funktion von n. Deshalb kann die Wahrscheinlichkeit, daß der Prozess ausstirbt $q_A = \lim_{n \to \infty} q_n$, nur die kleinste Lösung der Gleichung

$$\varphi(s) = s$$

sein. Wenn der Erwartungswert der Nachkommen kleiner als 1 oder 1 ist, wird diese Gleichung nur durch $q_A = 1$

$$\varphi(1) = 1$$

erfüllt, so daß der Prozeß mit Sicherheit ausstirbt. Wenn der Erwartungswert aber größer als 1 ist, dann ist diese Wahrscheinlichkeit kleiner als 1, weil eine Lösung $s < 1$ existiert.

<u>Beispiel:</u> Wir wollen als Wahrscheinlichkeit, daß ein Individuum x Nachkommen hat, die modifizierte geometrische Verteilung

$$p_x = q^x p$$

verwenden. Dann ist die erzeugende Funktion

$$\varphi(s) = \Sigma\, q^x p\, s^x = \frac{p}{1-qs} \quad,$$

und der Erwartungswert und die Varianz nach einer Generation betragen $E(X) = \varphi'(1) =$

$$\frac{p \cdot q}{(1-q)^2} = \frac{q}{p} \quad,$$

$$V(X) = \varphi''(1) + \varphi'(1) - (\varphi'(1))^2 = \frac{q}{p^2} \quad.$$

Die erzeugende Funktion nach n Generationen beträgt

$$\varphi_n(s) = \frac{p(p^n - q^n) - pqs(p^{n-1} - q^{n-1})}{p^{n+1} - q^{n+1} - qs(p^n - q^n)} \qquad p \neq q$$

$$= \frac{n - (n-1)s}{n + 1 - ns} \qquad p = q$$

Für den Erwartungswert nach n Generationen erhält man

$$E(X_n) = \left(\frac{q}{p}\right)^n \qquad p \neq q$$

$$= 1 \qquad p = q \quad ,$$

für die Varianz

$$V(X_n) = \frac{\left(\frac{q}{p}\right)^n \left(\left(\frac{q}{p}\right)^n - 1\right)}{(q-p)} \qquad p \neq q$$

$$= \frac{n}{p} \qquad p = q \quad .$$

Aus der Gleichung

$$\varphi(s) = \frac{p}{1-qs} = s$$

folgt als Lösung

$$s = 1$$

$$= p/q \quad ,$$

so daß die Wahrscheinlichkeit, daß der Prozeß ausstirbt,

$$q_A = 1 \quad \text{wenn } p \geq q$$

$$= p/q \quad \text{wenn } p < q$$

beträgt.

<u>Bemerkung:</u>

Derartige Prozesse werden häufig deterministisch betrachtet. In diesem Fall wird exponentielles Wachstum angenommen, wenn der Erwartungswert größer als 1 ist. Dabei wird nicht berücksichtigt, daß der Prozeß mit positiver Wahrscheinlichkeit ausstirbt.

Drei Beispiele für die Anwendung stochastischer Prozesse in der Medizin

K. Dietz

1. Wartezeiten in einer Ambulanz

Annahmen: Ein Facharzt hat 25 Patienten während einer Behandlungsperiode zu untersuchen.

Die Behandlungszeit für einen Patienten hat eine χ^2-Verteilung mit 5 Freiheitsgraden und den Erwartungswert 5 Minuten. Die Patienten werden der Reihe nach behandelt und kommen nach einem vorherbestimmten Plan an. Wenn zu Beginn der Behandlungsperiode n Patienten bestellt werden und die restlichen 25 - n Patienten in Abständen von 5 Minuten ankommen, ergeben sich folgende Wartezeiten für die Patienten und den Arzt:

n	Mittlere Wartezeit der Patienten (min)	Mittlere Wartezeit des Arztes (min)
1	7 (18)*	9
2	9 (20)	6
3	12 (23)	3
4	16 (27)	2
5	20 (31)	1
6	24 (35)	1/2

* 12,5% der Patienten warten länger als die in Klammer angegebenen Minuten.

Literatur: N. T. J. Bailey : The Mathematical Approach to Biology and Medicine, Wiley, (1967).

2. Kontrolle eines letalen Wachstumsprozesses

Annahmen: Ein Tumor enthält zu Beginn N Zellen und wächst gemäss eines Geburtsprozesses. Die Todesrate eines Individuums ist proportional zur Grösse des Tumors. Behandlungen finden in gleichen Abständen statt, wobei jede Zelle mit der Wahrscheinlichkeit p zerstört wird; p hängt von der Strahlungsdosis ab. Die Behandlung ist mit Risiken für das Individuum verbunden.

Die optimale Dosierung und deren zeitlicher Abstand wird berechnet, so daß die Überlebenswahrscheinlichkeit zu einer bestimmten Zeit t maximiert wird.

<u>Literatur:</u> M. F. Neuts: Controlling a Lethal Growth Process, Mathematical Biosciences, 2, 44-55 (1968).

3. Beschreibung und Kontrolle von Epidemien

Annahmen: Eine Bevölkerung lässt sich in drei Gruppen einteilen: (1) Suszeptible bezüglich der betrachteten Krankheit; (2) Infektiöse und (3) Immune. Angehörige aller Gruppen haben gleichmässig Kontakt mit der gesamten Bevölkerung, so daß die Wahrscheinlichkeit einer Infektion vom Produkt der Anzahl der Suszeptiblen und der Infektiösen abhängt. Infektiöse werden nach einer variablen Zeit immun.

Unter diesen Annahmen lässt sich zeigen, daß die Anfangszahl der Suszeptiblen grösser als ein bestimmter Schwellenwert sein muss, damit sich eine Epidemie ausbreiten kann. Zur Verhütung von Epidemien müsste die Anzahl der Suszeptiblen durch geeignete Massnahmen (z.B. Impfung) auf diesen kritischen Wert reduziert werden.

<u>Literatur:</u> K. Dietz: Epidemics and Rumours. A survey, Journ. Roy. Stat. Soc., A, 130, 505-528,(1967).

Monte-Carlo-Methoden

E. Walter

Die Monte-Carlo-Methode wird zur näherungsweisen Bestimmung des numerischen Wertes eines mathematischen Ausdrucks (z.B. eines bestimmten Integrals) verwendet, wenn die Berechnung des Wertes mit den üblichen mathematischen Methoden zu schwierig ist. Sie besteht darin, ein Wahrscheinlichkeitsmodell zu finden, in dem der gesuchte Wert als Parameter auftritt, und diesen Wert durch sehr häufiges "Durchspielen" des Modells zu schätzen.

Als <u>Beispiel</u> sei angenommen, daß der Wert von π unbekannt ist. π kann z.b. durch das Integral

$\pi = \int_{-1}^{+1} 2\sqrt{1-x^2}\, dx$ ausgedrückt werden. Da das Verhältnis des Inhalts

eines Kreises zu dem Inhalt des den Kreis einrahmenden Quadrats $\pi/4$ beträgt, kann auch folgendes Wahrscheinlichkeitsmodell betrachtet werden. In einem Quadrat seien Punkte gleichverteilt angenommen. Als Parameter wird das Vierfache der Wahrscheinlichkeit ($\pi/4$) betrachtet, daß ein Punkt in dem von dem Quadrat eingerahmten Kreis liegt. Der Wert des Parameters kann durch ungezieltes Beschießen einer Zielscheibe geschätzt werden. Mit einer elektronischen Rechenmaschine würde man bei jedem Schritt (d.h. bei jedem Durchspielen) zwei im Intervall zwischen -1 und 1 gleichverteilte Zufallszahlen x und y bilden, die die Koordinaten des zufälligen Punktes darstellen. π ist dann aus dem Anteil der Schritte zu schätzen, bei denen $x^2 + y^2 \leq 1$ ist, also der Punkt innerhalb des Kreises liegt. Da übrigens das Vorzeichen von x und y für diese Bestimmung keine Bedeutung hat, genügt es, zwischen 0 und 1 gleichverteilte Zufallszahlen zu benutzen.

Bei jedem Monte-Carlo-Problem werden <u>Zufallszahlen</u> verwendet. Da die Anzahl der in Lehrbüchern (z.B. Ostle) oder Tabellenwerken (z.B. M.G. Kendall und B. Babington Smith) veröffentlichten Zufallszahlen zu klein und außerdem ihre Eingabe zu schwierig ist, müssen von der Maschine selbst sog. <u>Pseudo-Zufallszahlen</u> erzeugt werden.

Dies kann mit mehreren Methoden geschehen. Die Quadriermethode besteht darin, daß eine willkürlich gewählte n-stellige Zahl quadriert wird (n gerade). In dem 2n- (bzw. 2n - 1-) stelligen Quadrat werden die ersten n/2 (bzw. $\frac{n}{2}$ - 1) und letzten n/2 Stellen gestrichen und die mittleren n Stellen als nächste Zahl verwendet. Diese wird wieder quadriert, u.s.f.

Heute wird häufiger eine Methode angewandt, bei der fortlaufend mit einer festen Zahl a multipliziert wird, aber jeweils nur die letzten Stellen des Produktes weiter verwendet werden.

Die mit diesen Methoden erzeugten Zahlen sind keine echten Zufallszahlen, da sich jede Zahl aus der vorhergehenden gesetzmäßig ergibt. Sie verhalten sich aber i.a. im Hinblick auf die relative Häufigkeit und Abhängigkeit aufeinanderfolgender Ziffern wie echte Zufallszahlen.

Die für manche Aufgaben benötigten normalverteilten Zufallszahlen kann man erzeugen, indem eine Tabelle der Umkehrfunktion der Verteilungsfunktion der Normalverteilung eingegeben (Tabelle I oder IX von Fisher und Yates) und der Speicherplatz zufällig bestimmt wird. Man verwendet auch die Summe von meist 12 gleichverteilten Zufallszahlen, die mit ausreichender Genauigkeit einer Normalverteilung folgt.

Eine weitere Methode benutzt, daß $Z = X^2 + Y^2$ verteilt ist wie χ^2 mit zwei Freiheitsgraden, wenn X und Y unabhängig normal verteilt sind. Für die Wahrscheinlichkeitsdichte von Z gilt dann

$$f(z) = \frac{1}{2} e^{-\frac{1}{2}z}$$

Daraus ergibt sich, daß

$$X = \sqrt{-2 \ln U} \cdot \sin(V/2\pi)$$
$$Y = \sqrt{-2 \ln U} \cdot \cos(V/2\pi)$$

Paare von unabhängig normal verteilten Zufallszahlen bedeuten, wenn U und V unabhängige Zufallszahlen sind, die der Gleichverteilung folgen. Um Paare von Zufallszahlen zu erzeugen, die einer zweivariablen Verteilung mit der Korrelation ϱ folgen, wird benutzt, daß die Zufallsvariablen X und Y mit

$$X = U$$
$$Y = \rho U + \sqrt{1-\rho^2}\, V$$

die Korrelation ρ und die Varianzen σ^2 haben, wenn U und V zwei unabhängig verteilte Zufallsvariable sind, die beide die Varianz σ^2 haben.

Mit der Monte-Carlo-Methode lassen sich mit vertretbarem Aufwand nur grobe Näherungswerte bestimmen. Der mittlere Fehler des Schätzwertes von π im obigen Beispiel beträgt $\sigma^2 = 2,7/n$, wobei n die Anzahl der Schritte bedeutet. Um eine Stelle des Wertes mit einer Irrtumswahrscheinlichkeit von 5 % zu bestimmen, muß das Konfidenzintervall kleiner als eine Einheit dieser Stelle sein. Man braucht also 50 Schritte, um die Ziffer vor dem Komma, 5000 um die erste Ziffer hinter dem Komma zu bestimmen, usw. Wenn die Maschine für 50 Schritte 1 Sekunde benötigt, so braucht sie, um die erste Ziffer hinter dem Komma genau zu erhalten, 1,7 Minuten, für die zweite Ziffer etwa 3 Stunden, für die dritte Ziffer 12 Tage, usw. Während also die Monte-Carlo-Methode den bekannten nummerischen Rechenverfahren weit unterlegen ist, wenn es sich darum handelt, einen Wert möglichst genau zu berechnen, kann sie verwendet werden, um schnell Näherungswerte zu bestimmen, z.B. den näherungsweisen Verlauf einer Funktion $y = f(x)$, indem man die Werte von y für eine Reihe von x-Werten mit der Monte-Carlo-Methode schätzt. Aus dem Verlauf dieser Werte kann man manchmal die Form der Funktion erraten. Dies Verfahren ist natürlich kein strenger mathematischer Beweis.

Die Methode wurde schon vor 40 Jahren für Probleme der mathematischen Statistik angewandt. Z.B. untersuchte man die Verteilung des Korrelationskoeffizienten bei nichtnormaler Verteilung der Beobachtungen, um den Fehler abzuschätzen, den man bei nichtnormaler Verteilung begeht, wenn die für Normalverteilung berechneten Signifikanzwerte des Korrelationskoeffizienten verwendet werden. Man benutzt sie heute, um die Schärfe verteilungsunabhängiger Testverfahren zu prüfen. In der Versuchsplanung kann man sie zur Überprüfung der Empfindlichkeit der Versuchsanlagen gegenüber Abweichungen von den Voraussetzungen verwenden, und in der Medizin, um Modellrechnungen anzustellen.

Literatur:

Fisher, R.A. and F. Yates: Statistical Tables for Biological
    Agriculture and Medical Research.6. Aufl. Edinburgh:
    Oliver and Boyd 1963.

Statistische Methoden
Stichproben
R. Pfander

In der Statistik wird oft von der Grundgesamtheit oder Population gesprochen. Wir wollen deshalb zuerst definieren, was wir darunter verstehen.

<u>Definition:</u> Unter der Grundgesamtheit verstehen wir eine Menge von Dingen, an denen uns ein bestimmtes Merkmal X interessiert.

<u>Bemerkung:</u> Es ist in jedem speziellen Fall wichtig, diese Menge genau festzulegen, bevor irgendwelche weiteren Schritte unternommen werden.

<u>Beispiele:</u>
a) Grundgesamtheit: Die Menge der Erythrozyten in einer Blutprobe.
Merkmal: Der Durchmesser der Erythrozyten.

b) Grundgesamtheit: Die Teilnehmer an diesem Kurs.
Merkmal: Die Körpergröße der Teilnehmer.

In Verbindung mit der Wahrscheinlichkeitsrechnung ist nun das Merkmal X eine Zufallsvariable oder zufällige Größe, die über der Grundgesamtheit erklärt ist.

Will man eine Aussage über das Merkmal X in der Grundgesamtheit machen, so kann man alle interessierenden Werte messen und die gesuchten Größen genau berechnen. Hierzu benötigt man keine Wahrscheinlichkeitsrechnung und Statistik, mit Ausnahme der beschreibenden Statistik. Jedoch ist es oft zu mühsam und zu langwierig, jedes Element der Grundgesamtheit zu messen, oder es ist sogar unmöglich, da die hypothetische Grundgesamtheit nicht greifbar ist.

In diesem Fall - und der ist wohl der häufigste - bedient man sich einer Stichprobe, d.h. man entnimmt der gegebenen Grundgesamtheit in irgendeiner Weise eine endliche Teilmenge und versucht aufgrund der an den Stichprobenelementen (Elemente der Grundgesamtheit, die wirklich in die Stichprobe aufgenommen wurden) beobachteten Werte auf die Grundgesamtheit zurückzuschließen.

Von dem Schema, mit dem ich diese Stichprobe entnehme, hängt die Güte und die Art der Schlußfolgerungen ab.

Um überhaupt aufgrund einer Stichprobe eine vernünftige Aussage über die Grundgesamtheit machen zu können, muß diese Stichprobe eine zufallsbedingte sein, d.h. jedes Element der Grundgesamtheit muß eine berechenbare Wahrscheinlichkeit besitzen, mit der es in der Stichprobe auftritt. Dabei wird nicht verlangt, daß diese Wahrscheinlichkeit für jedes Element dieselbe ist. Wenn dies jedoch der Fall ist, und die aufeinanderfolgenden Stichprobenelemente unabhängig voneinander sind, so spricht man von einer "rein zufälligen" Stichprobe.

Ist nun das Merkmal X in der Grundgesamtheit nach der Verteilungsfunktion $F(x)$ verteilt, so besteht die rein zufällige Stichprobe vom Umfang n aus n Zufallsgrößen $X_1,\ldots,X_n$, die unabhängig sind und alle dieselbe Verteilung $F(x)$ haben.

Um eine "rein zufällige" Stichprobenerhebung durchzuführen, bedient man sich im wesentlichen zweier Methoden.

    1) Urnenmodell (nur sinnvoll bei kleiner Grundgesamtheit). Hierunter verstehen wir ein Modell, bei dem jedes Element der Grundgesamtheit durch ein Element (z.B. Kugel mit einer Nummer) in einer Urne repräsentiert wird. Eine Stichprobe erhält man durch Ziehen der Elemente aus der Urne.

    2) Zufallszahlen

<u>Definition:</u> Unter Zufallszahlen verstehen wir eine Folge von Realisierungen unabhängiger Ziehungen aus einer Urne, die die Zahlen 0, 1, ..., 9 enthält.

<u>Bemerkung:</u> In einer Tafel von Zufallszahlen muß also in einer Folge von n Ziffern jede der Ziffern 0, 1, ..., 9 mit ungefähr gleicher Häufigkeit auftreten.

Bei der Benutzung von Zufallszahlen zur Bestimmung einer "rein zufälligen" Stichprobe gehen wir folgendermaßen vor. Habe die Grundgesamtheit zum Beispiel den Umfang 4160, so denken wir uns die Elemente der Grundgesamtheit von 0 bis 4159 durchnumeriert. Aus einer Tafel von Zufallszahlen bestimmen wir dann rein zufällig eine Stelle und fassen jetzt in einer vorher festgelegten Richtung die folgenden 4 Ziffern jeweils zu einer Zahl zusammen.

Lassen wir dann noch die Zahlen weg, die größer als 4159 sind, so bezeichnen die so gefundenen Zahlen die Elemente unserer Grundgesamtheit, die wir in unsere Stichprobe aufnehmen. Dies machen wir so lange, bis der Umfang unserer Stichprobe erreicht ist.

Außer der "rein zufälligen" Stichprobenerhebung kennt man noch viele andere. Es seien hier nur kurz zwei weitere angegeben.

1. Geschichtete Stichprobenerhebung (stratified sampling):

Dabei wird die Grundgesamtheit vom Umfang N in eine Anzahl (L) von elementfremden Teilmengen (Schichten genannt) der Umfänge $N_1,\ldots,N_L$ unterteilt und der i-ten Schicht eine rein zufällige Stichprobe vom Umfang n_i entnommen. Die Entnahme der Stichproben in den einzelnen Schichten erfolgt unabhängig voneinander.

2. Systematische Stichprobenerhebung (systematic sampling):

Dabei wird die Grundgesamtheit wieder in elementfremde Teilmengen (Schichten) eingeteilt, die aber jetzt alle denselben Umfang k haben. Aus der ersten Schicht wird ein Element rein zufällig entnommen und dann jedes k-te Element nach dem ausgewählten, d.h. aus den anderen Schichten werden jeweils die entsprechenden Elemente ausgewählt.

Denken wir uns die Grundgesamtheit durchnumeriert, x_i (i=1,...N) seien diese Elemente, und sind $x_{j \cdot k+r}$ (r=1,...,k) die Elemente der j-ten Schicht (j=0,...L-1), so besteht eine Realisierung z.B. aus den Elementen $x_{j \cdot k+r_1}$ (j=0,...L-1), falls in der ersten Schicht das Element x_{r_1} gezogen wurde.

Statistische Schlußweisen

E. Walter

§ 1 Grundgesamtheit, Stichprobe und Punktschätzung

Während es die Aufgabe der Wahrscheinlichkeitsrechnung ist, Wahrscheinlichkeitsaussagen über das Auftreten von Beobachtungen zu geben, ist es die Aufgabe der Statistik, umgekehrt von den Beobachtungen auf die zugrunde liegenden Verteilungen zu schließen. Oft sehen wir die n Beobachtungen als Stichprobe aus einer endlichen Grundgesamtheit (Ausgangsgesamtheit, Population) von N Elementen an.

Damit ein Schluß auf die Grundgesamtheit möglich ist, muß die Stichprobe eine Zufallsstichprobe sein. Dies bedeutet, daß jedes Element der Grundgesamtheit die gleiche Wahrscheinlichkeit hat, in die Stichprobe zu gelangen.

Die Zufälligkeit wird am besten dadurch erreicht, daß die Grundgesamtheit durchnumeriert wird und die Elemente der Stichprobe durch Zufallszahlen ausgewählt werden. Zufallszahlen sind im allgemeinen Realisationen aus der diskreten Gleichverteilung der Zahlen 0 bis 9 oder 00 bis 99. Ist eine Durchnumerierung nicht möglich, so müssen andere Verfahren angewendet werden, um den Zufallscharakter der Stichprobe zu garantieren.

In einer Stichprobe von n Beobachtungswerten $x_1,\ldots,x_n$ wird der Mittelwert $\bar{x}$ im allgemeinen vom Erwartungswert μ der Verteilung der Grundgesamtheit verschieden sein. Ist X verteilt nach $N(\mu,\sigma^2)$, so ist die Zufallsvariable $\bar{X}$ nach $N(\mu,\frac{\sigma^2}{n})$ verteilt. Wenn X nicht normalverteilt ist, dann ist im allgemeinen $\bar{X}$ angenähert normalverteilt, wobei die Näherung umso besser ist, je größer der Stichprobenumfang n ist.

Im allgemeinen sind die Parameter der Verteilung nicht bekannt. Sie müssen aus der Stichprobe geschätzt werden. Für μ kommen z.B. der Mittelwert $\bar{x}$, der Median x_M oder die Bereichsmitte

$$x_{BM} = \frac{x_{(1)} + x_{(n)}}{2}$$

als Schätzwert in Frage.

Die Schätzwerte haben selbst eine Verteilung.

Zur Veranschaulichung möge ein Material von 2o1 Körpergrößen betrachtet werden, deren Verteilung recht gut durch eine Normalverteilung mit dem Mittelwert $\mu = 165{,}2$ und $\sigma^2 = 31{,}8$ approximiert werden kann. Aus dieser Grundgesamtheit wurden mit Hilfe von Zufallszahlen 15 Stichproben vom Umfang 1o gezogen. Die erste ergab z.B. die Beobachtungen

164,166,163,164,17o,164,165,172,17o,166.

Aus jeder der 15 Stichproben wurden die Maßzahlen $\bar{x}$, x_M, x_{BM} und s^2 berechnet.

Tabelle 1. Statistische Maßzahlen von 15 Stichproben vom Umfang 1o aus einer Verteilung von 2o1 Körperlängen

Maßzahl Nr. der Stichprobe	$\bar{x}$	x_M	x_{BM}	s^2
1	166,4	165,5	167,5	1o,5
2	166,o	166,o	164,5	22,9
3	166,6	167,o	165,o	38,3
4	167,8	166,o	17o,5	22,2
5	164,2	164,5	163,o	13,7
6	165,2	165,5	164,5	11,3
7	167,7	168,5	165,o	5o,5
8	161,1	161,o	163,o	4o,3
9	163,3	162,5	164,o	53,6
1o	166,1	163,5	169,o	45,7
11	163,7	163,5	163,5	32,2
12	166,2	166,5	166,5	18,8
13	169,5	17o,5	169,5	15,4
14	167,1	166,o	169,o	35,9
15	167,9	167,o	17o,o	25,4
Mittelwert beob.	165,9	165,6	166,3	29,1
erw.	165,2	165,2	165,2	31,8
Standardabw. beob.	2,14	2,37	2,7o	14,4
erw.	1,78	2,23	2,38	15,o

Allgemein bezeichnen wir mit Θ den Parameter und mit

$$\Theta(x_1,\ldots,x_n)$$

einen Schätzwert des Parameters.

Die Verteilung der zugehörenden Schätzfunktion $\hat{\Theta}(X_1...X_n)$ soll folgende Eigenschaften besitzen

1.) Konsistenz: Eine Schätzfunktion ist konsistent, wenn $\hat{\Theta}_n$ mit wachsendem Stichprobenumfang n (stochastisch) gegen den wahren Parameter Θ strebt, d.h.

$$\lim_{n \to \infty} P(|\hat{\Theta}_n - \Theta| > \alpha) = 0 \quad \text{für jedes } \alpha > 0.$$

2.) Erwartungstreue: Eine Schätzfunktion $\hat{\Theta}$ ist erwartungstreu (unverzerrt, unbiased), wenn der Erwartungswert $E(\hat{\Theta})$ seiner Verteilung gleich dem Parameter Θ ist, d.h. $E(\hat{\Theta}) = \Theta$.

Die drei angegebenen Schätzfunktionen von µ sind erwartungstreu und konsistent, wenn Normalverteilung vorliegt.

3.) Minimale Varianz: Die Schätzfunktion hat minimale Varianz, wenn die Varianz seiner Verteilung ein Minimum ist. Diese Eigenschaft ist nur sinnvoll, wenn Voraussetzungen wie z.B. Erwartungstreue erfüllt sind.

Varianz $V(\hat{\Theta})$ der Schätzfunktion $\hat{\Theta}$ für µ für große n:

Schätzfunktion $\hat{\Theta}$	bei Normalverteilung	bei Gleichverteilung
Mittelwert $\bar{x}$	σ^2/n	σ^2/n
Median x_M	$\pi \sigma^2/2n$	$3\sigma^2/(n+2)$
Bereichsmitte x_{BM}	$\pi^2 \sigma^2/24 \lg n$	$6\sigma^2/(n+1)(n+2)$

Bei Normalverteilung hat der Mittelwert die kleinste, bei Gleichverteilung die Bereichsmitte die kleinste Varianz unter den drei Schätzwerten.

4.) Invarianz gegenüber Tranformationen:

Sehr häufig werden die Ausgangsbeobachtungen x_i (i=1,...,n) vor der endgültigen Auswertung transformiert. So rechnet man manchmal mit den Logarithmen $y_i = \log x_i$, anstatt mit den ursprünglichen

Werten x_i. Ein Schätzwert $\hat{\Theta}$ sollte, soweit es möglich ist, bei einer Tranformation $y_i = h(x_i)$ erhalten bleiben, so daß der transformierte Schätzwert $h(\hat{\Theta})$ gleich dem Schätzwert $\hat{\Theta}$ der transformierten Werte ist: $h(\hat{\Theta}(x_1,...,x_n)) = \hat{\Theta}(h(x_1),...,h(x_n))$. Dies trifft für den Mittelwert nicht zu ($\overline{h(x)} \neq h(\bar{x})$), wenn es sich nicht um eine lineare Transformation $h(x) = ax + b$ handelt. Der Median erfüllt aber diese Forderung bei allen streng monotonen Transformationen ($h(x) > h(x')$, wenn $x > x'$).

Die bekannteste Methode, einen geeigneten Schätzwert zu bekommen, ist die Maximum-Likelihood-Methode, die darin besteht, den Schätzwert so zu wählen, daß er, wenn er als Parameter eingesetzt wird, die Wahrscheinlichkeit für das Auftreten der gegebenen Stichprobe x maximiert.

Oft wird man eine einfachere Methode wählen, wenn die optimale Methode sehr mühsam ist. Voraussetzung hierfür sollte aber sein, daß die "Effizienz" bei der einfacheren Methode nicht allzu niedrig ist. Die Effizienz zweier Schätzfunktionen zueinander ist das reziproke Verhältnis der Stichprobenumfänge, bei denen die Schätzfunktionen die gleiche Varianz besitzen. Die Effizienz des Medians bezüglich des Mittelwertes ist im Fall einer Normalverteilung $2/\pi = 0{,}637$, da beim Umfang $n' = 2n/\pi$ der Mittelwert die gleiche Varianz hat wie der Median einer Stichprobe vom Umfang n.

Dann ist nämlich

$$\text{Var}_n(X_M) = \frac{\pi \sigma^2}{2n}$$

und

$$\text{Var}_{n'}(\bar{X}) = \frac{\sigma^2}{n'} = \frac{\pi \sigma^2}{2n} \quad .$$

Der Median aus 1 000 Beobachtungen ist also einem Mittelwert aus 637 Beobachtungen gleichwertig. Wenn die Zufallsvariable symmetrisch, aber nicht normal verteilt ist, gelten andere Effizienzen. Bei schiefen Verteilungen sind der Median und der Mittelwert der Zufallsvariablen verschieden. Der Median der Stichprobe ist dann eine konsistente und meist auch erwartungstreue Schätzfunktion des Medians, aber nicht des Mittelwerts µ der Zufallsvariablen.

§ 2 Testverfahren und Konfidenzintervalle

Sehr häufig kann man die Fragestellung, die untersucht werden soll, auf die Entscheidung zwischen zwei Hypothesen H_o und H_1 zurückführen.

Beispiel: Bei der Prüfung, ob ein neues Medikament A einem Medikament B bezüglich der Erhöhung einer quantitativen Eigenschaft, z.B. der Schlafdauer, überlegen ist, sollen in einem Versuch nacheinander n Personen mit A und B behandelt und die Differenz X zwischen dem Merkmalswert bei Behandlung A und dem Merkmalswert bei Behandlung B bei jeder Versuchsperson festgestellt werden. Auf Grund der beobachteten Differenzen $x_1,\ldots,x_n$ soll dann entschieden werden, ob A anstelle von B eingeführt werden soll. Wenn sich die beiden Medikamente nicht unterscheiden, dann hat die Zufallsvariable X den Mittelwert $\mu = 0$. Dies ist die sogenannte Nullhypothese H_0. Ist das Medikament A jedoch besser als B, d.h. bewirkt A im Mittel eine längere Schlafdauer als B, so wird $\mu > 0$ sein. Dies sei die Gegenhypothese H_1. Wir bezeichnen dies kurz durch

$$H_0 : \mu = 0$$
$$H_1 : \mu > 0 \ .$$

Wollen wir untersuchen, ob sich die Medikamente A und B überhaupt unterscheiden, d.h. auch den Fall zulassen, daß A eine kürzere Schlafdauer bewirkt, so würde man die Hypothesen

$$H_0 : \mu = 0$$
$$H_1 : \mu \neq 0$$

verwenden.

Die Hypothesen können auch andere Parameterwerte z.B.

$$H_0 : \mu = \mu_0 \qquad \text{oder} \qquad H_0 : \mu = \mu_0$$
$$H_1 : \mu \neq \mu_0 \qquad\qquad\qquad H_1 : \mu = \mu_1$$

und andere Fragestellungen, z.B. H_0 : X normalverteilt

H_1 : X nicht normalverteilt

umfassen.

Auf Grund der Stichprobe wollen wir uns nun für eine der beiden Hypothesen entscheiden. Nehmen wir zunächst an, H_0 sei richtig und es sei $H_0 : \mu = \mu_0$, X normalverteilt und σ^2 bekannt, dann ist der Mittelwert der Stichprobe mit dem Erwartungswert μ_0 und der Varianz σ^2/n normalverteilt. Wenn wir nun einen Wert $\bar{x}$ beobachten, der sehr von μ_0 abweicht, so ist es zwar nicht unmöglich, daß eine derartige Abweichung oder noch eine größere auftritt, aber die Wahrscheinlichkeit hierfür ist umso kleiner, je größer $|\bar{x} - \mu_o|$ ist. Bei sehr

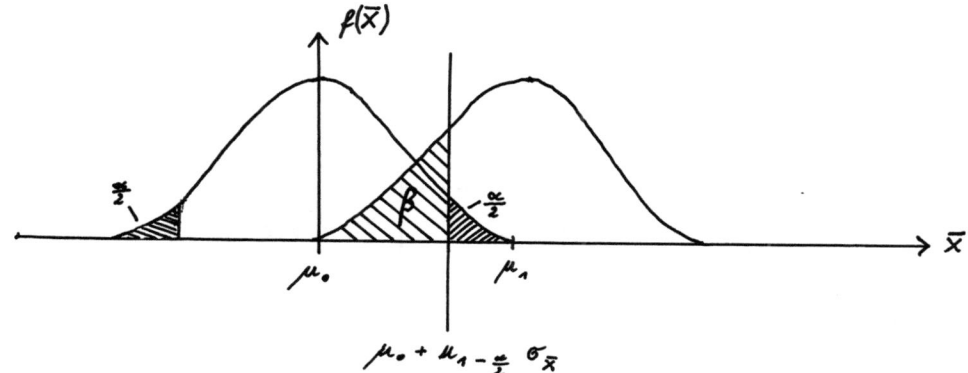

großen Abweichungen wird man daher die Nullhypothese ablehnen. Als Regel gibt man sich die Wahrscheinlichkeit, die sogenannte Irrtumswahrscheinlichkeit, vor, mit der, falls H_o zutrifft, H_o zu Unrecht verworfen werden soll und bezeichnet sie mit α. Der Bereich $(\bar{x}_u, \bar{x}_o)$, bei dem man H_o nicht ablehnen würde, ist durch die kritischen Werte

$$\bar{x}_u = \mu_o + u_{\frac{\alpha}{2}} \sigma_{\bar{X}}$$

und

$$\bar{x}_o = \mu_o + u_{1-\frac{\alpha}{2}} \sigma_{\bar{X}}$$

gegeben.

Wenn ein $\bar{x} \leq \bar{x}_u$ oder ein $\bar{x} \geq \bar{x}_o$ auftritt, so wird H_o verworfen. In der Praxis wird meist das Prüfmaß $u = \dfrac{\bar{x} - \mu_o}{\sigma_{\bar{X}}}$ gebildet und H_o verworfen, wenn $|u| \geq u_{1-\frac{\alpha}{2}}$ ist.

Es ist dann

$$P(\bar{X} \in (\bar{x}_u, \bar{x}_o) | H_o) = P(|U| > u_{1-\frac{\alpha}{2}}) = \alpha .$$

Als α wird meist 5% oder 1% gewählt. Der Grund, keine kleineren Wahrscheinlichkeiten zu verwenden, ergibt sich, wenn man davon ausgeht, daß die Gegenhypothese H_1 richtig ist. Dann wird H_1 fälschlicherweise nicht angenommen, wenn $\bar{x}$ im Intervall $(\bar{x}_u, \bar{x}_o)$ liegt.

Wir haben es also hier mit zwei Fehlermöglichkeiten zu tun. Wir können einmal H_o ablehnen, obwohl H_o richtig ist (Fehler I. Art), oder H_o nicht ablehnen, obwohl H_1 richtig ist (Fehler II. Art).

	Vorliegende Hypothese	
	H_o	H_1
Auf Grund der Stichprobe entschieden für H_o	richtige Entscheidung Wahrsch: $1 - \alpha$	Fehler II. Art Wahrsch: ß
H_1	Fehler I. Art Irrtumswarsch: α	richtige Entscheidung Schärfe: $1 - ß$

Die Wahrscheinlichkeit, die Nullhypothese H_o nicht zu verwerfen, wenn H_1 zutrifft, ist $ß = P(\bar{X} \in (\bar{x}_u, \bar{x}_o)|H_1)$. Sie wird näherungsweise aus der Beziehung

$$u_ß = \frac{\mu_o + u_{1-\alpha/2} \sigma_{\bar{X}} - \mu_1}{\sigma_{\bar{X}}} \quad \text{bestimmt.}$$

Die meist verschwindend kleine Wahrscheinlichkeit $P(\bar{X} \leq \bar{x}_u)|H_1)$ wird dabei nicht berücksichtigt. $1 - ß$ ist die Schärfe.

Beispiel: $\mu_o = 0$, $\alpha = 5\%$, $\sigma_{\bar{X}} = 1$ und $\mu_1 = 3$. Aus $u_{0,975} = 1,96$ und

$$u_ß = \frac{0 + 1,96 \cdot 1 - 3}{1} = -1,04$$

ergibt sich $ß = 0,15$.

Mit der Wahrscheinlichkeit von 15% würde also H_o zu Unrecht nicht abgelehnt, aber mit der Wahrscheinlichkeit von 85% (Schärfe) wird sie zu Recht abgelehnt.

Ist $\alpha = 1\%$, dann wäre

$$u_ß = (0 + 2,58 \cdot 1 - 3)/1 = -0,42,$$

also $ß = 0,33$,

so daß die Wahrscheinlichkeit ß für den Fehler II. Art, H_o zu Unrecht nicht abzulehnen, von 15% auf 33% steigt.

Wählt man die Irrtumswahrscheinlichkeit kleiner, muß man in Kauf nehmen, daß ß, die Wahrscheinlichkeit für den Fehler II. Art, größer wird.

ß hängt nicht nur von der Irrtumswahrscheinlichkeit α, sondern auch von der speziellen Verteilung unter der Gegenhypothese, hier also von μ_1, ab. Wäre $\mu_1 = 2$ statt $\mu_1 = 3$ in dem betrachteten Beispiel mit

$\alpha = 5\%$, so erhöht sich β von 15% auf 48%.

β nimmt mit wachsendem Stichprobenumfang n ab, so daß es möglich ist, zu vorgegebenen Werten α, β, μ_0 und μ_1 den entsprechenden Stichprobenumfang n zu bestimmen.

Aus $\quad \mu_0 + u_{1-\alpha/2} \; \sigma \; /\sqrt{n} = \mu_1 + u_\beta \; \sigma \; /\sqrt{n}$

ergibt sich

$$n = \frac{\sigma^2 \, (u_\beta - u_{1-\alpha/2})^2}{(\mu_0 - \mu_1)^2} \; .$$

Wird z.B. nur eine Steigerung von höchstens $\mu_1 - \mu_0 = \delta$ erwartet, dann würde bei einem Versuch mit einem zu kleinen Stichprobenumfang die Aussicht, ein signifikantes Ergebnis zu erhalten, so gering sein, daß der Versuch zweckmäßig gar nicht erst durchgeführt werden sollte.

<u>Einseitige Prüfung:</u> Wir haben bisher im wesentlichen den Fall betrachtet, daß eine Abweichung des Parameters μ von einem festen Wert μ_0 geprüft wurde. $H_0 : \mu = \mu_0$, $H_1 : \mu \neq \mu_0$.

In der Praxis tritt manchmal auch der Fall:

$$H_0 : \mu \leq \mu_0 \; ; \; H_1 : \mu > \mu_0$$

auf. Ein neues Medikament A wird z.B. nur eingeführt, wenn es unter sonst gleichen Bedingungen im Mittel besser als ein Standardpräparat B ist. Hier haben wir zwischen den beiden Hypothesen: Mittel A gleich wirksam oder schlechter als Mittel B (Nullhypothese) und Mittel A besser als Mittel B (Gegenhypothese) zu unterscheiden. Wenn mit μ die mittlere Differenz der Wirkung beider Mittel bezeichnet wird, dann ist $H_0 : \mu \leq 0$; $H_1 : \mu > 0$. Aus einem Mittelwert $\bar{x}$, der wenig von Null abweicht, und einem sehr großen, negativen Mittelwert sind dann die gleichen Konsequenzen zu ziehen. In beiden Fällen wird das Medikament A nicht eingeführt. Man wird daher die Nullhypothese nur verwerfen, wenn ein sehr großer positiver Mittelwert $\bar{x}$ vorliegt und kann dann als kritischen Wert $\mu_0 + u_{1-\alpha} \sigma_{\bar{x}}$ verwenden. Man bezeichnet eine derartige Prüfung als einseitig.

<u>Wahl von α:</u> Bei einer echten Entscheidung sollte α nach dem Risiko des Fehlers I. und II. Art bestimmt werden.

Ist der Fehler I. Art schwerwiegender als der Fehler II. Art, so sollte man kleine, ist der Fehler II. Art aber schwerwiegender als der Fehler I. Art, hohe Irrtumswahrscheinlichkeiten festlegen.

Bei wissenschaftlichen Publikationen kann man die Entscheidung dem Leser überlassen. Es würde genügen, die Wahrscheinlichkeit $P = P(|U| \geq u)$ anzugeben, daß unter der Nullhypothese ein gleichgroßer oder größerer Wert U des Prüfmaßes auftritt als der beobachtete.

Da aber im allgemeinen nur die kritischen Werte für $\alpha = 0{,}05, 0{,}01$ und $0{,}001$ tabelliert sind, begnügt man sich anzugeben, zwischen welchen Grenzen P liegt, bezeichnet

$P > 5\%$ als nicht signifikant,
$1\% < P \leq 5\%$ als signifikant (schwach signifikant),
$0{,}1\% < P \leq 1\%$ als signifikant,
$P \leq 0{,}1\%$ als stark signifikant

und kennzeichnet die Signifikanzen mit 1, 2 und 3 Sternen. In der Regel sollten Ergebnisse mit $P > 5\%$ nicht diskutiert werden, um nicht zu vielen, dem Zufall zuzuschreibenden Ergebnissen durch eine Diskussion zu einer gewissen Bedeutung zu verhelfen.

Wenn $H_1 : \mu \neq \mu_0$ oder $\mu > \mu_0$ bedeutet, gehören auch sehr wenig von H_0 abweichende Verteilungen zu H_1. Man spricht daher nicht von der Annahme von H_0, sondern nur von der Nichtablehnung der Nullhypothese, wenn $P > 5\%$.

<u>Effizienz</u>: Bisher wurde als Prüfmaß $\frac{\bar{x}-\mu_0}{\sigma_{\bar{x}}}$ verwendet. Es ist auch möglich, andere Kriterien z.B. den Median zu benutzen. Allerdings ist bei Vorliegen der Normalverteilung ein derartiger Test nicht so effizient, wenn auch unter Umständen wesentlich einfacher. Die Effizienz eines Tests A bezüglich eines Tests B ist, ähnlich wie beim Schätzen, als Quotient der Stichprobenumfänge definiert, bei denen die Testverfahren die gleiche Schärfe besitzen. Die Effizienz kann von der speziellen Alternative und auch von der gegebenen Irrtumswahrscheinlichkeit abhängen.

Bei der Durchführung eines Tests sollte die folgende Reihenfolge eingehalten werden:

1. Aufstellung von H_0 und H_1,
2. Wahl von α und β, die Bestimmung von n,
3. Durchführung des Versuchs, Prüfen der Voraussetzungen,
4. Bestimmung des kritischen Wertes,
5. Berechnung des Prüfmaßes,
6. Entscheidung.

t-Test: Ist σ nicht bekannt, so wird $s_{\bar{X}}$ an Stelle von $\sigma_{\bar{X}}$ gesetzt. Das Prüfmaß folgt dann der t-Verteilung. Die Berechnung von β und die Bestimmung des notwendigen Stichprobenumfangs sind dann nicht mehr in einfacher Weise durchzuführen. Es stehen aber Tabellen zur Verfügung.

Konfidenzintervall: Wir sahen, daß der aus der Stichprobe berechnete Schätzwert dem Parameter möglichst nahe kommen soll, aber fast immer von ihm abweichen wird. Um diese Abweichung zu charakterisieren, gibt man häufig statt eines einzelnen Schätzwertes ein Intervall an. Für den Fall, daß Stichproben von je n normalverteilten Beobachtungen vorliegen, wissen wir, daß der Mittelwert $\bar{X}$ mit der Wahrscheinlichkeit 1-α im Intervall

$$(\mu + u_{\alpha/2}\sigma /\sqrt{n},\ \mu + u_{1-\alpha/2}\sigma /\sqrt{n}\ )$$

bzw. im Intervall (1)

$$(\mu + t_{n-1,\alpha/2}\ s /\sqrt{n},\ \mu + t_{n-1,\ 1-\alpha/2}\ s /\sqrt{n}\ )$$

liegen wird. Bildet man nun zu jedem beobachteten $\bar{x}$ das Intervall

$$(\bar{x} + u_{\alpha/2}\ \sigma/\sqrt{n},\ \bar{x} + u_{1-\alpha/2}\ \sigma/\sqrt{n}\ )$$

bzw. (2)

$$(\bar{x} + t_{n-1,\alpha/2} s/\sqrt{n},\ \bar{x} + t_{n-1,\ 1-\alpha/2} s /\sqrt{n})$$

das als Konfidenzintervall bezeichnet wird, dann wird der Parameter μ genau dann im Konfidenzintervall liegen, wenn $\bar{X}$ im Intervall (1) ist. Dies trifft in 100 (1-α)% aller Stichproben zu, so daß wir sagen können, das Konfidenzintervall wird in 100 (1-α)% aller Stichproben den wahren Wert μ enthalten und in 100 α% aller Stichproben den wahren Wert μ nicht enthalten.

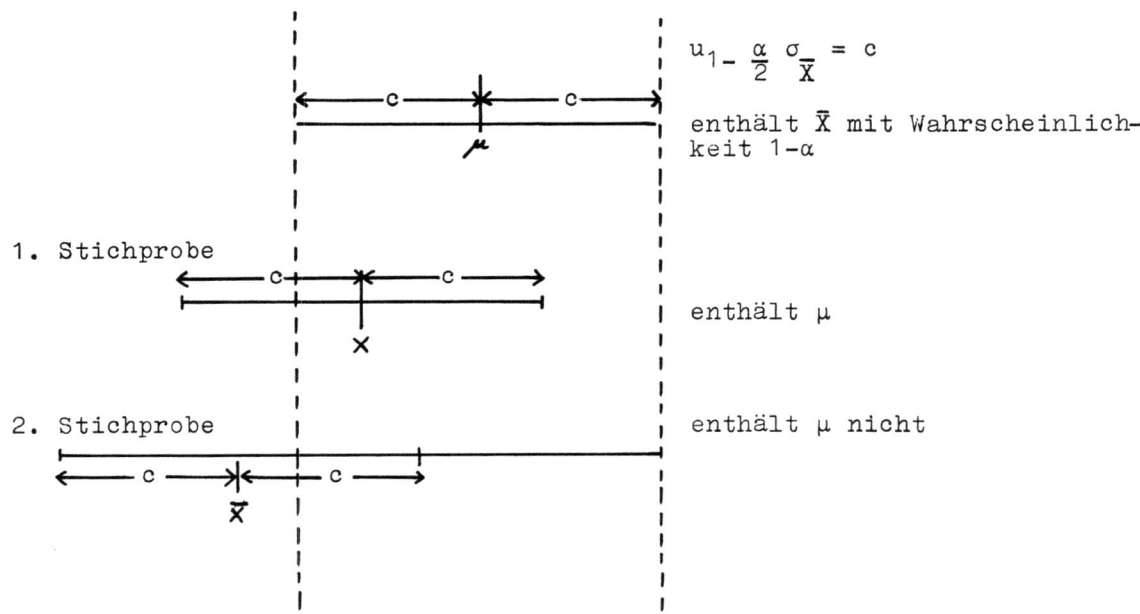

Wir kommen so zu einer Aussage, die im allgemeinen etwas mehr Information liefert als der entsprechende Test $\mu = \mu_0$ mit der Irrtumswahrscheinlichkeit α. Die Hypothese $\mu = \mu_0$ wird nämlich genau dann abgelehnt, wenn μ_0 nicht im Konfidenzintervall liegt.

Wird nun diese Überlegung auf alle möglichen μ_0-Werte ausgedehnt, so folgt daraus, daß das Konfidenzintervall alle Werte des Parameters umfaßt, die ein entsprechender Test nicht ablehnen würde. Das Konfidenzintervall kann also als eine zusammenfassende Darstellung aller Tests des Parameters aufgefaßt werden.

Praktisch ergibt sich dabei auch folgendes: Es sei $H_0 : \mu = 0$, die Stichprobe habe das Konfidenzintervall $(-a, +b)$ ergeben und die Nullhypothese sei nicht verworfen worden. Sind aber a und b groß, dann kann durchaus eine wesentliche Abweichung von der Nullhypothese vorliegen. Nur wenn sowohl a als auch b klein sind, bedeutet dies, daß zwar eine Abweichung von der Nullhypothese nicht ausgeschlossen werden kann, eine wesentliche Abweichung (mit der Irrtumswahrscheinlichkeit α) aber nicht vorliegt.

Dem Fehler I. Art entspricht der Fehler, daß das Konfidenzintervall den wahren Parameterwert nicht überdeckt. Dem Fehler II. Art entspricht der Fehler, daß das Konfidenzintervall einen bestimmten Parameter überdeckt, der nicht zutrifft.

<u>Toleranzintervall:</u> Statt ein Intervall für einen Parameter zu bestimmen, ist es oft wichtiger, ein Intervall für eine zukünftige Beobachtung anzugeben. Da die Differenz D zwischen der zukünftigen Beobachtung X^* und dem Mittelwert $\bar{X}$ den Erwartungswert 0 und die Varianz

$$\text{Var}(D) = \text{Var}(X^*) + \text{Var}(\bar{X}) = \sigma^2 \left(1 + \frac{1}{n}\right)$$

besitzt, bedeckt das Intervall

$$(\bar{X} + t_{n-1,\alpha/2} \; s \sqrt{1 + \frac{1}{n}}, \; \bar{X} + t_{n-1,1-\alpha/2} \; s \sqrt{1 + \frac{1}{n}})$$

die zukünftige Beobachtung mit der Wahrscheinlichkeit $1 - \alpha$. Dieses Intervall wird manchmal Toleranzintervall ohne Irrtumswahrscheinlichkeit genannt.

Es überdeckt im Mittel den Anteil $1 - \alpha$ der Grundgesamtheit, kann aber in Einzelfällen sehr viel weniger (oder auch mehr) enthalten. Will man daher auf Grund einer Stichprobe eine sichere Aussage über den Anteil ß der Grundgesamtheit treffen, der überdeckt wird, so wird eine zweite Art von Toleranzintervall vorgezogen werden, bei der mit der Irrtumswahrscheinlichkeit α mindestens der Anteil ß der Grundgesamtheit überdeckt wird. Zu gegebenen α und ß wird dann eine Konstante $K = K(\alpha, ß, n)$ bestimmt, für die

$$P(\; F(\bar{X}+Ks) - F(\bar{X}-Ks) \geq ß \;) = 1 - \alpha$$

K ist z.B. tabelliert in Documenta Geigy S. 45 ff.
In der folgenden Tabelle wurden für die 15 Stichproben vom Umfang 10 aus der Verteilung der 201 Körpergrößen die Konfidenz- und Toleranzintervalle berechnet. Nur bei einer der 15 Stichproben wird der wahre Wert nicht vom Konfidenzintervall überdeckt. Der Erwartungswert der Anzahl der Stichproben, bei denen der wahre Wert nicht überdeckt wurde, beträgt $15 \cdot 0{,}05 = 0{,}75$. Die mittlere Spalte gibt die Toleranzintervalle an, die im Mittel 90 % der 201 Körperlängen überdecken. 8 der Intervalle überdecken mehr als 90%, 7 weniger, im Mittel werden 87,2 überdeckt. In der letzten Spalte sollte das Toleranzintervall den Anteil 90% nur in 5% aller Fälle unterschreiten. Unter den 15 Stichproben trat dieser Fall zweimal auf, und zwar bei der 1. und 13. Stichprobe.

Konfidenz- und Toleranzintervalle aus 15 Stichproben vom Umfang 10 aus einer Verteilung von 201 Körpergrößen

Nr. der Stichpr.	95% Konfidenz-intervall	enthält μ	90% Toleranz-intervall ohne Irrtw.	über-deckt	90% Toleranz-intervall 5% Irrtw.	über-deckt
1	164,1 168,7	ja	160,2 172,6	68%	157,2 175,6	86%
2	162,6 169,4	ja	156,8 175,2	91%	152,4 179,6	99%
3	162,2 171,0	ja	154,7 178,5	98%	149,0 184,2	100%
4	164,5 171,1	ja	158,9 176,7	85%	154,7 180,9	98%
5	161,6 166,8	ja	157,1 171,3	76%	153,7 174,7	93%
6	162,8 167,6	ja	158,7 171,7	75%	155,7 174,7	92%
7	162,6 172,8	ja	154,0 181,4	98%	147,5 187,9	100%
8	156,6 165,6	ja	148,9 173,3	94%	143,1 179,1	100%
9	158,1 168,5	ja	149,2 177,4	98%	142,5 184,1	100%
10	161,3 170,9	ja	153,1 179,1	99%	146,9 185,3	100%
11	159,6 167,8	ja	152,8 174,6	93%	147,6 179,8	100%
12	163,1 169,3	ja	157,9 174,5	84%	153,9 178,5	98%
13	166,7 172,3	nein	162,0 177,0	71%	158,4 180,6	88%
14	162,8 171,4	ja	155,6 178,6	92%	150,1 184,1	100%
15	164,3 171,5	ja	158,2 177,6	86%	153,6 182,2	99%

95% Konfidenzintervall ($\bar{x} - 2,262\ s/\sqrt{10},\ \bar{x} + 2,262\ s/\sqrt{10}$) enthält μ mit der Irrtumswahrscheinlichkeit 5%

90% Toleranzintervall ohne Irrtumswahrscheinlichkeit ($\bar{x} - 1,923\ s,\ \bar{x} + 1,923\ s$) überdeckt im Mittel 90% der Grundgesamtheit

90% Toleranzintervall mit 5% Irrtumswahrscheinlichkeit ($\bar{x} - 2,839\ s,\ \bar{x} + 2,839\ s$) überdeckt mindestens 90% der Grundgesamtheit mit der Irrtumswahrscheinlichkeit 5%

§ 3 Einfache statistische Verfahren

a) Einstichprobenprobleme

Liegt eine Stichprobe von n unabhängigen Beobachtungen $x_1,\ldots,x_n$ aus einer Grundgesamtheit mit unbekannter Verteilung vor, so können folgende statistische Verfahren notwendig sein: Schätzung oder Prüfung der Parameter der Verteilung, Bestimmung von Konfidenzgrenzen für die Parameter und von Toleranzbereichen, die einen vorgegebenen Anteil der Grundgesamtheit bedecken. Bei nicht bekannter Form der Verteilung: Prüfverfahren, die die Form der Verteilung betreffen und Konfidenzbereiche für die Verteilung.

Kann eine Normalverteilung $N(\mu,\sigma^2)$ vorausgesetzt werden, so sind der Mittelwert $\bar{x}$ und die Varianz s^2 die besten Schätzwerte für den Mittelwert μ und die Varianz σ^2 der Grundgesamtheit.

Beim Test $H_0 : \mu = \mu_0$, $H_1 : \mu \neq \mu_0$ wird H_0 mit der Irrtumswahrscheinlichkeit α bei bekannter Varianz σ^2 verworfen, wenn

$$\frac{|\bar{x}-\mu_0|}{\sigma}\sqrt{n} > u_{1-\frac{\alpha}{2}}$$

bzw. bei unbekannter Varianz, wenn

$$\frac{|\bar{x}-\mu_0|}{s}\sqrt{n} > t_{n-1,1-\alpha/2} \ .$$

Die Konfidenzgrenzen für das unbekannte μ sind durch

$$\bar{x} \pm t_{n-1,1-\alpha/2} \ \frac{s}{\sqrt{n}}$$

gegeben. Beim Test $H_0 : \sigma^2 = \sigma_0^2$, $H_1 : \sigma^2 > \sigma_0^2$ wird H_0 verworfen, wenn

$$\frac{(n-1)s^2}{\sigma_0^2} \geq \chi^2_{n-1,1-\alpha} \ .$$

Liegt eine <u>Binomialverteilung</u> vor und ist unter n unabhängigen Beobachtungen das Ereignis x-mal eingetreten , so wird der Parameter p durch

$$\hat{p} = \frac{x}{n}$$

geschätzt. Die Prüfung $H_0 : p = p_0 ; H_1 : p \neq p_0$ erfolgt bei großen n mit Hilfe der Approximation durch die Normalverteilung, bei der die Hypothese $p = p_0$ verworfen wird, wenn

$$\frac{|\frac{x}{n} - p_0|}{\sqrt{p_0(1-p_0)}} \sqrt{n} > u_{1-\alpha/2} .$$

Die Konfidenzgrenzen sind näherungsweise durch

$$\frac{x}{n} \pm u_{1-\alpha/2} \sqrt{\frac{x(n-x)}{3}}$$

gegeben. Bei kleinerem n können Tabellen für die Konfidenzgrenzen verwendet werden.

Die Prüfung $H_0 : p = \frac{1}{2}$; $H_1 : p \neq \frac{1}{2}$ ist identisch mit dem Vorzeichentest. Soll geprüft werden, ob der Median x_M einer Verteilung den Wert Null hat, $H_0 : x_M = 0$; $H_1 : x_M \neq 0$, und ist x die Anzahl der positiven Beobachtungen, so wird H_0 bei großen n abgelehnt, wenn

$$\frac{|\frac{x}{n} - \frac{1}{2}|}{\sqrt{\frac{1}{2} \cdot \frac{1}{2}}} \sqrt{n} = \frac{|2x-n|}{\sqrt{n}} > u_{1-\alpha/2} .$$

Für kleine n können besondere Tabellen verwendet werden. Treten Nullen unter den Beobachtungen auf, so sind sie nicht zu berücksichtigen.

Anpassungstest. Ist die Form der Verteilung nicht bekannt, wird aber durch eine Hypothese die Verteilung genau festgelegt, so kann diese Hypothese mit Hilfe des χ^2-Testes geprüft werden. Dieser Test wird in einem besonderen Abschnitt behandelt.

Eine weitere Möglichkeit, die Anpassungshypothese zu prüfen, bietet der Test von Kolmogoroff. Sei $F(x)$ die Verteilungsfunktion, die auf Grund der Nullhypothese vorliegt, und $S_n(x)$ die Verteilungsfunktion der Stichprobe, die für jedes x die relativen Anteile der Beobachtungen kleiner oder gleich x angibt, dann benutzt dieser Test als Prüfmaß

$$D_n = \sup_x |F(x) - S_n(x)| \sqrt{n} .$$

Unter der Nullhypothese hat D_n eine Verteilung, die asymptotisch die Quantile

$$D_{\infty}, 0{,}95 = 1{,}36$$
$$D_{\infty}, 0{,}99 = 1{,}63$$
$$D_{\infty}, 0{,}999 = 1{,}95$$

besitzt. Diese Werte werden schon bei kleinen Beobachtungsanzahlen recht gut approximiert. Die Nullhypothese wird also verworfen, wenn

$$D_n > D_{\infty}, 0{,}95$$

ist.

Diese Prüfung kann auch benutzt werden, um Konfidenzgrenzen für die unbekannte Verteilungsfunktion anzugeben. Wenn wir für jedes x die obere Grenze

$$F_o(x) = \min\{1, S_n(x) + D_{n,1-\alpha}\}$$

und die untere Grenze

$$F_u(x) = \max\{0, S_n(x) - D_{n,1-\alpha}\}$$

bilden, dann wird mit der Irrtumswahrscheinlichkeit α die Verteilungsfunktion der Grundgesamtheit innerhalb dieser Grenzen liegen.

Häufig wird auch eine andere Art von Konfidenzgrenzen gebildet. Zu einem gegebenen x ist $F(x)$ die Wahrscheinlichkeit, daß eine Beobachtung auftritt, die nicht größer als x ist. $S_n(x)$ ist ein Schätzwert für diese Wahrscheinlichkeit, und mit Hilfe der Konfidenzgrenzen p_o bzw. p_u einer relativen Häufigkeit kann nun ein Intervall gebildet werden, das mit der Irrtumswahrscheinlichkeit α die Verteilungsfunktion $F(x)$ an der Stelle x überdeckt.

Wird dieses Verfahren für jedes x angewandt, so ergeben sich auch Konfidenzgrenzen für die Verteilung, die enger sind als die Grenzen von Kolmogoroff, aber nicht mit der Irrtumswahrscheinlichkeit von α die gesamte Verteilungsfunktion überdecken, sondern nur einen fest vorgegebenen Wert x.

b) Zweistichprobenprobleme

Liegen zwei unabhängige Stichproben $x_{11},\ldots,x_{1n_1}$ und $x_{21},\ldots,x_{2n_2}$ aus zwei verschiedenen Grundgesamtheiten vor (Zweistichprobenproblem), so wird im allgemeinen untersucht, ob sich die Lokalisations- und manchmal auch, ob sich die Dispersionsparameter unterscheiden. Sind beide Stichproben normalverteilt, so ergibt sich als beste Schätzung für die Differenz δ der Mittelwerte

$$\hat{\delta} = \bar{d} = \bar{x}_1 - \bar{x}_2 \;.$$

Wenn angenommen werden kann, daß die Varianz beider Stichproben gleich ist, so ist der beste Schätzwert für σ^2

$$s^2 = \frac{\Sigma x_{1i}^2 + \Sigma x_{2i}^2 - \frac{(\Sigma x_{1i})^2}{n_1} - \frac{(\Sigma x_{2i})^2}{n_2}}{n_1 + n_2 - 2} \;,$$

und dann wird die Varianz der Differenz $\bar{d}$ durch

$$s_{\bar{d}}^2 = s^2 \frac{n_1 + n_2}{n_1 \cdot n_2}$$

geschätzt.

$$t = \frac{\bar{d}}{s_{\bar{d}}}$$

folgt der t-Verteilung mit $n_1 + n_2 - 2$ Freiheitsgraden und kann als Prüfmaß zur Prüfung der Hypothese $\delta = 0$ verwendet werden. Ist nicht bekannt, ob beide Varianzen gleich sind, so ist als Schätzwert für die Varianz von δ

$$s_{\bar{d}}^2 = \frac{s_1^2}{n_1} + \frac{s_2^2}{n_2} \quad \text{mit} \quad s_1^2 = \frac{\Sigma x_{1i}^2 - \frac{(\Sigma x_{1i})^2}{n_1}}{n_1 - 1} \;,\; s_2^2 = \frac{\Sigma x_{2i}^2 - \frac{(\Sigma x_{2i})^2}{n_2}}{n_2 - 1}$$

zu verwenden. Aber dann folgt $t = \bar{d}/s_{\bar{d}}$ keiner t-Verteilung. Wird jedoch die Nullhypothese verworfen, wenn

$$|t| \geq \frac{w_1 t_{n_1-1, 1-\alpha/2} + w_2 t_{n_2-1, 1-\alpha/2}}{w_1 + w_2}$$

mit
$$w_1 = \frac{s_1^2}{n_1}$$

und
$$w_2 = \frac{s_2^2}{n_2} \;,$$

dann weicht die Irrtumswahrscheinlichkeit nicht sehr von α ab.

Zur Prüfung, ob beide Varianzen gleich sind, ist $s_1^2/s_2^2 = F$ zu bilden, wobei die Stichproben so numeriert seien, daß $s_1^2 > s_2^2$. Die Hypothese $\sigma_1^2 = \sigma_2^2$ ist zu verwerfen, wenn

$$F > F_{n_1-1,\ n_2-1,\ 1-\alpha/2}\ .$$

Sind beide Grundgesamtheiten binomialverteilt, kann geprüft werden, ob die beiden Parameter p_1 und p_2 übereinstimmen. Dies ist mit Hilfe des sogenannten Vierfeldertestes möglich, der in einem eigenen Abschnitt behandelt wird.

Sind beide Grundgesamtheiten poissonverteilt und soll geprüft werden, ob der Parameter m_2 der zweiten Gesamtheit das a-fache des Parameters m_1 der ersten Gesamtheit beträgt: $m_2 = am_1$, so kann das Verfahren zur Prüfung eines festen Parameters p bei Binomialverteilung verwendet werden. Die Hypopthese $m_2 = am_1$ wird verworfen, wenn

$\frac{x_1}{x_1+x_2}$ signifikant von dem Wert $p = \frac{1}{1+a}$ abweicht.

Oft sind die Stichproben paarig zugeordnet. Bei Prüfung zweier Medikamente A und B zur Erhöhung der Schlafdauer an den gleichen Patienten kann x_{1i} die Erhöhung der Schlafdauer durch das Mittel A beim i-ten Patienten und x_{2i} die durch das Mittel B bewirkte Erhöhung beim gleichen Patienten bedeuten. In diesem Fall ist $d_i = x_{1i} - x_{2i}$ zu bilden und zu prüfen, ob die mittlere Differenz signifikant von Null abweicht.

Ist für das Merkmal nur feststellbar, ob es sich um eine Vergrößerung oder Verringerung handelt, so ist dies gleichbedeutend damit, daß x_{1i} und x_{2i} nur die Werte 1 (Vergrößerung) und -1 (Verringerung) annehmen können. In diesem Fall haben wir -2,0 und +2 als mögliche Differenzen d_i. Um zu prüfen, ob diese den Erwartungswert 0 haben, kann der Vorzeichentest auf die Werte $d_i \neq 0$ angewandt werden. Dieser Test ist auch unter dem Namen "Test von McNemar" bekannt.

<u>Literatur:</u>

Documenta Geigy: Wissenschaftliche Tabellen, 7. Aufl. Basel 1968.

χ^2-Anpassungstest

J. Bammert

Unter einem Anpassungstest versteht man einen Test, der feststellen soll, ob eine bestimmte, fest vorgegebene Wahrscheinlichkeitsverteilung vorliegen kann oder ob dies zu unwahrscheinlich ist. Die Nullhypothese nennt also eine spezielle Verteilung, und als Alternativen sind alle davon verschiedenen Verteilungen zugelassen.

Sei z.B. eine Grundgesamtheit gegeben, an deren Elementen man sich für ein Merkmal A interessiere, das in r verschiedenen Ausprägungen $A_1,\ldots A_r$ vorkommen kann.

Hat man die Hypothese H_o: » das Merkmal A hat folgende Verteilung: $P(A_i)=p_i$ «, so kann man diese als Nullhypothese eines Anpassungstests verwenden.

Um den Test durchzuführen, entnehmen wir der Grundgesamtheit eine Stichprobe vom Umfang n. Davon mögen je n_i Elemente das Merkmal A in der Ausprägung A_i haben. Es gilt

$$\sum_{i=1}^{r} n_i = n.$$

Ist X_i jeweils die Zufallsgröße, die jeder Stichprobe die zugehörige Anzahl n_i zuordnet, so haben unter der Hypothese H_o die Größen X_i jeweils den Erwartungswert np_i.

Als Prüfgröße für unseren Test verwenden wir

$$\chi^2 = \sum_{i=1}^{r} \frac{(X_i - np_i)^2}{np_i} \quad .$$

Die Verteilung der Größe χ^2 ist zwar keine χ^2-Verteilung, es kann jedoch bewiesen werden, daß χ^2 unter H_o asymptotisch für $n \to \infty$ einer χ^2-Verteilung mit r-1 Freiheitsgraden folgt.

Da die Prüfgröße nur asymptotisch χ^2-verteilt ist, kann man den Test nur für nicht zu kleine Stichprobenumfänge n verwenden. Als Faustregel gilt:

    I) keines der np_i darf kleiner als 1 sein,

II) höchstens $\frac{r}{5}$ Stück (20%) der np_i dürfen kleiner als 5 sein.

Sind diese Bedingungen nicht erfüllt, so kann man sie oft durch Merkmalsvergröberung erzwingen, indem man zwei Merkmalsausprägungen A_i, A_j mit kleinen Erwartungswerten zu einer Ausprägung $A_i \cup A_j$ zusammenfaßt.

<u>Parameter:</u> Ist in der Nullhypothese nicht eine einzelne feste Verteilung für A genannt, sondern hängt diese noch von Parametern ab, so werden auch die Erwartungswerte der Größen X_i unter H_0 noch von diesen Parametern abhängen, etwa von den Parametern $\Theta_1,\ldots,\Theta_s$. Diese müssen unabhängig sein in dem Sinne, daß kein Parameterwert Θ_i durch die übrigen schon eindeutig festgelegt ist.

Man bildet trotzdem die Prüfgröße

$$\chi^2 = \sum_{i=1}^{r} \frac{(X_i - E(X_i))^2}{E(X_i)} \quad ,$$

setzt aber für die Parameter $\Theta_1,\ldots,\Theta_s$ in $E(X_i)$ Schätzwerte $\hat{\Theta}_1,\ldots,\hat{\Theta}_s$ ein, die man nach der Maximum-Likelihood-Methode oder einer geeigneten anderen Methode gewonnen hat.

Diese so gebildete Prüfgröße χ^2 hängt i.a. in viel komplizierterer Weise von den X_i ab und hat eine andere Verteilung. Man kann jedoch beweisen, daß sie unter H_0 wieder asymptotisch χ^2-verteilt ist, allerdings diesmal mit $r-s-1$ Freiheitsgraden.

<u>Anpassung an stetige Verteilung:</u> Liegt ein Merkmal vor, das stetiger Änderung fähig ist wie z.B. Körpergröße und besagt die Nullhypothese, daß eine bestimmte stetige Verteilung vorliege, etwa Gleichverteilung oder Normalverteilung, so kann man den χ^2-Anpassungstest auch anwenden. Jedoch muß man künstlich eine endliche Zahl von Merkmalsausprägungen herstellen, indem man die Werte in endlich viele elementfremde Klassen (= Teilmengen) einteilt. Es gilt wieder $E(X_i) = np_i$ und p_i ist die Wahrscheinlichkeit der i-ten Klasse bei der in H_0 genannten stetigen Verteilung. Meist stehen Tabellen für die Verteilungsfunktion F zur Verfügung. Sind dann x_i, x_{i+1} die untere bzw. obere Grenze der i-ten Klasse, dann ist $p_i = F(x_{i+1}) - F(x_i)$.

Vierfeldertest

J. Bammert

Liegt eine Grundgesamtheit vor, an deren Elementen jeweils zwei Merkmale A und B interessieren, so sind für jedes Element die folgenden vier einander ausschließenden Fälle interessant:

1) A und B
2) A und ∁B
3) ∁A und B
4) ∁A und ∁B

Entnimmt man der Grundgesamtheit eine Stichprobe vom Umfang n, so kann man die Stichprobe entsprechend in 4 Teilmengen zerlegen. Trägt man die Anzahlen n_{ij} der Elemente in diesen vier Teilmengen wie folgt in eine Liste und bildet die Zeilensummen $n_{i.}$ und die Spaltensummen $n_{.j}$ und die Gesamtsumme $n_{..}$, so erhält man folgendes Schema, das man eine Vierfeldertafel nennt. Es gilt $n_{..} = n$

	A	∁A	
B	n_{11}	n_{12}	$n_{1.}$
∁B	n_{21}	n_{22}	$n_{2.}$
	$n_{.1}$	$n_{.2}$	$n_{..}=n$

Vierfeldertafel

Wenn man die Wahrscheinlichkeiten p_1 für das Auftreten des Merkmals A und p_2 für das Auftreten des Merkmals B in der Grundgesamtheit kennt, so sind bei unabhängiger Verteilung der Merkmale die Wahrscheinlichkeiten der 4 Fällen bekanntlich:

	A	$\complement A$	
B	$p_1 p_2$	$(1-p_1)p_2$	p_2
$\complement B$	$p_1(1-p_2)$	$(1-p_1)(1-p_2)$	$1-p_2$
	p_1	$1-p_1$	

Vergleicht man diese Wahrscheinlichkeiten mit den Besetzungszahlen der Vierfeldertafel, so erhebt sich die Frage: Kann man an der Vierfeldertafel testen, ob die Merkmale A und B unabhängig sind?

Die Wahrscheinlichkeiten p_1 und p_2 sind dabei i.a. unbekannt.

Jedoch ist $\frac{n_{.1}}{n} = \hat{p}_1$ bekanntlich ein Schätzwert für p_1 und $\frac{n_{1.}}{n} = \hat{p}_2$ einer für p_2. Sind $\hat{p}_1$, $\hat{p}_2$ und der Stichprobenumfang n gegeben, so liegen die Randbesetzungszahlen der Vierfeldertafel fest. Durch eine einzige der vier Besetzungszahlen, etwa durch n_{11} ist dann die ganze Vierfeldertafel festgelegt.

Verwendet man als Prüfmaß die Zufallsgröße X, die jeder Stichprobe die zugehörige Besetzungszahl n_{11} zuordnet, dann ist für unabhängige A, B die Größe X hypergeometrisch verteilt (siehe Wahrscheinlichkeitstheorie).

Man kann also folgenden Test anwenden:

    Nullhypothese H_o : »A und B sind unabhängig verteilt.«

    Prüfmaß: $X = n_{11}$

    Verteilung von X unter H_o :

$$P(X=k) = \frac{n_{1.}!\, n_{2.}!\, n_{.1}!\, n_{.2}!}{n!\, k!\, (n_{1.}-k)!\, (n_{.1}-k)!\, (n_{2.}-n_{.1}+k)!}$$

Nun muß noch ein kritischer Bereich K bestimmt werden. Für $X \in K$ wird dann H_o verworfen, d.h. Abhängigkeit angenommen, für $X \notin K$ wird H_o nicht verworfen, d.h. man erklärt sich für nicht berechtigt, Abhängigkeit anzunehmen. K soll so bestimmt werden daß $P(X \in K | H_o) < \alpha$, etwa für $\alpha = 0,05$ oder $\alpha = 0,01$.

Wenn von vornherein klar ist, was jedoch selten vorkommt, daß nur Abweichungen der Größe X nach oben für die Fragestellung sinnvoll sind, dann kann man einen einseitigen Test anwenden, d.h. $X \in K$ wenn $P(X)+P(X+1)+ \ldots +P(n_{1.}) < \alpha$.

In allen anderen Fällen muß man den Test zweiseitig anwenden, d.h. $X \in K$ wenn $P(X)+P(X+1)+\ldots+P(n_{1.}) < \frac{\alpha}{2}$ oder wenn

$$P(X)+P(X-1)+\ldots+P(0) < \frac{\alpha}{2} .$$

Praktisch rechnet man die $P(X)$ nicht aus, sondern benützt für kleine n Tabellen der hypergeometrischen Verteilung. Für große n gibt es die im Folgenden dargestellte χ^2-Approximation:

Da X hypergeometrisch verteilt ist, gilt:

$$E(X) = \frac{n_{1.} \, n_{.1}}{n}$$

$$V(X) = \frac{n_{1.} \, n_{.1} \, n_{2.} \, n_{.2}}{n^2 \, (n-1)} .$$

Nach einem zentralen Grenzwertsatz ist die Größe $\dfrac{X-E(X)}{\sqrt{V(X)}}$ für $n \longrightarrow \infty$ und $n_{1.}/n \longrightarrow p_1$, $n_{.1}/n \longrightarrow p_2$ asymptotisch $N(0,1)$-verteilt; also ist das Quadrat dieser Größe asymptotisch χ^2-verteilt mit einem Freiheitsgrad:

$$V = \frac{(n_{11} - \frac{n_{1.} \, n_{.1}}{n})^2 \, n^2 \, (n-1)}{n_{1.} \, n_{.1} \, n_{2.} \, n_{.2}} \quad \text{ist asymptotisch } \chi^2_{(1)} \text{ verteilt.}$$

Eine Umformung ergibt die für die praktische Rechnung viel bequemere Formel:

$$V = \frac{(n_{11} n_{22} - n_{12} n_{21})^2 (n-1)}{n_{1.} \, n_{.1} \, n_{2.} \, n_{.2}}$$

Statt dessen findet man in den meisten Büchern die Formel

$$V = \frac{(n_{11} n_{22} - n_{12} n_{21})^2 \, n}{n_{1.} \, n_{.1} \, n_{2.} \, n_{.2}}$$

Für große n ist der Unterschied unwesentlich. Im Grunde ist aber die Formel mit n-1 genauer.

Die Approximation der Verteilung von V durch die χ^2-Verteilung ist nur für genügend große Besetzungszahlen gut. Als Faustregel gilt:

1) n soll nicht kleiner sein als 30

2) das Produkt der beiden kleinsten Randbesetzungszahlen soll nicht kleiner sein als 5 n.

Für relativ kleine n ist die Approximation durch die χ^2-Verteilung noch dadurch ungünstig, daß V eigentlich eine diskrete Größe, die χ^2-Verteilung aber stetig ist. Dies kann durch eine sogen. "Stetigkeitskorrektur" ungefähr ausgeglichen werden.

Man verwendet dann die Formel:

$$V = \frac{(|n_{11} n_{22} - n_{12} n_{21}| - \frac{n}{2})^2 n}{n_{1.} \; n_{.1} \; n_{2.} \; n_{.2}}$$

Kontingenztafeln

J. Bammert

An den Elementen einer Grundgesamtheit sollen zwei Merkmale A und B interessieren. A soll in r verschiedenen Ausprägungen $A_1,\ldots,A_r$ und B in s verschiedenen Ausprägungen $B_1,\ldots,B_s$ möglich sein. Entnimmt man eine Stichprobe vom Umfang n, so kann man eine sogenannte Kontingenztafel aufstellen, d.h. man notiert die Anzahlen n_{ij} der Elemente, die das Merkmal A in der Ausprägung A_i und B in der Ausprägung B_j haben. Analog wie bei der Vierfeldertafel fragt man sich nun nach einem Test auf Abhängigkeit zwischen A und B. Nullhypothese H_o : »A und B sind unabhängig verteilt«.

	B_1	...	B_j	...	B_s	
A_1	n_{11}	...	n_{1j}	...	n_{1s}	$n_{1.}$
.	.		.		.	.
.	.		.		.	.
.	.		.		.	.
A_i	n_{i1}	...	n_{ij}	...	n_{is}	$n_{i.}$
.	.		.		.	.
.	.		.		.	.
.	.		.		.	.
A_r	n_{r1}	...	n_{rj}	...	n_{rs}	$n_{r.}$
	$n_{.1}$	...	$n_{.j}$	...	$n_{.s}$	$n_{..} = n$

Die Wahrscheinlichkeiten p_i der A_i und q_j der B_j in der Grundgesamtheit sind im allgemeinen unbekannt, doch kann man

$$\hat{p}_i = \frac{n_{i.}}{n} \text{ und } \hat{q}_j = \frac{n_{.j}}{n}$$ als Schätzwerte verwenden.

Man faßt nun (A, B) als ein Merkmal auf (mit 2 Komponenten). Dieses Merkmal hat dann rs Ausprägungen (A_i, B_j). Man kann unter H_o die Verteilung des Merkmals (A, B) in Abhängigkeit von p_i und q_j berechnen:

$$P(A_i, B_j) = p_i q_j$$

Nun wendet man darauf den χ^2-Anpassungstest an, d.h. man betrachtet die Stichprobenfunktionen X_{ij}, die jeder Stichprobe die Anzahlen n_{ij} zuordnen, ersetzt ihre Erwartungswerte $E(X_{ij}) = np_i q_j$ durch die Schätzung

$$n\hat{p}_i \hat{q}_j = \frac{n_{i.} n_{.j}}{n} \quad \text{und bildet die Prüfgröße}$$

$$\chi^2 = \sum_{j=1}^{s} \sum_{i=1}^{r} \frac{(X_{ij} - \frac{n_{i.} n_{.j}}{n})^2 n}{n_{i.} n_{.j}} = n \sum_{j=1}^{s} \sum_{i=1}^{r} \frac{X_{ij}^2}{n_{i.} n_{.j}} - n$$

Die Anzahl der Freiheitsgrade ist $(r-1)(s-1)$. Denn die Anzahl der Summanden in χ^2 ist rs, die Parameter, von denen die Verteilung des Merkmals (A,B) unter H_o abhängt, sind $p_1,\ldots,p_{r-1}$ und $q_1,\ldots,q_{s-1}$, da

$$p_r = 1 - \sum_{i=1}^{r-1} p_i \quad \text{und} \quad q_s = 1 - \sum_{j=1}^{s-1} q_j. \quad \text{Alle diese Parameter werden}$$

geschätzt, also r+s-2 Stück. Die Zahl der Freiheitsgrade errechnet sich also so:

$$rs - (r + s - 2) - 1 = rs - r - s + 2 - 1 = rs - r - s + 1 = (r - 1)(s - 1)$$

Im Falle einer 2 × 2 Kontingenztafel ergibt sich derselbe Test, der als Approximation beim Vierfeldertest schon besprochen wurde.

Nichtparametrische Tests

E. Walter

1. Einleitung:

Der statistische Test besteht darin, daß man bestimmte Annahmen als gegeben betrachtet und das Zutreffen einer weitergehenden Annahme prüft. Die als gegeben betrachteten Annahmen werden als Voraussetzungen des Tests, die zu prüfende Annahme als Nullhypothese und ihr Nichtzutreffen als Gegenhypothese bezeichnet. Betrachten wir als Beispiel die Frage, ob eine Operation einen Einfluß auf ein physiologisches Merkmal, z.B. den Blutdruck hat, so wird vorausgesetzt, daß die Beobachtungen unabhängig sind. Die zu prüfende Hypothese besagt, daß die Operation keinen Einfluß auf das Merkmal ausübt, also die Merkmalswerte vor und nach der Operation die gleiche Verteilung aufweisen. Die Gegenhypothese beinhaltet, daß die Operation einen Einfluß hat, d.h., daß die Verteilungen des Merkmals vor und nach der Operation verschieden sind.

Bei einem Test wird die Nullhypothese, wenn sie zutrifft, mit einer fest vorgegebenen Wahrscheinlichkeit, der sogenannten Irrtumswahrscheinlichkeit oder Signifikanzwahrscheinlichkeit, verworfen.

Unter mehreren Testverfahren mit gleicher Irrtumswahrscheinlichkeit, werden diejenigen bevorzugt, bei denen die Nullhypothese mit grosser Wahrscheinlichkeit (Schärfe) verworfen wird, wenn die Gegenhypothese zutrifft. Die erste Aufgabe bei der Konstruktion eines Tests ist es, die Beobachtungsergebnisse, bei denen die Nullhypothese verworfen werden soll, festzulegen und zwar so, daß die vorgegebene Irrtumswahrscheinlichkeit nicht überschritten wird. Hierfür ist im obigen Beispiel die Unabhängigkeit der Beobachtungen oder Beobachtungspaare Voraussetzung. Sie wäre z.B. nicht erfüllt, wenn von einem Patienten je zwei Messungen vorliegen und beide Ergebnisse mitgezählt würden.

Bei den bekannten klassischen Tests, dem t-Test etc., muß außerdem vorausgesetzt werden, daß die Beobachtungen einer Gaußschen Normalverteilung folgen. Bei den verteilungsunabhängigen oder nichtparametrischen Verfahren ist diese Voraussetzung nicht notwendig. Auch sind sie oft einfacher als die klassischen Verfahren. Allerdings gibt es zu jeder Fragestellung nicht nur wie beim Vorliegen der Normalverteilung ein Standardverfahren (z.B. den t-Test beim Vergleich zweier Mittelwerte), sondern mehrere, die verschiedenen Typen angehören. Um einen Überblick zu geben, werden diese Typen zunächst anhand einer einzigen Fragestellung beschrieben und zwar für die Prüfung zweier Stichproben bei paarigen Beobachtungen. Als Beispiel hierfür sei die oben erwähnte Prüfung, ob eine Operation einen Einfluß ausübt, betrachtet.

Tabelle 1:

Beobachtungen vor und nach der Operation von 10 Patienten.

Nr. der Patienten	Beobachtung vor der Op.	Beobachtung nach der Op.	Differenz
1	4,20	4,07	+ 0,13
2	4,39	4,35	+ 0,04
3	4,05	3,78	+ 0,27
4	3,96	3,99	− 0,03
5	3,88	3,75	+ 0,13
6	4,56	4,42	+ 0,14
7	3,71	3,59	+ 0,12
8	4,19	4,24	− 0,05
9	3,82	3,72	+ 0,10
10	4,81	4,75	+ 0,06

Beim Zutreffen der Nullhypothese, bei der sich die beiden Verteilungen nicht unterscheiden, ist eine positive Differenz der beiden Beobachtungswerte des gleichen Patienten genau so häufig zu erwarten, wie eine negative mit gleichem Absolutbetrag, so daß die Differenzen symmetrisch bezüglich Null verteilt sind. Man bezeichnet daher das Problem auch als Prüfung der Symmetrie bezüglich Null.

2. Konstruktion nichtparametrischer Tests:

Wir suchen zunächst Testverfahren, die unabhängig von der zugrundeliegenden Verteilung unter der Nullhypothese die gleiche Irrtumswahrscheinlichkeit besitzen. Dies wird durch einen sehr einfachen Prozeß erreicht.

Denken wir uns die beobachteten Differenzen der Tabelle 1 dem Betrage nach angeordnet:

-0,03, +0,04, -0,05, +0,06, +0,10, +0,12, +0,13, +0,13, +0,14, + 0,27

dann stellen die Vorzeichen der Differenzen irgendeine Folge von + und - Zeichen dar, in unserem Fall die Folge

- + - + + + + + + +.

Wir wollen dabei voraussetzen, daß keine negative Differenz dem Betrage nach einer positiven Differenz gleich ist und daß eine Differenz mit dem Wert Null nicht auftritt. Unter der Nullhypothese ist dann jede Differenz mit gleicher Wahrscheinlichkeit positiv oder negativ, so daß jede denkbare Anordnung von 10 Vorzeichen gleich wahrscheinlich ist. Es gibt $2^{10} = 1024$ verschiedene Anordnungen. Von den 1024 derartigen Anordnungen hat also unter der Nullhypothese jede die Wahrscheinlichkeit $\frac{1}{1024}$. Wenn die Irrtumswahrscheinlichkeit 5% sein soll, so sind $1024 \cdot 0,05 = 51$ Anordnungen festzulegen, und die Nullhypothese ist zu verwerfen, wenn eine dieser 51 Anordnungen auftritt. Jede mögliche Auswahl von 51 Anordnungen stellt einen nichtparametrischen Test dar. Man wird aber dabei solche Anordnungen verwenden, die besonders "unwahrscheinlich erscheinen", z.B. nur positive Vorzeichen haben. Um die 51 Versuchsanordnungen festzulegen, bildet man gewöhnlich eine Funktion k der Werte, das sogenannte Prüfmaß, und wählt diejenigen Anordnungen, bei denen der Wert des Prüfmaßes größer oder gleich einem festen Wert $k_{5\%}$, dem kritischen Wert, ist. $k_{5\%}$ wird möglichst so gewählt, daß gerade 51 Anordnungen k-Werte haben, die größer als dieser Wert sind. Oft gibt es keinen k-Wert, der diese Bedingungen erfüllt. $k_{5\%}$ wird dann als kleinster k-Wert definiert, für den höchstens 51 Anordnungen k-Werte haben, die größer als dieser Wert oder ihm gleich sind. Dann ist die Irrtumswahrscheinlichkeit zwar kleiner als 5%, aber nie größer. Manchmal wird auch ein Prüfmaß gewählt, bei dem die Nullhypothese verworfen wird, wenn das Prüfmaß einen Wert hat, der kleiner als der kritischen Wert ist. Wir wollen jetzt drei Beispiele für derartige Prüfmaße betrachten.

3. **Beispiele nichtparametrischer Tests zur Prüfung zweier Stichproben bei paarigen Beobachtungen:**

   a. Der Vorzeichentest

Beim Vorzeichentest von R.A. Fisher ist k gleich dem Absolutbetrag der Differenz der Anzahl der positiven und negativen Vorzeichen der Anordnung. Im Beispiel ist also $k = |8 - 2| = 6$. Für $n = 10$ ist $k_{5\%} = 8$. Es gibt nämlich zwei Anordnungen (alle Vorzeichen positiv bzw. negativ), bei denen $k = 10$ ist, 20 Anordnungen mit nur einem positiven bzw. nur einem negativen Vorzeichen, bei denen $k = 8$ und 90 (nur zwei positive bzw. negative Vorzeichen), bei denen $k = 6$ ist. Ungerade k-Werte gibt es bei geradem n nicht. Die Anzahl der Anordnungen mit $k \geq 8$ ist $2 + 20 = 22$, mit $k \geq 6$ ist $22 + 90 = 112$. 8 ist also der kleinste k-Wert, für den höchstens 51 Anordnungen gleiche oder größere k-Werte haben. Die Irrtumswahrscheinlichkeit ist nur $22/1024 = 0,022$; würde man aber 6 als kritischen Wert wählen, so wäre sie $112/1024 = 0,11$. Da im Beispiel $k = 6$ ist, ergibt der Test keine Signifikanz.

Ist die Anzahl r der Vorzeichen der einen Art klein, so brauchen nur diese gezählt zu werden. k ergibt sich dann aus $k = n - 2r$. In vielen Tabellen (z.B. Documenta Geigy S.104 ff) sind statt der kritischen Werte k_α von k die kritischen Werte r_α von r aufgeführt. Die Nullhypothese wird hier verworfen, wenn ein r auftritt, das kleiner oder gleich r_α ist. Unter der Nullhypothese folgt die Anzahl X der positiven Vorzeichen einer Binomialverteilung mit $p = \frac{1}{2}$, so daß $E(X) = \frac{n}{2}$ und $V(X) = \frac{n}{4}$ ist, daraus folgt für große n, daß

$$u = \frac{x - n/2}{\sqrt{n/4}}$$

normal verteilt ist mit $E(u) = 0$ und $V(u) = 1$.

$$\chi^2 = u^2 =$$

$$= \frac{(2x-n)^2}{n}$$

$$= \frac{(2r-n)^2}{n}$$

hat dann eine χ^2-Verteilung mit einem Freiheitsgrad.
Als kritischer Wert ergibt sich asymptotisch

$$r_\alpha = \frac{n - u_{1-\frac{\alpha}{2}} \sqrt{n}}{2}$$

mit $u_{1-\frac{\alpha}{2}} = \begin{matrix} 1,96 \\ 2,58 \end{matrix}$ wenn $\alpha = \begin{matrix} 0,05 \\ 0,01 \end{matrix}$.

Es sei schließlich bemerkt, daß es für diesen Test nicht notwendig ist, die Differenzen der Größe nach anzuordnen, da es genügt, nur die Vorzeichen auszuzählen. Aber für die folgenden Tests ist die Anordnung notwendig.

Der Fall, daß dem Betrage nach gleiche positive und negative Differenzen auftreten, braucht beim Vorzeichentest auch nicht ausgeschlossen zu werden. Treten Nullen auf, so ist es am zweckmäßigsten, die Beobachtungen wegzulassen und den Vorzeichentest auf die übrigen Differenzen anzuwenden.

b. Der Wilcoxontest für paarige Beobachtungen

Das Prüfmaß k des Vorzeichentests kann schließlich auch dadurch berechnet werden, daß hinter jedes Vorzeichen der oben angeführten Folge der Vorzeichen eine 1 geschrieben wird und dann alle so gewonnenen Werte addiert werden und der Absolutbetrag dieser Größe gebildet wird:

$$k = |-1 + 1 - 1 + 1 + 1 + 1 + 1 + 1 + 1 + 1| = 6,$$

Nach diesem Prinzip sind verschiedene Verfahren gebildet. Der einzige Unterschied besteht darin, daß statt einer 1 andere Größen hinter die Vorzeichen geschrieben werden. Wenn man hinter die Vorzeichen statt einer 1 die Zahlen (Rangzahlen) 1, 2,...,n schreibt, erhält man das Prüfmaß des Wilcoxon-Tests. In unserem

Beispiel ergibt sich als Wert des Prüfmaßes

$$k = |-1 + 2 - 3 + 4 + 5 + 6 + 7 + 8 + 9 + 10| = 47.$$

Entsprechend dem Vorzeichentest braucht man auch hier nur wieder die Summe der Rangzahlen mit positiven bzw. negativen Vorzeichen zu zählen und die kleinere der beiden als Prüfmaß r zu verwenden. Die kritischen Werte sind z.B. in Documenta Geigy S. 128 zu finden. In unserem Fall ist $r = 1 + 3 = 4$ und damit kleiner als der kritische Wert $r_{5\%}=8$, so daß die Nullhypothese mit 5% Irrtumswahrscheinlichkeit verworfen werden kann.

Für die Summe X der Rangzahlen mit gleichen Vorzeichen gilt

$$E(X) = \frac{n(n+1)}{4}$$

und

$$V(X) = \frac{n(2n+1)}{6}.$$

Für große n ist X normalverteilt, so daß sich als kritischer Wert

$$r_\alpha = \frac{n(n+1)}{n} - u_{1-\frac{\alpha}{2}} \sqrt{\frac{(2n+1)n}{6}}$$

ergibt.

Von den übrigen Verfahren, die auf dem gleichen Prinzip beruhen, seien nur zwei erwähnt. Bei ihnen werden statt der Rangzahlen Prozentpunkte (van der Waerden-Test) bzw. erwartete Rangwerte (lokal optimaler Test) einer Normalverteilung verwendet.

c. Der Maximumtest

Bei diesem Test ist das Prüfmaß k die Anzahl der absolut größten Differenzen bis zum ersten Vorzeichenwechsel. Im Beispiel wechselt das Vorzeichen zum ersten Mal bei der achtgrößten Differenz. Es ist also $k = 7$. Unabhängig vom Stichprobenumfang ist

$$k_{5\%} = 6 \; ; \; k_{1\%} = 8 \; ; \; k_{0,1\%} = 11.$$

Im Beispiel ist also die Abweichung von der Nullhypothese mit 5% signifikant.

4. Vergleich der Testverfahren:

Diese Verfahren stellen eine Auswahl verteilungsfreier Tests dar. Bevor wir uns im Einzelfall zu einem dieser Tests entschließen, müssen wir auf die Eigenschaften dieser Verfahren näher eingehen. Ein Testverfahren soll zunächst einmal einfach sein. Diesem Kriterium genügen der Vorzeichentest und der Maximumtest. Es soll eine möglichst große Schärfe besitzen, d.h., falls wirklich ein Unterschied vorliegt, soll dieser Unterschied mit möglichst großer Wahrscheinlichkeit erkannt werden. Es hängt aber im allgemeinen von der speziellen Verteilung ab, welcher Test am schärfsten ist. Da wir die Verteilung nicht kennen, ist es schwierig, allgemeine Aussagen zu machen. Man weiß z.B., daß bei Normalverteilung der Maximumtest bei kleinem Stichprobenumfang ganz gute Resultate ergibt, aber bei großem Stichprobenumfang mit den anderen Verfahren nicht konkurrieren kann. Setzt man voraus, daß Normalverteilung vorliegt und die Abweichung von der Nullhypothese gering ist, so haben der v.d. Waerden-Test und der lokal optimale Test bei sehr großem Stichprobenumfang fast die gleiche Schärfe wie der t-Test, der nur angewandt werden darf, wenn Normalverteilung vorliegt, aber dann am besten ist. Der Wilcoxontest ist nicht ganz so gut und der Vorzeichentest noch weniger. Man vergleicht die Güte zweier Testverfahren durch die asymptotische Effizienz. Die asymptotische Effizienz ist der Quotient der Beobachtungsanzahlen, bei denen beide Tests gleiche Schärfe haben und die Beobachtungsanzahlen sehr groß sind. Sie beträgt bei Vorliegen der Normalverteilung gegenüber dem optimalen t-Test, beim v.d. Waerden-Test und beim lokal optimalen Test 1, beim Wilcoxon-Test 0,96 und beim Vorzeichentest 0,64. Dies bedeutet z.B., daß die Anwendung des Vorzeichentests bei 1 000 Beobachtungen die gleiche Schärfe hat, wie die Anwendung des t-Tests bei etwa 0,64x1 000=640 Beobachtungen, wenn Normalverteilung vorliegt. Bei anderen Verteilungen kann das Verhältnis ganz anders lauten. Man wird also für den Fall, daß die Verteilung einigermaßen glockenförmig ist, den Wilcoxon-Test verwenden und in Fällen, bei denen wir nur an einer schnellen Abschätzung interessiert sind, den Vorzeichentest. Keinesfalls ist es aber gestattet, mehrere Testverfahren zu verwenden und nur dasjenige anzugeben, das ein signifikantes Ergebnis liefert. Dies kann eine erhebliche Vergrößerung der Irrtumswahrscheinlichkeit zur Folge haben.

Diese nichtparametrischen Verfahren kann man aber nicht nur dann verwenden, wenn über die Verteilung nichts vorausgesetzt werden kann, sondern auch in Fällen, in denen der t-Test angebracht ist, um das Ergebnis des t-Testes zu überprüfen. Es ist nämlich zu erwarten, daß bei einem hochsignifikanten t-Test auch der Vorzeichentest signifikant sein wird, wenn dies auch nicht immer zuzutreffen braucht. Ist daher unsicher, ob ein t-Test wirklich richtig berechnet worden ist, empfiehlt es sich, mit dem Vorzeichentest das Ergebnis zu überprüfen und in den Fällen, in denen der Vorzeichentest zu einem ganz anderen Signifikanzgrad führt, die Berechnung des Tests noch einmal vorzunehmen.

5. Nichtparametrische Tests für die Prüfung zweier Stichproben für unabhängige Beobachtungen

Diese Prüfung wird angewendet, wenn z.B. die Wirkung einer Operation untersucht werden soll, aber Daten der Patienten vor der Operation fehlen, so daß zum Vergleich eine nichtoperierte Gruppe verwendet werden muß. Ähnliche Probleme treten auf, wenn man die Wirkung zweier Medikamente prüfen will, aber nicht die gleichen Patienten verwenden kann oder wenn man untersuchen will, ob sich die Patienten zweier verschiedener Diagnosegruppen in einem besonderen Merkmal unterscheiden. Die Stichprobenumfänge beider Stichproben n_1 und n_2 brauchen dabei nicht gleich zu sein. In diesem Fall kann man die $n = n_1 + n_2$ Beobachtungen beider Stichproben der Größe nach anordnen und bekommt dadurch eine Anordnung von Werten, die zur einen bzw. zur anderen Stichprobe gehören. Unter der Hypothese, daß beide Stichproben aus Gesamtheiten mit gleicher Verteilung stammen, hat jede Anordnung (es gibt insgesamt $\binom{n}{n_1}$ verschiedene Anordnungen) die gleiche Wahrscheinlichkeit, nämlich $\frac{1}{\binom{n}{n_1}}$.

Als Beispiel wollen wir den Fall betrachten, daß in der ersten Gruppe die Werte 112, 123, 132, 138, 149, 152, in der zweiten Gruppe 73, 75, 86, 98, 114 und 137 beobachtet wurden. Ordnet man die Beobachtungen der Größe nach an und kennzeichnet sie jeweils mit A oder mit B, je nachdem ob sie zur ersten oder zur zweiten Stichprobe gehören, dann bekommt man die folgende Reihenfolge:

B, B, B, B, A, B, A, A, B, A, A, A .

Es gibt $\binom{12}{6}$ = 924 verschiedene Anordnungen.

Wir können wieder 0,05 × 924 = 46 Anordnungen festlegen, bei denen die Nullhypothese verworfen werden soll.

Im folgenden werden die der Prüfung bei paarigen Beobachtungen entsprechenden Tests angegeben:

a. Median-Test

Man führt das Problem auf eine Vierfeldertafel zurück, indem man beide Stichproben zu einer gemeinsamen zusammenfaßt, ihren Median x_M bestimmt und dadurch die gemeinsame Stichprobe in zwei gleichgroße Gruppen teilt. Bei ungerader Beobachtungsanzahl wird diejenige Beobachtung, die den Median bildet, fortgelassen, so daß im folgenden nur gerade Beobachtungsanzahlen n angenommen werden. Man hat so zwei Aufteilungen, nämlich die Aufteilung nach den ursprünglichen Stichproben und die Aufteilung der Beobachtungen danach, ob sie kleiner oder größer als der gemeinsame Median x_M sind.

	$< x_M$	$> x_M$	
1.Stichprobe	n_{11}	n_{12}	n_1
2.Stichprobe	n_{21}	n_{22}	n_2
	$\frac{n}{2}$	$\frac{n}{2}$	n

Die kritischen Punkte sind die kritischen Punkte des Vierfelderkoeffizienten. In unserem Beispiel erhalten wir folgende Tabelle:

	$< x_M$	$> x_M$	Σ
A	1	5	6
B	5	1	6
Σ	6	6	12

Als Prüfmaß k wird n_{11} verwendet. Im Beispiel beträgt n_{11} = 1, der kritische Wert $k_{5\%}$ ist aber 0. Die beiden Stichproben unterscheiden sich daher nicht signifikant.

Für grosse n kann der Vierfelderkoeffizient

$$V = \frac{4(n_{11}n_{22}-n_{12}n_{21})^2}{n_1 n_2 n}$$

verwendet werden.

b. Der Wilcoxon-Test

Beim Wilcoxon-Test werden den Beobachtungen beider Stichproben Rangzahlen zugeordnet und die Summe T der Rangzahlen einer Stichprobe, meist der kleineren Stichprobe, als Prüfmaß verwendet. Sie beträgt in unserem Falle

$$T = 1 + 2 + 3 + 4 + 6 + 9 = 25 .$$

Die kritischen Werte sind tabelliert. (Z.B. Documenta Geigy S.124 ff) Da T = 25 kleiner als der kritische Wert $T_{5\%} = 26$ ist, führt dieser Test zur Ablehnung der Nullhypothese.

Wenn T die Summe der Rangzahlen der ersten Stichprobe bedeutet, ist

$$E(T) = \frac{n_1(n+1)}{2}$$

und

$$V(T) = \frac{n_1 n_2 (n+1)}{12}$$

T ist asymptotisch normalverteilt, so daß für große n als kritischer Wert

$$T_\alpha = \frac{n_1(n+1)}{2} - u_{1-\frac{\alpha}{2}} \sqrt{\frac{n_1 n_2 (n+1)}{12}}$$

verwendet werden kann.

c. Test von Tukey

Für den Zweistichprobenfall wurden mehrere sehr ähnliche Schnellverfahren entwickelt. Wir wollen nur den Test von Tukey betrachten. Dabei ist notwendig, daß beide Stichproben etwa die gleiche Beobachtungsanzahl aufweisen. Eine der beiden Stichproben weist im allgemeinen Werte auf, die größer als der größte Wert der anderen Stichprobe sind. Ihre Anzahl sei r_1 und außerdem möge gleichzeitig die andere Werte aufweisen, die kleiner als der kleinste Wert der ersten Stichprobe sind. Ihre Anzahl sei r_2. Als

Prüfmaß wird die Summe r_1+r_2 verwendet. Unabhängig vom Stichprobenumfang n wird die Nullhypothese mit 5% verworfen, wenn die Anzahl 7 und mehr beträgt, mit 1% bei 10 und mehr und mit 0,1% bei 13 und mehr. Diese Werte gelten nur als Annäherung. Im Beispiel hat das Prüfmaß den Wert 7, die Nullhypothese kann daher mit der Irrtumswahrscheinlichkeit von 5% verworfen werden.

6. <u>Nichtparametrische Tests zur Prüfung der Unabhängigkeit</u>

Diese Prüfung wird verwandt, um festzustellen, ob zwischen zwei Merkmalen x und y eine Abhängigkeit besteht. Die Nullhypothese bedeutet, daß die Verteilung des einen Merkmals unabhängig von der Verteilung des anderen Merkmals ist. Als Beispiel betrachten wir die in der Tabelle 2 aufgeführten Beobachtungspaare, die schon nach der Größe von x angeordnet wurden.

In diesem Fall ist unter der Nullhypothese jede der $n(n-1)\ldots 2=n!$ Permutationen der Rangzahlen R_y gleich wahrscheinlich.

<u>Tabelle 2:</u>

Beobachtungspaare (x,y) von 14 Patienten mit Rangzahlen R_x, R_y und Wertungen nach dem Eckentest.

x	y	R_x	R_y	1. Wertung	2. Wertung
52	112	1	5	+ 1	
64	82	2	3	+ 1	+ 1
67	75	3	2	+ 1	+ 1
77	113	4	6	+ 1	
81	124	5	8		
85	73	6	1		+ 1
95	126	7	10		
103	125	8	9		
108	114	9	7		
114	133	10	12		+ 1
123	142	11	13		+ 1
125	132	12	11		+ 1
137	164	13	14		+ 1
145	105	14	4	- 1	

a. Mediantest

Als ersten Test betrachten wir eine Zurückführung auf die Vierfeldertafel, indem wir an beiden Merkmalen die Werte bei den Median-Werten x_M bzw. y_M dichotomisieren.

K bezeichne die Anzahl der Beobachtungspaare (x,y), für die $x < x_M$ und $y < y_M$ gelte.

Man erhält dann die folgende Vierfeldertafel

	$< x_M$	$> x_M$	Σ
$< y_M$	K	$\frac{n}{2} - K$	$\frac{n}{2}$
$> y_M$	$\frac{n}{2} - K$	K	$\frac{n}{2}$
Σ	$\frac{n}{2}$	$\frac{n}{2}$	n

In unserem Beispiel ist $x_M = 99$ und $y_M = 119$, so daß wir die folgende Vierfeldertafel erhalten:

	$< x_M$	$> x_M$	Σ
$< y_M$	5	2	7
$> y_M$	2	5	7
Σ	7	7	14

Die Anwendung des Vierfeldertests führt zu keiner Signifikanz.

Da die Randsummen gleich sind, ergibt sich als Vierfelderkoeffizient

$$V = \frac{(4K-n)^2}{n},$$

der für große n zur Prüfung verwendet werden kann.

b. Rangkorrelation (Spearman)

Als Prüfmaß wird die Summe D der quadrierten Rangdifferenzen

$$D = \Sigma(R_x - R_y)^2$$

oder der Spearmansche Rangkorrelationskoeffizient

$$r_s = 1 - \frac{6D}{n(n^2-1)} = 1$$

verwendet. Für $n \leq 11$ sind die kritischen Werte tabelliert (z.B. Documenta Geigy S.66 ff).

r_s ist asymptotisch normalverteilt mit $E(r_s) = 0$ und $V(r_s) = 1/(n-1)$, so daß für große n

$$r_{s\alpha} = u_{1-\frac{\alpha}{2}}/\sqrt{n-1}$$

als kritischer Wert verwendet werden kann.

Im Beispiel beträgt

$$D = (1-5)^2 + \ldots + (14-4)^2 = 180$$

und

$$r_s = 1 - \frac{6 \cdot 180}{14(196-1)} = 0,604 \; .$$

0,604 ist größer als $1,96\sqrt{13} = 0,54$, aber kleiner als $2,58/\sqrt{13} = 0,72$, so daß die Nullhypothese mit 5% Wahrscheinlichkeit abgelehnt werden kann.

c. Eckentest (Olmstead und Tukey)

Bei diesem Test werden die Beobachtungspaare (x, y) in der folgenden Weise bewertet: Ist das zum größten x-Wert gehörende y größer als der Median M_y der y-Werte, dann werden diese und die in der Größe folgenden y-Werte, die ebenfalls größer als M_y sind, bis zum ersten y-Wert, der kleiner als M_y ist, mit +1 bewertet. Ist dagegen das zum größten x-Wert gehörende y kleiner als M_y, werden alle Beobachtungen bis zum ersten, der größer als M_y ist, mit -1 bewertet. Die entsprechende Wertung (+1, wenn der y-Wert kleiner als M_y, -1, wenn der y-Wert größer als M_y) wird für die Paare mit den kleinsten x-Werten durchgeführt. Dann werden die entsprechenden Bewertungen bezüglich der Größe von y und dem Median der x-Werte durchgeführt. Die Summe aller Bewertungen ist das Prüfmaß.

Die Unabhängigkeitshypothese wird unabhängig vom Stichprobenumfang mit 5% (1%) Irrtumswahrscheinlichkeit verworfen, wenn das Prüfmaß absolut größer oder gleich 11 (bzw. 14) ist.

In unserem Fall ist das Prüfmaß k = 10, daher kann die Nullhypothese nicht abgelehnt werden.

Literatur:

Documenta Geigy: Wissenschaftliche Tabellen, 7. Aufl. Basel 1968.

Wahrscheinlichkeitspapier

H.-J. Jesdinsky

Das sog. Wahrscheinlichkeitspapier bietet eine Möglichkeit, die Beobachtungswerte einer Stichprobe daraufhin zu prüfen, ob sie normalverteilt sind, und dann, sofern diese Voraussetzung zutrifft, die Parameter µ und σ der Grundgesamtheit mit einem graphischen Verfahren zu schätzen.

In der folgende Darstellung der Verteilungsfunktion Φ der standardisierten Normalverteilung

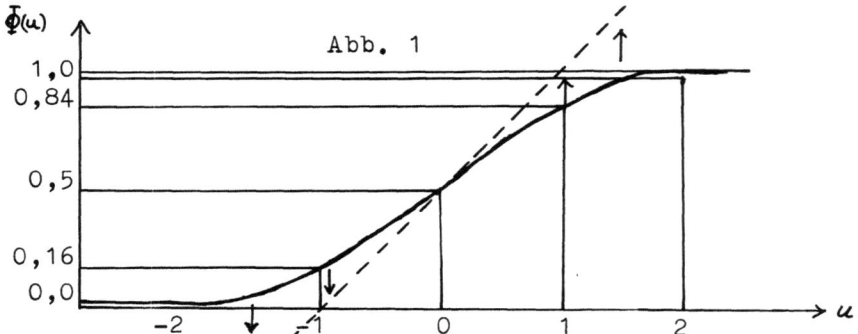

Abb. 1

denken wir uns die Ordinaten-Skala, vom Punkte 0,5 ausgehend, zunehmend gestreckt, und zwar derart, daß aus der S-förmigen Kurve eine Gerade entsteht:

Abb. 2

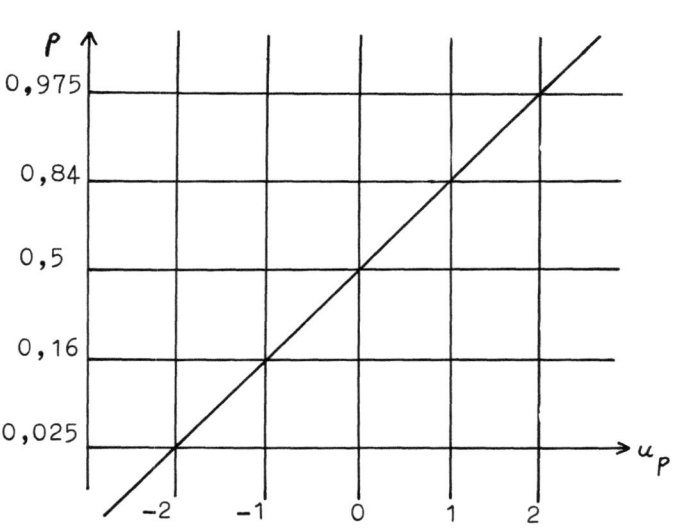

Die Teilung der Ordinate in Abb. 2 ist diejenige des Wahrscheinlichkeitspapiers. Meist sind die p-Werte mit 100 multipliziert, so daß die Ordinate in Prozenten beschriftet werden kann.

Man gebraucht das Wahrscheinlichkeitspapier in folgender Weise: Zunächst ordnet man die Beobachtungswerte der Stichprobe der Größe nach. Man erhält so $x_{(1)}, x_{(2)}, \ldots, x_{(n)}$. Dann setzt man

$$p_i = \frac{i - \frac{1}{2}}{n}, \quad i = 1, 2, \ldots, n.$$

Man trägt die Punkte $(x_{(i)}, p_i)$ in das Wahrscheinlichkeitsnetz ein. Hat man das Beobachtungsmaterial in Klassen eingeteilt, so sind anstelle der $x_{(i)}$ die oberen Klassengrenzen zu verwenden (als obere Klassengrenze gilt der Klassenmittelwert x_j, vergrößert um die Hälfte der Klassenbreite d). Man hat dann bei k Klassen

$$P(X \leq x_j + \frac{d}{2}) = p_j = \frac{\sum_{i=1}^{j} n_i}{n}, \quad j = 1, \ldots, k$$

Läßt sich durch die n bzw. k-1 Punkte (der letzte Punkt läßt sich nicht zeichnen, da zu $p_k = 1$ kein Wert existiert) angenähert eine Gerade legen, so erhält man $\bar{x}$ als denjenigen Abszissenwert, der zum Schnittpunkt dieser Geraden mit der 50%-Linie gehört. s ist die Differenz von $\bar{x}$ und dem Abszissenwert, der zum Schnittpunkt der Geraden mit der 16%-Linie gehört. Ergibt sich im Wahrscheinlichkeitsnetz für eine empirische Verteilung keine Gerade, so kann die Gestalt der Verbindungslinie zwischen den Punkten einen Hinweis auf die Form der Verteilung liefern, insbesondere auf Transformationen, die die Beobachtungsgrößen in angenähert normalverteilte Werte überführen.

Häufig führt die Transformation $x \rightarrow \log x$ eine Zufallsgröße X in eine angenähert normalverteilte Zufallsgröße Y über. Es gibt deshalb Wahrscheinlichkeitspapier mit logarithmischer Einteilung der Abszisse, sog. "logarithmisches Wahrscheinlichkeitsnetz".

Zusammenstellung verschiedener Methoden für das Einstichprobenproblem

E. Walter

Für die einfacheren statistischen Fragestellungen gibt es neben den schon behandelten nichtparametrischen Verfahren und den klassischen Verfahren, die Normalverteilung voraussetzen und dann optimal sind, weitere Verfahren, die einen geringeren Rechenaufwand erfordern, aber bei Normalverteilung gegenüber den optimalen Methoden nicht so effizient sind. Man bezeichnet sie als Schnellmethoden oder ineffiziente Methoden.

Im folgenden soll stichwortartig nur für den Einstichprobenfall eine Zusammenstellung der wichtigsten Methoden der verschiedenen Gruppen mit ihren Effizienzeigenschaften gegeben und an einem Beispiel erläutert werden.

Dabei bedeute E die Effizienz und AE die asymptotische Effizienz gegenüber der optimalen Methode, wenn Normalverteilung vorliegt.

$(x_1,...,x_n)$ sei eine Realisation (Stichprobe) von n unabhängigen Zufallsvariablen $X_1,...,X_n$, die der gleichen symmetrischen Verteilung folgen. $x_{(i)}$ bezeichnet den i-ten Wert der Stichprobe, wenn diese der Größe nach angeordnet ist (Anordnungswert).

Im folgenden sei $x_{(o)} = -\infty$ und $x_{(n+1)} = +\infty$. Falls a keine natürliche Zahl ist, sei $x_{(a)}$ der "nächste" Stichprobenwert $x_{(i)}$ mit $a-0,5 < i \leq a+0,5$.

Als Beispiel betrachten wir die schon im Abschnitt Nichtparametrische Methoden behandelte Stichprobe

-0,05, -0,03, +0,04, +0,06, +0,10, +0,12, +0,13, +0,13, +0,14, +0,27

A) Punktschätzung

1) Erwartungswert μ
   a) Klassische Methode: Mittelwert $\bar{x}$.   E=1 für alle n
      Im Beispiel ist $\bar{x} = 0,091$.
   b) Median x_M. Im Beispiel ist $x_M = 0,11$.   AE = 0,64
   c) Bereichsmitte $x_{BM} = (x_{(1)}+x_{(n)})/2$.   AE = 0

Für 2 < n < 6 ist E größer als bei x_M.

Im Beispiel ist $x_{BM} = 0{,}11$.

d) Quartilsmitte $\hat{\mu}=(x_{(0{,}25n)}+x_{(0{,}75n)})/2$.   AE = 0,81

Im Beispiel ist $\hat{\mu} = 0{,}075$.

e) Linearkombination (LK) von Anordnungswerten,
z.B. $\hat{\mu} = (x_{(0{,}17n)}+x_{(0{,}5n)}+x_{(0{,}83n)})/3$

Im Beispiel erhalten wir $\hat{\mu} = 0{,}07$.

f) Median Z_M der Werte $z_{ij} = (x_{(i)}+x_{(j)})/2$. $(1 \leq i \leq j \leq n)$ AE = 0,97

Dieser Schätzwert ist mit der Grenze des einseitigen 50%-Konfidenzintervalls des Wilcoxon-Tests identisch, für den eine auf Tukey zurückgehende graphische Methode existiert (z.B. bei Lienert S. 245 angegeben).

Im Beispiel ist $Z_M = 0{,}095$

2) Standardabweichung σ

a) Klassische Methode: Standardabweichung s   E = 1 für alle n

Im Beispiel ist s = 0,0922

b) Bereich $\hat{\sigma} = K_n \cdot w$ mit $w = x_{(n)} - x_{(1)}$. K_n ist z.B. bei Dixon und Massev tabelliert (Tabelle A8b(1)).

Erwartungstreue nur bei Normalverteilung.   AE = 0

Im Beispiel ist w=0,32, K_n=0,325 und $\hat{\sigma}$=0,104.

Bei n=10 ist E=0,85.

c) LK von Anordnungswerten. (Die Tabellen A8b(2) und A8b(3) bei D.u.M. enthalten LK für kleine n.)

Erwartungstreue nur bei Normalverteilung.

Für n = 10 ist

$\hat{\sigma} = 0{,}1968\ (x_{(10)}+x_{(9)}-x_{(2)}-x_{(1)})$ angegeben.   E=0,964

Im Beispiel erhalten wir $\hat{\sigma} = 0{,}1968 \cdot 0{,}33 = 0{,}065$.

Graphische Schätzung durch Auftragen der Häufigkeitssumme im Wahrscheinlichkeitspapier. Durch die Punkte wird nach Augenmaß eine Gerade gelegt, deren Schnittpunkt mit der 50%-Geraden einen Schätzwert für μ, die Differenz der Schnittpunkte mit der 16% und 84%-Geraden einen Schätzwert für 2σ ergeben. Systematische Abweichungen der Punkte von einer Geraden deuten auf Nichtnormalität. (Siehe Abschnitt über das Wahrscheinlichkeitspapier).

B) Test

1) $H_0: \mu=\mu_0$ Im Beispiel sei $\mu_0=0$ und es werde zweiseitig mit $\alpha=0{,}05$ geprüft.

a) Klassische Methode: t-Test $\quad t = |\bar{x}-\mu_0|\sqrt{n}/s$.
   H_0 wird verworfen, wenn $t > t_{n-1, 1-\alpha/2}$. $\qquad$ E=1 für alle n.
   Normalverteilung erforderlich.
   Im Beispiel ist $t_{9;0,975}=2,262$. H_0 wird verworfen, da $t=3,12$.

b) Vorzeichentest: (Siehe Abschnitt über Nichtparametrische
   Methoden) r=min (Anzahl der $x_i < \mu_0$, Anzahl $x_i > \mu_0$) $\quad$ AE = 0,64
   Normalverteilung nicht erforderlich. Bei nichtsymmetrischen
   Verteilungen kann der Median geprüft werden.
   Im Beispiel ist der kritische Wert $r_0=1$ und $r=2$, so daß H_0
   nicht abgelehnt werden kann.

c) Maximumtest: (Siehe Abschnitt über Nichtparametrische Methoden)
   Die Beobachtungen werden nach der Größe von $|x_i - \mu_0|$ aufstei-
   gend angeordnet.
   k werde so bestimmt, daß entweder jede der k in dieser
   Reihenfolge größten Beobachtungen größer als μ_0 ist, die
   nächste aber kleiner oder daß jede der k größten kleiner ist
   als μ_0, die nächste aber größer. Der kritische Wert k_α wird
   aus $\alpha \approx 2^{-k_\alpha - 1}$ bestimmt, und die Nullhypothese verworfen, wenn
   $k \geq k_\alpha$.
   Symmetrie erforderlich. $\qquad$ AE = 0
   Im Beispiel ist k=7 und $k_\alpha=6$, so daß H_0 abgelehnt werden kann.

d) Modifizierter Vorzeichentest:
   Bei der gleichen Anordnung der Beobachtungen wie unter c) werden
   nur die m größten betrachtet und nur auf diese der Vorzeichentest angewendet. m ist beliebig, wird aber m=0,54n gewählt,
   so ist mit 0,81 die AE maximal. Symmetrie erforderlich.
   Im Beispiel sei m=6, dann ist r=0 und $r_0=0$, so daß H_0 abgelehnt
   werden kann.

e) Wicoxontest: (Siehe Abschnitt über Nichtparametrische Methoden)
   Nach der in c) beschriebenen Anordnung werden den Beobachtungen
   Rangzahlen zugeordnet und nur die Rangzahlen, die zu $x_i < \mu_0$
   (bzw. $x_i > \mu_0$) gehören, zusammengezählt. r sei die kleinere der
   beiden Summen.
   Symmetrie erforderlich. $\qquad$ AE = 0,97
   Im Beispiel ist r = 4, r_0 = 8, so daß H_0 abgelehnt werden kann.

f) Schnelltest: H_0 abgelehnt, wenn
   $$t^* = |\bar{x}-\mu_0|/w > t^*_{n, 1-\alpha/2}.$$

$t^*_{n,1-\alpha/2}$ ist bei Dixon und Massey (Tabelle A8c(1)) tabelliert.
Normalverteilung erforderlich.   AE = 0.
Im Beispiel ist t*=0,091/0,32 = 0,284 und
$t^*_{10;0,975}$ = 0,230, so daß H_0 abgelehnt werden kann.

h) Schnelltest: H_0 wird abgelehnt, wenn

$$t^{BM} = |x_{BM}-\mu_0|/w > t^{BM}_{n,1-\alpha/2}.$$

$t^{BM}_{n,1-\alpha/2}$ ist bei Dixon und Massey(Tabelle A8c(3))tabelliert.
Normalverteilung erforderlich.   AE = 0.
Im Beispiel ist t^{BM}= 0,11/0,32 = 0,344 und $t^{BM}_{10;0,975}$=0,27,
so daß H_0 abgelehnt wird. Bei n = 10 ist E = 0,75.

3) $H_0 : \sigma^2 = \sigma^2_0$

Im Beispiel wird σ_0=0,07 angenommen.

a) Klassische Methode: H_0 wird verworfen, wenn

$$\chi^2_{n-1} = s^2(n-1)/\sigma^2_0 > \chi^2_{n-1,1-\alpha}.$$

Normalverteilung erforderlich.   E = 1 für alle n.
Im Beispiel ist χ^2_9 = 15,61 und $\chi^2_{9;0,95}$=16,92, so daß H_0 nicht abgelehnt werden kann.

b) Schnelltest: H_0 wird abgelehnt, wenn $w/\sigma_0 > W_{n,1-\alpha}$.

$W_{n,1-\alpha}$ ist bei Dixon und Massey tabelliert (Tabelle A8b(1))
Normalverteilung erforderlich.   AE = 0.
Im Beispiel ist w/σ_0 = 4,57 und $W_{10;\ 0,95}$ = 4,47, so daß H_0 abgelehnt werden kann.

C) Konfidenzintervall

Im Beispiel sei α=0,05.

1) für μ

a) Klassische Methode: $\bar{x} \pm t_{n-1,1-\alpha/2}\ s/\sqrt{n}$.

Normalverteilung erforderlich.   E = 1 für alle n.
Im Beispiel ergibt sich aus 0,091 ± 2,262·0,0922/3,17
das Intervall [0,025; 0,157].

b) $[x_{(r_0)}, x_{(n-r_0+1)}]$ r_0 kritischer Wert des Vorzeichentestes
Symmetrie erforderlich.   AE = 0,64.

Bei nichtsymmetrischen Verteilungen ist dieses Intervall ein Konfidenzintervall für den Median.
Im Beispiel ist $r_0 = 0$, so daß sich $[-0,03; 0,14]$ ergibt.

c) $[(x_{(1)} + x_{(n-k_\alpha+1)})/2, (x_{(k_\alpha)} + x_{(n)})/2]$

Symmetrie erforderlich.   AE = 0

$k_{5\%} = 6$, so daß sich im Beispiel $(0,025; 0,195)$ ergibt.

d) Konfidenzintervall (Wilcoxon) Die Grenzen werden durch den r_0-ten und $(n(n+1)/2 + 1 - r_0)$-ten Anordnungswert der

$$z_{ij} = (x_{(i)} + x_{(j)})/2 \qquad (i \leq j)$$

gebildet.
(Graphische Methode von Tukey bei Lienert S. 245 angegeben)
Symmetrie erforderlich   AE = 0,97

Im Beispiel ist $r_0 = 10$. Man erhält $[0,035; 0,135]$

e) Schnellmethode $\bar{x} \pm t^*_{n,1-\alpha/2} \cdot w$

$t^*_{n,1-\alpha/2}$ ist bei Dixon und Massey tabelliert   (A8c(1)).
                                                         AE = 0

Normalverteilung erforderlich.
Im Beispiel ist $w = 0,32$ und $t^*_{10;0,975} = 0,230$,

so daß sich $[0,017; 0,165]$ ergibt.

2) für σ^2

a) Klassische Methode $s^2(n-1)/\chi^2_{n-1,1-\alpha/2}$; $s^2(n-1)/\chi^2_{n-1,\alpha/2}$

Normalverteilung erforderlich   E = 1 für alle n
Im Beispiel ergibt sich
$[0,0765/19,02; 0,0765/2,70] =$
$[0,0040; 0,028]$

b) Schnellmethode: $[w^2/W^2_{n,1-\alpha/2}; w^2/W^2_{n,\alpha/2}]$.

$W_{n,\alpha}$ ist z.B. bei Dixon und Massey tabelliert
(Tabelle A8b(1)).   AE = 0
Normalverteilung erforderlich.
Im Beispiel $[0,0044; 0,037]$.

D) Intervall für eine zukünftige Beobachtung
(überdeckt im Mittel $1-\alpha$ der Population)
Im Beispiel sei $\alpha = 0,2$.

a) Klassische Methode $\bar{x} \pm t_{n-1, 1-\alpha/2} \cdot s \sqrt{1 + \frac{1}{n}}$.

Normalverteilung erforderlich.

Im Beispiel ergibt sich [-0,04; 0,22].

b) $[x_{(r)}, x_{(s)}]; s = r + (1-\alpha)(n+1)$.

Keine Voraussetzungen.

Im Beispiel sei r = 1, so daß s = 9,8,
damit ergibt sich [-0,05; +0,27].

Analoge Verfahren, wenn auch nicht so zahlreich, sind auch für die anderen statistischen Problemstellungen entwickelt worden.

Literatur:

Dixon,W.J. and F.J.Massey: Introduction to statistical analysis (2nd ed.). McGraw-Hill, New York (1957).

Lienert, G.A.: Verteilungsfreie Methoden in der Biostatistik. A.Hain Meisenheim (1962).

Die Maximum-Likelihood-Methode

E. Walter

Die Verteilung der Zufallsvariablen X hänge von einem unbekannten Parameter Θ ab. Θ gehöre zu einer Menge Ω von Parametern.- Die Wahrscheinlichkeitsdichte $f(x,\Theta)$ ist eine Funktion mit dem Stichprobenraum $\mathcal{X}$ als Definitionsmenge und $\mathbb{R}$ als Wertmenge. Faßt man sie aber bei festgehaltenem x als Funktion mit der Parametermenge Ω als Definitionsmenge auf, so bezeichnet man sie als Likelihood.

Die Maximum-Likelihood-Methode bestimmt zu einer beobachteten Realisation x der Zufallsvariablen X dasjenige $\Theta \in \Omega$, für das die Likelihood am größten ist. Wir bezeichnen diesen Wert als $\hat{\Theta}$.

Auch die Funktion $L = \log f(x,\Theta)$ hat an der gleichen Stelle ihr Maximum. Die Bestimmung des Maximums erfolgt, indem die Funktion $L = \log f(x,\Theta)$ nach Θ differenziert, die Ableitung gleich Null gesetzt und die Gleichung nach Θ aufgelöst wird:

$$\frac{\partial L}{\partial \Theta} = 0. \qquad (1)$$

Bei einer Stichprobe von n unabhängigen Beobachtungen $x_1, \ldots, x_n$ ist

$$L = \sum_{i=1}^{n} \log f(x_i, \Theta).$$

Unter sehr allgemeinen mathematischen Voraussetzungen ist die so bestimmte Schätzfunktion:

1) konsistent
2) asymptotisch effizient
3) asymptotisch normalverteilt mit der Varianz

$$V(\hat{\Theta}) = - \frac{1}{E\left[\dfrac{\partial^2 L}{\partial \Theta^2}\right]_{\Theta=\Theta^*}} \quad \text{wobei } \Theta^* \text{ der "wahre" Parameter ist.}$$

Die Schätzwerte sind aber nicht notwendig erwartungstreu.

Im diskreten Fall gelten dieselben Überlegungen für die Wahrscheinlichkeit $P(x,\Theta)$.

<u>Beispiel:</u> Die Schätzung des Parameters p der Binomialverteilung.
Es ist

$$L = \log P(x,p) = \log \binom{n}{x}\left[p^x(1-p)^{n-x}\right] = \log \binom{n}{x}$$
$$+ x \log p + (n-x) \log(1-p).$$

$$\frac{\partial L}{\partial p} = \frac{x}{p} - \frac{n-x}{1-p}.$$

Der Schätzwert für p ergibt sich aus

$$\frac{\partial L}{\partial p} = 0$$

$$\hat{p} = \frac{x}{n}.$$

Dieser Schätzwert ist asymptotisch normalverteilt.
Aus

$$\frac{\partial^2 L}{\partial p^2} = -\frac{x}{p^2} - \frac{n-x}{(1-p)^2},$$

$$E(X) = np$$
und $E\left(\frac{\partial^2 L}{\partial p^2}\right) = \frac{-np}{p^2} - \frac{n-np}{(1-p)^2}$

$$= -n\left(\frac{1}{p} + \frac{1}{1-p}\right)$$

$$= -\frac{n}{p(1-p)}$$

erhält man die Varianz $V(\hat{p}) = \frac{p(1-p)}{n}$ des Schätzwerts.

<u>Iteratives Verfahren</u>

Wenn die Likelihood-Gleichung (1) nicht direkt lösbar ist, wird oft von einer Ausgangslösung Θ_o ausgegangen, und nach Entwicklung in einer Taylorreihe ergibt sich

$$\frac{\partial L}{\partial \Theta}\bigg|\Theta = \hat{\Theta} = \frac{\partial L}{\partial \Theta}\bigg|\Theta = \Theta_0 + (\hat{\Theta}-\Theta_0)\frac{\partial^2 L}{\partial \Theta^2}\bigg|\Theta=\Theta_0 + R = 0.$$

Wird der Koeffizient des linearen Gliedes durch seinen Erwartungswert für $\Theta = \Theta_0$ angenähert und das Restglied R vernachlässigt, dann ergibt sich für $\hat{\Theta}$ ein Näherungswert Θ_1

$$\Theta_1 = \Theta_0 + \frac{\partial L}{\partial \Theta} \cdot V(\Theta)\bigg|\Theta = \Theta_0 .$$

Man verbessert den Näherungswert sukzessive mit der Iterationsformel

$$\Theta_{i+1} = \Theta_i + \frac{\partial L}{\partial \Theta} \cdot V(\Theta)\bigg|\Theta = \Theta_i .$$

Die dabei benötigten Größen $\frac{\partial L}{\partial \Theta}\big|\Theta=\Theta_i$ sind für viele Anwendungen berechnet worden (scores).

<u>Mehrere Parameter</u>

Sind mehrere Parameter unbekannt, ($f(x, \Theta_1,\ldots,\Theta_k)$), so ist das Gleichungssystem

$$\frac{\partial L}{\partial \Theta_i} = 0 \qquad i = 1,\ldots,k$$

aufzulösen. Die Eigenschaften der Lösungen sind die gleichen. Die Schätzwerte haben asymptotisch die Kovarianzmatrix

$$V(\hat{\Theta}) = - \left(E\left(\frac{\partial^2 L}{\partial \Theta_i \partial \Theta_j}\right)\right)^{-1}\bigg|\Theta = \Theta^*$$

<u>Beispiel:</u> Normalverteilung

$$L = \log \prod_{i=1}^{n} f(x_i,\mu,\sigma^2)$$

$$= -\frac{n}{2}\log 2\pi - \frac{n}{2}\log \sigma^2 - \Sigma(x_i-\mu)^2/2\sigma^2 .$$

Es ist das Gleichungssystem

$$\frac{\partial L}{\partial \mu} = 2\frac{\Sigma(x_i-\hat{\mu})}{2\hat{\sigma}^2} = 0$$

$$\frac{\partial L}{\partial \sigma^2} = -\frac{n}{2\hat{\sigma}^2} + \frac{\Sigma(x_i-\hat{\mu})^2}{2\hat{\sigma}^4} = 0$$

zu lösen. Die Lösungen lauten

$$\hat{\mu} = \bar{x}$$
$$\hat{\sigma}^2 = \Sigma(x_i-\bar{x})^2/n \ .$$

Die Schätzung der Varianz ist also nicht erwartungstreu. Die Kovarianzmatrix ergibt sich aus der Inversion der Matrix

$$V = - \begin{pmatrix} E(\frac{\partial^2 L}{\partial \mu^2}) & E(\frac{\partial^2 L}{\partial \mu \partial \sigma^2}) \\ \\ E(\frac{\partial^2 L}{\partial \mu \partial \sigma^2}) & E(\frac{\partial^2 L}{\partial (\sigma^2)^2}) \end{pmatrix}$$

$$= - \begin{pmatrix} -\frac{n}{\sigma^2} & -E(\frac{\Sigma(x_i-\mu)}{\sigma^4}) \\ \\ -E(\frac{\Sigma(x_i-\mu)}{\sigma^4}) & E(\frac{n}{2\sigma^4} - \frac{2\Sigma(x_i-\mu)^2}{2\sigma^6}) \end{pmatrix}$$

$$= - \begin{pmatrix} -\frac{n}{\sigma^2} & 0 \\ \\ 0 & \frac{n}{2\sigma^4} - \frac{n}{\sigma^4} \end{pmatrix}$$

$$V^{-1} = \begin{pmatrix} \frac{\sigma^2}{n} & 0 \\ \\ 0 & \frac{2\sigma^4}{n} \end{pmatrix} = V(\hat{\theta}) \ .$$

Bei Normalverteilung sind also Mittelwert und Varianz asymptotisch unkorreliert. Dies gilt auch schon für endliche n.

Beispiel: Bestimmung der Häufigkeiten der Blutgruppen im ABO System. Seien r, p und q die Genhäufigkeiten für die Gene O, A und B, dann haben die Phänotypen die folgenden Wahrscheinlichkeiten

Phänotyp	Wahrscheinlichkeit
O	r^2
A	$p^2 + 2pr$
B	$q^2 + 2qr$
AB	$2pq$

Die Maximum-Likelihood-Gleichungen ergeben sich aus

$L = \log n! - \log n_O! \, n_A! \, n_B! \, n_{AB}!$

$\quad + n_O \log r^2$

$\quad + n_A \log(p+2r)$

$\quad + n_B \log(q+2r)$

$\quad + (n_A + n_{AB}) \log p + (n_B + n_{AB}) \log q$

$\quad + n_{AB} \log 2$

und $r = 1-p-q$.

Das Gleichungssystem:

$$\frac{\partial L}{\partial p} = -\frac{2n_O}{1-p-q} - \frac{n_A}{2-p-2q} - \frac{2n_B}{2-2p-q} + \frac{n_A + n_{AB}}{p} = 0$$

$$\frac{\partial L}{\partial q} = -\frac{2n_O}{1-p-q} - \frac{2n_A}{2-p-2q} - \frac{n_B}{2-2p-q} + \frac{n_B + n_{AB}}{q} = 0$$

ist nicht direkt auflösbar.

Man geht daher meist von den von F.Bernstein angegebenen Näherungslösungen

$$\hat{r}_o = (1+ \tfrac{1}{2}D)(\sqrt{\tfrac{n_o}{n}} + \tfrac{1}{2}D) \qquad D = \sqrt{\tfrac{n_o+n_B}{n}} + \sqrt{\tfrac{n_o+n_A}{n}} - \sqrt{\tfrac{n_o}{n}} - 1$$

$$\hat{p}_o = (1+ \tfrac{1}{2}D)(1-\sqrt{\tfrac{n_o+n_B}{n}})$$

$$\hat{q}_o = (1+ \tfrac{1}{2}D)(1-\sqrt{\tfrac{n_o+n_A}{n}})$$

aus.

Mit Hilfe der entsprechenden Taylorentwicklung in zwei Variablen

$$f(x,y) = f(x_o,y_o) + (x-x_o)\frac{\partial f(x,y)}{\partial x}\bigg|_{x_o,y_o} + (y-y_o)\frac{\partial f(x,y)}{\partial y}\bigg|_{x_o,y_o} + R$$

ergibt sich, wenn wir wieder von einer Näherungslösung p_o, q_o ausgehen

$$\frac{\partial L}{\partial p}\bigg|_{\hat{p},\hat{q}} = \frac{\partial L}{\partial p}\bigg|_{p_o,q_o} + (\hat{p}-p_o)\frac{\partial^2 L}{\partial p^2}\bigg|_{p_o,q_o} + (\hat{q}-q_o)\frac{\partial^2 L}{\partial p \partial q}\bigg|_{p_o,q_o} + R_p$$

$$\frac{\partial L}{\partial q}\bigg|_{\hat{p},\hat{q}} = \frac{\partial L}{\partial q}\bigg|_{p_o,q_o} + (\hat{p}-p_o)\frac{\partial^2 L}{\partial p \partial q}\bigg|_{p_o,q_o} + (\hat{q}-q_o)\frac{\partial^2 L}{\partial q^2}\bigg|_{p_o,q_o} + R_q$$

Um die Verbesserungen p_1-p_o und q_1-q_o zu erhalten, wird die Matrix der Erwartungswerte der zweiten Ableitungen invertiert. Dies ergibt gerade die Kovarianzmatrix

$$\begin{pmatrix} V(p) & cov(p,q) \\ cov(p,q) & V(q) \end{pmatrix}\bigg|_{p_o,q_o}$$

Als verbesserte Schätzwerte erhält man nach Vernachlässigung von R_p und R_q

$$p_1 = p_o + V(p_o)\frac{\partial L}{\partial p}\bigg|_{p_o,q_o} + cov(p_o,q_o)\frac{\partial L}{\partial q}\bigg|_{p_o,q_o}$$

$$q_1 = q_o + cov(p_o,q_o)\frac{\partial L}{\partial p}\bigg|_{p_o,q_o} + V(q_o)\frac{\partial L}{\partial q}\bigg|_{p_o,q_o}$$

Diesen Vorgang wird man so häufig wiederholen, bis sich die Schätzwerte praktisch nicht mehr ändern.

Grundbegriffe der Entscheidungstheorie

E. Walter

Bei statistischen Untersuchungen werden aufgrund der Beobachtungen Schlüsse gezogen, die oft zu schwerwiegenden Entscheidungen führen. Dabei lassen sich Fehlentscheidungen nicht vermeiden. A.Wald hat vor etwa 20 Jahren eine Theorie entwickelt, die sogenannte Entscheidungstheorie, in der das Risiko jeder Entscheidung berücksichtigt wird. Diese Theorie bildet eine Verallgemeinerung der Test- und Schätztheorie.

Er geht davon aus, daß eine der verschiedenen möglichen Hypothesen H_A, H_B, ... zutrifft. Unter H_A habe die Zufallsvariable X die Wahrscheinlichkeitsverteilung P_A, unter H_B die Verteilung P_B usw. Auf Grund der Beobachtungen $x = (x_1,...,x_n)$ wird eine Entscheidung d gefällt. Eine Entscheidung kann aus der Behauptung bestehen, die vorliegende Wahrscheinlichkeitsverteilung gehöre zu einer gegebenen Menge von Verteilungen. Dieser Fall liegt vor, wenn man beim Prüfen einer Hypothese die Null-Hypothese verwirft oder nicht verwirft. Die Entscheidung kann aber auch ganz andersartig sein. Sie kann z.B. darin bestehen, daß man weitere Beobachtungen anstellt. Wir wollen annehmen, daß zu jeder vorliegenden Verteilung P eine optimale Entscheidung d_p existiert.

Zur Bewertung der Entscheidung wird eine Verlustfunktion $W(P,d)$ eingeführt, die den in Geld oder anderen Größen, z.B. Lebenserwartung, ausdrückbaren Verlust angibt, wenn bei Vorliegen der Verteilung P die Entscheidung d gewählt wurde. Wir gehen dabei davon aus, daß der Verlust den Wert Null hat, wenn die optimale Entscheidung d_p gewählt worden ist, $W(P,d_p) = 0$, und wir wollen annehmen, daß für alle möglichen Kombinationen von P und d der Verlust $W(P,d)$ bestimmt werden kann.

Der nächste Begriff, den wir einführen, ist die Entscheidungsfunktion δ, die jedem möglichen Beobachtungswert x eine Entscheidung $\delta(x)$ zuordnet oder, falls es sich um eine sog. randomisierte Entscheidungsfunktion handelt, mit Hilfe eines Zufallsmechanismus eine Entscheidung d mit einer bestimmten Wahrscheinlichkeit aussucht. Das Ziel ist es, aus der Menge der möglichen Entscheidungsfunktionen eine möglichst günstige auszuwählen. Dazu bestimmen wir eine Funktion, die Risikofunktion $r(P,\delta)$, die den zu erwartenden Verlust angibt, wenn die Verteilung P vorliegt und die Entscheidungsregel δ benutzt wird.

$$r(P,\delta) = E(W(P,\delta(X))) = \sum_x W(P,\delta(x))P(x).$$

Zunächst werden wir alle Risikofunktionen bestimmen. Auf Grund dieser Berechnung können wir dann eine Reihe von Entscheidungsregeln ausschließen. Wir wollen nämlich nur solche Entscheidungsregeln δ betrachten, zu denen es keine gleichmäßig besseren gibt, d.h. für die es kein δ^* gibt, für das

$$r(P,\delta^*) \leq r(P,\delta) \text{ für alle } P$$

und

$$r(P,\delta^*) < r(P,\delta) \text{ für mindestens ein } P \text{ gilt.}$$

Diese Entscheidungsregeln heißen <u>zulässig</u> (admissible). Welche Regel ist aber unter diesen zu wählen? Dazu müssen wir zwei Fälle unterscheiden. Existiert eine <u>a-priori-Verteilung</u> $\xi(P)$ der Verteilungen, so kann eine gemittelte Risikofunktion bestimmt werden

$$\bar{r}(\xi,\delta) = \sum_P r(P,\delta)\xi(P).$$

Man bezeichnet als Bayessche Lösung δ_B diejenige Entscheidungsfunktion, die die kleinste gemittelte Risikofunktion hat, für die also

$$\bar{r}(\xi,\delta_B) \leq \bar{r}(\xi,\delta) \text{ für alle } \delta$$

gilt. Existiert keine a-priori-Verteilung, so empfiehlt Wald eine sog. Minimax-Lösung δ_M, die das maximale Risiko, das bei den verschiedenen Verteilungen auftreten kann, minimiert.

Es gilt also

$$\max_P r(P,\delta_M) \leq \max_P r(P,\delta) \text{ für alle } \delta.$$

Wir wollen die Anwendung dieser Theorie an einem hypothetischen Beispiel zeigen, das die Verhältnisse stark vereinfacht. Bei einer Patientin sei nicht mit Sicherheit feststellbar, ob ein Portio-Carcinom (A) oder ein Carcinoma in situ (B) vorliegt. Wenn die Hypothese H_A wahr ist, wird die Untersuchung mit 95% für A, mit 5% für B sprechen. Wir wollen dies die Verteilung P_A nennen mit den möglichen Befunden x_A und x_B. Trifft die Hypothese H_B zu, dann

würde x_A in 10% und x_B in 90% der Fälle auftreten. Die möglichen
Entscheidungen seien α Radikaloperation, β Roentgenbestrahlung, γ
einfache Exzision

	$P_A(x)$	$P_B(x)$
x_A	0,95	0,10
x_B	0,05	0,90

Tabelle 1: Verteilung von x

Die Werte der Verlustfunktion W(P,d) können in diesen Fall als Verringerung der Lebenserwartung aufgefaßt werden. Sie sei durch die folgende Tabelle gegeben:

d \ P	P_A	P_B
α	0	20
β	10	5
γ	100	0

Tabelle 2: Verluste W(P,d)

In Tabelle 3 sind die 9 möglichen Entscheidungsregeln aufgeführt,
die vorschreiben, welches Verfahren bei x_A bzw. x_B angewendet werden
soll. Außerdem ist in der Tabelle 3 die Risikofunktion angegeben,
wenn H_A bzw. H_B zutrifft. Mit Hilfe der Risikofunktion kann man
leicht sehen, daß die Entscheidungsregel δ_4 nicht zulässig ist, da
die Regel δ_3 gleichmäßig besser ist. Das Gleiche gilt für die Regel
δ_5, δ_7 und δ_8, so daß nur δ_1, δ_2, δ_3, δ_6 und δ_9 zulässig sind. Wenn
der Fall B praktisch nicht auftritt, ist die Entscheidungsregel δ_1
am besten. Dies ist gleichbedeutend mit einer a-priori-Verteilung,
die x_A die Wahrscheinlichkeit 1 und x_B die Wahrscheinlichkeit Null
zuordnet. Tritt umgekehrt A so gut wie gar nicht auf, so ist die
Regel δ_9 am besten. Wenn die Fälle mit einer a-priori-Wahrscheinlichkeit vom 50% auftreten, d.h. $\xi(P_A) = \xi(P_B) = 0,5$, dann ergeben sich
die in der 3. Spalte angegebenen Risikowerte.

δ	$\delta(x_A)$	$\delta(x_B)$	$r(P_A,\delta)$	$r(P_B,\delta)$	$\bar{r}(\xi,\delta)$
δ_1	α	α	0	20	10
δ_2	α	β	0,5	6,5	3,5
δ_3	α	γ	5	2	3,5
δ_4	β	α	9,5	18,5	14
δ_5	β	β	10	5	7,5
δ_6	β	γ	14,5	0,5	7,5
δ_7	γ	α	95	18	56,5
δ_8	γ	β	95,5	4,5	50
δ_9	γ	γ	100	0	50

Tabelle 3: Entscheidungsregeln mit den entsprechenden Risikofunktionen

Wir sehen, daß die Regel 2 und die Regel 3 Bayessche Lösungen darstellen, weil bei ihnen das erwartete Risiko nur 3,5 beträgt. Wenn man dagegen keine Angabe über die a-priori-Verteilung machen kann, ist es oft zweckmäßig, die Minimaxlösung zu ermitteln, bei der das maximale Risiko möglichst klein ist. Als Minimaxlösung käme in unserem Falle die Regel 3 in Frage, da bei ihr das maximale Risiko 5 beträgt, das kleiner ist als das maximale Risiko aller anderen Entscheidungsregeln.

Wir werden aber sehen, daß wir das maximale Risiko noch weiter senken können, wenn wir randomisierte Entscheidungsfunktionen betrachten, und zwar wollen wir annehmen, daß wir mit der Wahrscheinlichkeit u die Entscheidungsregel 2 und mit der Wahrscheinlichkeit 1-u die Wahrscheinlichkeitsregel 3 verwenden. Dies sei die Regel δ_u. Das bedeutet also, daß wir beim Ausgang x_A auf jeden Fall radikal operieren, beim Ausgang x_B mit der Wahrscheinlichkeit u bestrahlen und mit der Wahrscheinlichkeit 1-u eine einfache Exzision vornehmen. Das Risiko beträgt dann unter der Hypothese

$$H_A : r(P_A, \delta_u) = 0,5 u + 5(1-u)$$

und unter

$$H_B : r(P_B, \delta_u) = 6,5 u + 2(1-u).$$

Wenn u zunimmt, fällt das Risiko bei H_A, aber wächst bei H_B. Das maximale Risiko wird daher am kleinsten, wenn wir u so wählen, daß beide Risiken gleich sind. Dies ist der Fall für $u = \frac{1}{3}$. Wir erhalten als Minimaxlösung eine randomisierte Methode, bei der wir beim Ausgang x_A auf jedem Fall radikal operieren, beim Ausgang x_B in 33% der Fälle bestrahlen und in 67% eine einfache Exzision durchführen. Das Risiko beträgt dann unter beiden Hypothesen 3,5.

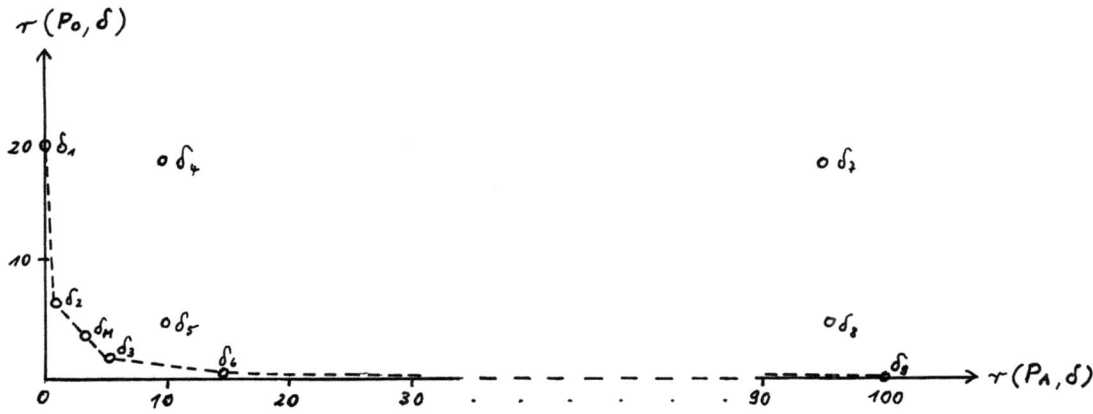

Risiken des medizinischen Beispiels.

Sequentialanalyse

H. Bloedhorn

Ein Sequentialtest ist ein Verfahren, bei dem nach jeder Beobachtung oder Beobachtungsgruppe entweder die Nullhypothese H_0 oder die Gegenhypothese H_1 angenommen (und dann der Versuch abgebrochen wird) oder die Beobachtungsreihe fortgesetzt wird, wobei vorgegebene Wahrscheinlichkeiten für die Fehler erster (α) und zweiter (β) Art eingehalten werden.

Beispiel: Es werde ein neues Medikament T eingeführt, von dem festgestellt werden soll, ob es besser ist als ein Medikament S. An jeder Versuchsperson werde jedes der beiden Medikamente genau einmal angewandt. Ist T besser, wird $X = 1$ gewertet, ist S besser, wird $X = 0$ gewertet. Sei H_0 die Hypothese, daß die Wahrscheinlichkeit für das Auftreten von $X = 1$ gleich $1/2$ ist. Sei H_1 etwa die Hypothese, daß die Wahrscheinlichkeit für das Auftreten von $X = 1$ gleich $0,6$ ist. Sei $\alpha = 0,05$ die Wahrscheinlichkeit, die Nullhypothese H_0 zu verwerfen, obwohl sie richtig ist und $\beta = 0,10$ die Wahrscheinlichkeit, die Gegenhypothese H_1 zu verwerfen, obwohl sie richtig ist. Sei (in Übereinstimmung mit der unten formulierten Vorschrift):

$A = 18$
$B = 0,105$.

Nun behandeln wir die erste Versuchsperson. Zwei Versuchsausgänge sind möglich (Der Fall, daß beide Behandlungen gleich gut sind wird nicht mitgezählt). Wenn H_0 richtig ist, ist die Wahrscheinlichkeit P_{H_0} für das Auftreten von $X = 1$ gleich $1/2$,

d.h. $P_{H_0}(X = 1) = 1/2$

entsprechend

$P_{H_0}(X = 0) = 1/2$

Wenn H_1 richtig ist, ist die Wahrscheinlichkeit für das Auftreten von $X = 1$ gleich $0,6$, also

$$P_{H_1}(X = 1) = 0,6$$

entsprechend

$$P_{H_1}(X = 0) = 0,4 \ .$$

Nach dem Versuch bilden wir den Quotienten $\dfrac{P_{H_1}(x)}{P_{H_0}(x)} = Q$ und treffen folgende Festsetzung:

Ist $Q \leq B = 0,105$ wird H_0 angenommen

Ist $Q \geq A = 18$ wird H_1 angenommen

Ist $0,105 < Q < 18$ wird ein weiterer Patient untersucht. Sei etwa beim ersten Patienten $(X = 1)$ eingetreten, dann ist

$$\frac{P_{H_1}(X = 1)}{P_{H_0}(X = 1)} = \frac{0,6}{0,5} = \frac{6}{5}$$

$0,105 < \frac{6}{5} < 18$. Also wird der nächste Patient untersucht. Er bringe das Ergebnis $(X = 0)$. Dann sind die Wahrscheinlichkeiten für die Reihenfolge $(X = 1, X = 0)$ bei Voraussetzung der Unabhängigkeit beider Ereignisse

$$P_{H_0}(X = 1, X = 0) = 0,5 \cdot 0,5 = 0,25$$

$$P_{H_1}(X = 1, X = 0) = 0,6 \cdot 0,4 = 0,24$$

$$\frac{P_{H_1}(X = 1, X = 0)}{P_{H_0}(X = 1, X = 0)} = \frac{0,24}{0,25}$$

Also ist eine dritte Person zu untersuchen usf., bis man zu einer Entscheidung gelangt. Man kann zeigen, daß man in dem Falle unseres Beispiels für den Fall, daß H_0 richtig ist, im Durchschnitt 98 Personen untersuchen muß, um zu einer Entscheidung zu gelangen. Ist dagegen H_1 richtig, so muß man im Durchschnitt 118 Personen untersuchen. Will man sich den Stichprobenumfang fest vorgeben, bei dem mit den gleichen Fehlerwahrscheinlichkeiten zwischen den Hypothesen $p_0 = 0,5$ und $p_1 = 0,6$ unterschieden werden soll, so benötigt man einen Stichprobenumfang von 400 Personen.

Man sollte jedoch berücksichtigen, daß im Falle der Sequentialanalyse die Anzahl der benötigten Personen vorher nicht festliegt. Bei einer einzelnen Untersuchungsreihe kann es natürlich vorkommen, daß man erheblich mehr Personen benötigt, als der Durchschnitt angibt.

Im allgemeinen Fall geht man für den Fall, daß die Zufallsvariable diskret ist, aus von dem Quotienten

$$Q_m = \frac{P(X_1 = x_1, X_2 = x_2, \ldots, X_m = x_m | H_1)}{P(X_1 = x_1, X_2 = x_2, \ldots, X_m = x_m | H_0)} \ .$$

Im stetigen Fall ist entsprechend

$$Q_m = \frac{f_{H_1}(x_1, \ldots, x_m)}{f_{H_0}(x_1, \ldots, x_m)} \ .$$

Im Zähler steht also die Wahrscheinlichkeit für die Realisation $(x_1, \ldots, x_m)$ unter der Bedingung, daß H_1 richtig ist. Im Nenner steht die Wahrscheinlichkeit für die gleiche Realisation $(x_1, \ldots, x_m)$ unter der Voraussetzung, daß H_0 richtig ist. In unserem Beispiel nehmen die X_i nur die Werte 0 und 1 an.

Man gibt sich vor die Fehlerwahrscheinlichkeit α für den Fehler erster Art und die Fehlerwahrscheinlichkeit β für den Fehler zweiter Art. Daraus werden zwei Konstanten A und B folgendermaßen bestimmt:

$$A = \frac{1 - \beta}{\alpha} \ , \quad B = \frac{\beta}{1 - \alpha} \ .$$

In unserem Beispiel ist $A = \frac{1 - 0{,}1}{0{,}05} = 18$ und $B = \frac{0{,}1}{1 - 0{,}05} = 0{,}105$.

Man beobachtet nun nacheinander die Ergebnisse der Versuche 1, 2, 3, ... d.h. also $x_1, x_2, x_3, \ldots$ Nach jedem Versuch berechnet man Q. Ist nach Durchführung des m-ten Versuchs

$$\begin{cases} Q_m \leq B, \text{ so wird } H_0 \text{ angenommen und die Versuchsreihe abgebrochen} \\ Q_m \geq A, \text{ so wird } H_1 \text{ angenommen und die Versuchsreihe abgebrochen} \\ B < Q_m < A, \text{ so wird der nächste Versuch durchgeführt.} \end{cases}$$

Wir setzen jetzt zusätzlich voraus, daß die Zufallsvariablen X_i i = 1,2, ... unabhängig sind und die gleiche Verteilung besitzen, dann gilt:

$$Q_m = \frac{P(X_1 = x_1, X_2 = x_2, \ldots, X_m = x_m | H_1)}{P(X_1 = x_1, X_2 = x_2, \ldots, X_m = x_m | H_0)}$$

$$= \frac{P_{H_1}(X_1 = x_1) P_{H_1}(X_2 = x_2) \ldots P_{H_1}(X_m = x_m)}{P_{H_0}(X_1 = x_1) P_{H_0}(X_2 = x_2) \ldots P_{H_0}(X_m = x_m)} \,.$$

Es liegt nun nahe, nicht mit den umständlich zu handhabenden Produkten zu rechnen, sondern durch Logarithmieren auf Summen überzugehen. Wenn vorher also z.B. gelten sollte $B < Q_m < A$, so muß jetzt gelten $\lg B < \lg Q_m < \lg A$.

Wir nehmen in unserem Beispiel jetzt also die Nullhypothese H_0 an, wenn $\lg Q_m \leq \lg B = \lg 0{,}105 = -0{,}9788$ gilt.

Wir nehmen die Hypothese H_1 an, wenn $\lg Q_m \geq \lg A = 1{,}2553$ gilt.

Wir werden jetzt also bei jedem Untersuchungsschritt die Größe $Z_i = \lg P_{H_1}(X_i = x_i) - \lg P_{H_0}(X_i = x_i)$ bilden und diese zu der bereits bekannten Summe $Z_{i-1} = \sum_{i=1}^{i-1} Z_i$ addieren.

In unserem Beispiel war $X_1 = 1$. Es ist

$$\lg P_{H_0}(X = 1) = \lg \tfrac{1}{2} = -0{,}3010$$

$$\lg P_{H_0}(X = 0) = \lg \tfrac{1}{2} = -0{,}3010$$

$$\lg P_{H_1}(X = 1) = \lg \tfrac{6}{10} = -0{,}2218$$

$$\lg P_{H_1}(X = 0) = \lg \tfrac{4}{10} = -0{,}3979$$

$$Z_1 = \lg P_{H_1}(X = 1) - \lg P_{H_0}(X = 1) = -0{,}2218 + 0{,}3010 = 0{,}0792$$

$$Z_2 = Z_1 + \lg P_{H_1}(X = 0) - \lg P_{H_0}(X = 0) =$$

$$0{,}0792 - 0{,}3979 + 0{,}3010 = -0{,}0177.$$

Man verifiziert leicht, daß dies Ergebnis dem oben ohne Logarithmieren gewonnen Resultat entspricht.

Obwohl wir auf die beschriebene Weise die Sequentialanalyse durchführen können, sei für den Binomialfall noch ein graphisches Verfahren angegeben. Sei also X_i $i = 1,\ldots,m$ eine Folge unabhängiger Zufallsgrößen, welche die Werte 0,1 annehmen mit

$$P_{H_0}(X_i = 1) = p_0 \quad P_{H_0}(X_i = 0) = q_0 \quad i = 1, \ldots, m$$

$$P_{H_1}(X_i = 1) = p_1 \quad P_{H_1}(X_i = 0) = q_1 \quad p_1 > p_0 \; .$$

Die Zufallsvariablen seien wieder unabhängig und binomialverteilt. Sei

$$S_m = \sum_{i=1}^{m} X_i \quad \text{biomialverteilt}.$$

Wenn H_1 richtig ist, gilt

$$P_{H_1}(X_1 = x_1, \ldots X_m = x_m) = p_1^{s_m} q_1^{m-s_m} = \frac{p_1^{s_m} q_1^{m}}{q_1^{s_m}} \; ,$$

dabei ist s_m der Wert von S_m, wenn die X_i die Werte x_i $i=1,\ldots,m$ annehmen.

Entsprechend finden wir

$$P_{H_0}(X_1 = x_1,\ldots, X_m = x_m) = \frac{p_0^{s_m} q_0^{m}}{q_0^{s_m}} \; ,$$

wenn H_0 zutrifft.

$$\frac{P_{H_1}}{P_{H_0}} = \frac{p_1^{s_m} q_0^{s_m} q_1^{m}}{p_0^{s_m} q_1^{s_m} q_0^{m}} = \left(\frac{q_1}{q_0}\right)^{m} \left(\frac{p_1 \; q_0}{p_0 \; q_1}\right)^{s_m} .$$

Wenn

$$\frac{P_{H_1}}{P_{H_0}} \leq B$$

dann ist

$$\lg \frac{P_{H_1}}{P_{H_0}} \leq \lg B = b,$$

d.h. für den Fall, daß das Gleichheitszeichen gilt, können wir S_m als Funktion $s_u(m)$ ausdrücken. Aus

$$\lg \frac{P_{H_1}}{P_{H_0}} = m \lg \frac{q_1}{q_0} + s_m \lg \frac{p_1 \, q_0}{p_0 \, q_1} = b$$

$$s_m \lg \frac{p_1 \, q_0}{p_0 \, q_1} = b - m \lg \frac{q_1}{q_0} = b + m \lg \frac{q_0}{q_1}$$

folgt

$$s_u(m) = \frac{b + m \lg \frac{q_0}{q_1}}{\lg \frac{p_1 \, q_0}{p_0 \, q_1}} \; .$$

Entsprechend findet man

$$s_o(m) = \frac{a + m \lg \frac{q_0}{q_1}}{\lg \frac{p_1 \, q_0}{p_0 \, q_1}} \; .$$

Dies sind die Gleichungen zweier Geraden. Für das graphische Verfahren zeichnet man also in ein m,s Koordinatensystem zwei Geraden ein, nämlich $s_u(m)$ und $s_o(m)$. Nach jedem Experiment trägt man den Punkt (m, s_m) ein. Man experimentiert solange, bis der Punkt außerhalb des durch die Geraden s_u und s_o vorgegebenen Streifens liegt.

In unserem Beispiel gilt

$$s_o(m) = \frac{1{,}255 + m \lg \frac{0{,}5}{0{,}4}}{\lg \frac{0{,}6 \cdot 0{,}5}{0{,}5 \cdot 0{,}4}} = 7{,}14 + 0{,}55 \, m \; ,$$

entsprechend

$s_u(m) = -5{,}55 + 0{,}55\,m$,

Als Ordinate trägt man s_m ein und als Abszisse m.

Gelangen wir im Laufe des Versuchs zu einem Punkt, der oberhalb $s_o(m)$ liegt, d.h. ist $Q_m > A$, so entscheiden wir uns für H_1, gelangen wir zu einem Punkt unterhalb $s_u(m)$, entscheiden wir uns für H_0.

Dieses Sequentialverfahren ist insofern dem gewöhnlichen Alternativtest mit fester Beobachtungszahl n überlegen, als die mittlere Beobachtungszahl bei dem Sequentialverfahren kleiner ist als n, wenn man in beiden Fällen die gleichen Fehlerwahrscheinlichkeiten für den Fehler I. und II. Art hat. Unter der mittleren Beobachtungszahl (average sample number) verstehen wir hierbei den Erwartungswert der Beobachtungszahl N. Näherungswerte für diesen Erwartungswert finden wir gemäß den Formeln

$$E(N|H_0) \approx \frac{b(1-\alpha) + a\alpha}{E(Z(X)|H_0)}$$

$$E(N|H_1) \approx \frac{b\beta + a(1-\beta)}{E(Z(X)|H_1)} \ .$$

In dem von uns betrachtetem Binomialfall gilt also:

$$E(N|H_0) \approx \frac{b(1-\alpha) + a\alpha}{p_0 \lg \frac{p_1}{p_0} + q_0 \lg \frac{q_1}{q_0}}$$

$$E(N|H_1) \approx \frac{b\beta + a(1-\beta)}{p_1 \lg \frac{p_1}{p_0} + q_1 \lg \frac{q_1}{q_0}} \ .$$

Es läßt sich zeigen, daß das beschriebene Sequentialverfahren mit Wahrscheinlichkeit 1 zu einer Entscheidung führt. Sind α und β klein und unterscheiden sich Nullhypothese und Gegenhypothese nur wenig, so kann man damit rechnen, daß das Verhältnis von festem Stichprobenumfang zu der mittleren Beobachtungszahl bei großem Stichprobenumfang in der Größenordnung 4 : 1 liegt.

Entsprechend dem diskreten Fall gilt auch bei Zufallsvariablen mit Dichte f, wobei wir uns wieder auf unabhängige Zufallsvariable beschränken:

$$Q_m = \frac{f_{H_1}(x_1) \ldots f_{H_1}(x_m)}{f_{H_0}(x_1) \ldots f_{H_0}(x_m)}.$$

Als Beispiel für den Fall, daß X eine Dichte f(x) besitzt, sei angeführt

H_0 sei die Hypothese $X \sim N(\mu_0, \sigma^2)$

H_1 sei die Hypothese $X \sim N(\mu_1, \sigma^2)$

Es ist hier zweckmäßig, den natürlichen Logarithmus zu benutzen.

Dann ist

$$Z_i = \ln \frac{\frac{1}{\sqrt{2\pi}\,\sigma} e^{-\frac{(x_i - \mu_1)^2}{2\sigma^2}}}{\frac{1}{\sqrt{2\pi}\,\sigma} e^{-\frac{(x_i - \mu_0)^2}{2\sigma^2}}} = \frac{(x_i - \mu_0)^2}{2\sigma^2} - \frac{(x_i - \mu_1)^2}{2\sigma^2}$$

$$= -\frac{1}{2\sigma^2}(2x_i\mu_0 - 2x_i\mu_1 + \mu_1^2 - \mu_0^2)$$

$$= \frac{(\mu_1 - \mu_0)}{2\sigma^2}(2x_i - (\mu_1 + \mu_0))$$

und damit

$$\ln Q_m = \sum_{i=1}^{m} Z_i = \frac{(\mu_1 - \mu_0)}{2\sigma^2}\left(2\sum_{i=1}^{m} x_i - m(\mu_1 + \mu_0)\right).$$

Also gilt:

a) Wenn $\sum_{i=1}^{m} x_i - m\frac{\mu_1 + \mu_0}{2} \leq b^* \frac{\sigma^2}{\mu_1 - \mu_0}$

   wird H_0 angenommen.

b) Wenn $\sum_{i=1}^{m} x_i - m\frac{\mu_1 + \mu_0}{2} \geq a^* \frac{\sigma^2}{\mu_1 - \mu_0}$

   wird H_1 angenommen.

c) Wenn $b^* \dfrac{\sigma^2}{\mu_1 - \mu_0} < \sum\limits_{i=1}^{m} x_i - m \dfrac{(\mu_1 + \mu_0)}{2} < a^* \dfrac{\sigma^2}{\mu_1 - \mu_0}$

wird der Versuch fortgesetzt.

Hierbei gilt $a^* = \ln A$
$b^* = \ln B$.

Auch hier können wir wieder zwei Geraden konstruieren

$$s_u(m) = \dfrac{\mu_1 + \mu_0}{2} m + b^* \dfrac{\sigma^2}{\mu_1 - \mu_0}$$

$$s_o(m) = \dfrac{\mu_1 + \mu_0}{2} m + a^* \dfrac{\sigma^2}{\mu_1 - \mu_0} \; .$$

Auf der Ordinate eines rechtwinkligen Koordinatensystems tragen wir $s_m = \sum\limits_{i=1}^{m} x_i$ auf und auf der Abzisse m. Die Interpretation erfolgt analog derjenigen, die auf S. 7 für den Binomialfall gegeben wurde.

Zahlenbeispiel:

Für $\sigma^2 = 2$, $\mu_0 = 1$, $\mu_1 = 3$ finden wir

$s_u = 2m - 2,254$
$s_o = 2m + 2,890$.

Zur näherungsweisen Berechnung der mittleren Beobachtungszahl nach der Formel S.8 benötigen wir $E(Z(X)|H_0)$ und $E(Z(X)|H_1)$. Wie man leicht nachrechnet, ist

$$E(Z(X)|H_0) = - \dfrac{(\mu_1 - \mu_0)^2}{2\sigma^2}$$

$$E(Z(X)|H_1) = \dfrac{(\mu_1 - \mu_0)^2}{2\sigma^2} \; .$$

Um die Möglichkeit von sehr großen Stichprobenumfängen auszuschalten, hat bereits A. Wald vorgeschlagen, eine obere Grenze für die Beobachtungszahlen festzusetzen. In unserer Bezeichnungsweise lautet die Begrenzungsregel:

Wenn der Sequentialtest für $N \leq n_o$ nicht zu einer Entscheidung geführt hat, wird beim n_o-ten Versuch H_o angenommen, wenn

$$\ln B < \sum_{i=1}^{n_o} Z_i \leq 0$$

ist und H_1 angenommen, wenn

$$0 < \sum_{i=1}^{n_o} Z_i < \ln A$$

ist.

Für die bei diesem Verfahren auftretenden Fehlerwahrscheinlichkeiten $\alpha(n_o)$ und $\beta(n_o)$ gilt:

$$\alpha(n_o) \leq \alpha + u_{p_2} - u_{p_1}$$

$$\beta(n_o) \leq \beta + u_{p_4} - u_{p_3},$$

wobei u_{p_i}, $i = 1,\ldots,4$ die p_i-Quantile der Normalverteilung mit Mittelwert 0 und Varianz 1 sind.

Hierbei gilt:

$$p_1 = - \frac{n_o E(Z(X)|H_o)}{\sqrt{n_o} V(Z(X)|H_o)}$$

$$p_2 = \frac{\ln A - n_o E(Z(X)|H_o)}{\sqrt{n_o}\ V(Z(X)|H_o)}$$

$$p_3 = \frac{\ln B - n_o E(Z(X)|H_1)}{\sqrt{n_o}\ V(Z(X)|H_1)}$$

$$p_4 = - \frac{n_o E(Z(X)|H_1)}{\sqrt{n_o}\ V(Z(X)|H_1)}.$$

Sequentialpläne mit Begrenzungsregeln wollen wir als abgeschlossene Sequentialpläne bezeichnen.

Von P. Armitage stammt der folgende zweiseitige Test des Mittelwertes μ einer Normalverteilung, wenn die Varianz σ^2 bekannt ist. Hier ist

$$H_o : \mu = 0$$
$$H_1 : \left|\frac{\mu}{\sigma}\right| > \delta_1$$

Sind wieder m Beobachtungen $x_1,\ldots,x_m$ gegeben, so sei

$$s_m = \sum_{i=1}^{m} x_i.$$

Als Grenzgeraden werden verwendet

$$s_o(m) = c + dm$$
$$s_u(m) = -c - dm \qquad (c,d > 0).$$

H_1 wird angenommen, wenn eine Grenzgerade erreicht wird,

H_o wird angenommen, wenn n_o erreicht wird.

Für $\mu = 0$ ist die Wahrscheinlichkeit, daß eine der beiden Grenzgeraden erreicht wird, gleich $\alpha/2$. Wenn $|\mu| = \delta_1 \sigma$, so ist diese Wahrscheinlichkeit gleich $1 - \beta$. Man wählt

$$c = \frac{\sigma}{\delta_1} \ln \frac{2(1-\beta)}{\alpha} \qquad d = \frac{\sigma}{2} \delta_1.$$

Für n_o gibt Armitage ein Iterationsverfahren an. Z.B. ergibt sich für $\alpha=0,05$ und $\beta=0,05$

$$n_o = 17,8/\delta_1^2.$$

Allerdings konnten für diesen Plan optimale Eigenschaften nicht nachgewiesen werden. Dieser Plan wurde von Armitage zur Konstruktion eines approximativen zweiseitigen Tests zur Prüfung des Parameters $p = \frac{1}{2}$ einer Binomialverteilung gegen zweiseitige Alternativen benützt.

Schon vor Armitage wurden ähnliche Pläne von I. Bross entwickelt.

Literatur:

Armitage, P.: Restricted sequential procedures Biometrika 44, 9-26 (1957).

Bross, I.: Sequential medical plans. Biometrics 8, 188-2o5, (1952).

Stichprobenpläne

H. Bloedhorn und R. Pfander

Um zu einer Stichprobe zu gelangen, gibt es nach der Fragestellung und der Beschaffenheit der Grundgesamtheit verschiedene Möglichkeiten. Wir wollen zunächst annehmen, daß wir anhand einer Stichprobe aus einer unendlichen Grundgesamtheit den Mittelwert eines Merkmals in der Grundgesamtheit schätzen wollen. Als Gütekriterium verwenden wir die Varianz der Schätzgröße. Ein Stichprobenplan ist um so besser, je kleiner die Varianz der Schätzgröße bei festem Stichprobenumfang ist. Dabei sei Erwartungstreue der Schätzgröße vorausgesetzt. Ist uns über die Grundgesamtheit nichts bekannt, so entnehmen wir eine rein zufällige Stichprobe.

Als Schätzwert für den Mittelwert benutzt man $\bar{y}_r = \frac{1}{n} \Sigma y_i$. Die Varianz von $\bar{Y}_r$ ist

$$V(\bar{Y}_r) = \frac{\sigma^2}{n} \; .$$

Dabei ist n der Umfang der Stichprobe und σ^2 die Varianz der Grundgesamtheit.

Eine solche Zufallsauswahl ist nur dann optimal, wenn die Grundgesamtheit homogen ist. Homogene Grundgesamtheiten kommen aber, abgesehen von Laboratoriumsbedingungen, in der Medizin nur selten vor. In der Stichprobentheorie nennt man Teilmengen, in die eine inhomogene Grundgesamtheit zerfällt, Schichten. Wenn solche Schichten vorhanden sind, ist es auch zweckmäßig, diese bei der Erhebung zu berücksichtigen. Es sei L die Anzahl der Schichten, n_i sei der Umfang der Stichprobe aus der i-ten Schicht, i=1,...,L. Innerhalb der i-ten Schicht wird durch Zufallsauswahl bestimmt, welche Untersuchungseinheiten in die Untersuchung einbezogen werden. Als Schätzgröße für den Mittelwert des Merkmals in der Grundgesamtheit benutzt man im Falle der geschichteten Stichprobe

$$\bar{y}_g = \Sigma p_i \bar{y}_i \; .$$

Hierbei ist p_i, i=1,...,L, der Anteil der i-ten Schicht in der Gesamtheit. $\bar{y}_i$ ist das arithmetische Mittel der Stichprobenelemente aus der i-ten Schicht. Die Varianz dieser Schätzung ist

$$V(\bar{Y}_g) = \Sigma\ p_i^2\ \frac{\sigma_i^2}{n_i}\quad.$$

Wählt man nun n_i, $i=1,\ldots,k$, derart, daß $V(\bar{Y}_g)$ bei gegebenem $n=\Sigma n_i$ ein Minimum wird, so erhält man als optimale Aufteilung der Stichprobe

$$n_i^* = n\ \frac{p_i \sigma_i}{\sum_{j=1}^{k} p_j \sigma_j}\quad.$$

Die Varianz dieser sogenannten optimalen Stichprobe ist

$$\sigma^2_{opt.} = \frac{(\sum_{i=1}^{L} p_i \sigma_i)^2}{n}\quad.$$

Sind die Varianzen innerhalb der einzelnen Schichten gleich groß, etwa gleich σ, so geht n_i^* über in

$$n_i\ _{prop.} = \frac{n \cdot p_i \sigma}{\sigma \Sigma p_j} = n p_i\quad,$$

d.h. die Anzahl der Beobachtungseinheiten jeder Schicht wird proportional dem Anteil dieser Schicht an der Gesamtheit gesetzt. Man spricht in diesem Fall von einer proportionalen Stichprobe.

Handelt es sich um eine endliche Grundgesamtheit und wissen wir nichts über die Grundgesamtheit, so entnehmen wir eine zufällige Stichprobe ohne Zurücklegen. Als Mittelwert finden wir wieder

$$\bar{y}_o = \frac{1}{n}\ \Sigma y_i\quad,$$

jedoch ist die Varianz jetzt, da die Beobachtungen nicht unabhängig sind,

$$V(\bar{Y}_o) = \frac{N-n}{N-1}\ \frac{\sigma^2}{n}\quad.$$

Dabei ist N der Umfang der Grundgesamtheit, n der Umfang der Stichprobe und σ^2 die Varianz in der Grundgesamtheit. Hätten wir dagegen die Stichprobe nach dem rein zufälligen Schema entnommen, so erhielten wir als Varianz:

$$V(\bar{Y}_r) = \frac{\sigma^2}{n} .$$

Also ist die zufällige Stichprobe ohne Zurücklegen besser als die rein zufällige Stichprobe mit Zurücklegen. Ist jedoch N sehr groß im Vergleich zu n, so ist der Unterschied dieser beiden Stichprobenschemata minimal. Als Schätzwert für den Mittelwert einer geschichteten Stichprobe aus einer endlichen Grundgesamtheit benutzt man

$$\bar{y}_g = \sum_{i=1}^{L} \frac{N_i}{N} \bar{y}_i ,$$

wobei N_i der Umfang der i-ten Schicht und $\bar{y}_i$ der Mittelwert der Stichprobe aus der i-ten Schicht ist.

Werden die Stichproben aus den einzelnen Schichten zufällig, ohne Zurücklegen, entnommen, so erhält man als Varianz:

$$V(\bar{Y}_g) = \sum_{i=1}^{L} \left(\frac{N_i}{N}\right)^2 V(\bar{Y}_i) = \sum_{i=1}^{L} \left(\frac{N_i}{N}\right)^2 \frac{N_i - n_i}{N_i - 1} \frac{\sigma_i^2}{n_i}$$

mit σ_i^2 als Varianz in der i-ten Schicht.

Im Falle einer proportionalen Stichprobe gilt jetzt

$$\frac{N_i}{n_i} = \frac{N}{n} \qquad (i=1,\ldots,L)$$

und

$$V_{prop}(\bar{Y}_g) = \frac{N-n}{n} \sum_{i=1}^{L} \left(\frac{N_i}{N}\right)^2 \frac{\sigma_i^2}{N_i - 1} .$$

Setzt man $N-1 \approx N$ und $N_i - 1 \approx N_i$, so kann gezeigt werden, daß

$$V(\bar{Y}_o) > V_{prop}(\bar{Y}_g) \quad \text{falls} \quad \sum_{i=1}^{L} N_i (\mu_i^2 - \mu^2) > 0 ,$$

wobei μ_i der Mittelwert der i-ten Schicht und μ der Gesamtmittelwert ist. Verursacht die Erhebung in den verschiedenen Schichten verschieden hohe Kosten pro Einheit, so wird man $n_1,\ldots,n_k$ so wählen, daß $V(\bar{Y}_g)$ ein Minimum wird bei gegebenen Kosten. Bezeichnen wir die Kosten je Einheit in der i-ten Schicht mit c_i und die Gesamtkosten, die einzuhalten sind, mit C, so gilt für den zu wählenden Stichprobenumfang n_i der i-ten Schicht

$$n_i = C \frac{p_i \sigma_i}{\Sigma p_i \sigma_i \sqrt{c_i \frac{N_i}{N_i-1}}} \sqrt{\frac{N_i}{N_i-1}} \frac{1}{\sqrt{c_i}}$$

und dies ist, wenn man $N_i = N_i-1$ setzen darf

$$n_i = C \frac{N_i \sigma_i}{\Sigma N_i \sigma_i \sqrt{c_i}} \frac{1}{\sqrt{c_i}} \quad .$$

Hierbei ist wieder N_i der Umfang der i-ten Schicht.

Wir sind bisher davon ausgegangen, daß der Zweck unserer Untersuchung war, den Mittelwert μ der gesamten Verteilung zu schätzen. Will man dagegen den Unterschied zwischen den einzelnen Schichten analysieren, so wird man im allgemeinen weder die proportionale noch die "optimale" Stichprobe verwenden.

Beispiel: Es ist eine Aussage zu treffen über den Unterschied der Mittelwerte zweier Normalverteilungen mit bekannten Varianzen σ_1^2 und σ_2^2. Dann findet man als günstigste Aufteilung der Stichprobe vom Umfang n auf die beiden Schichten

$$n_i = n \frac{\sigma_i}{\sigma_1 + \sigma_2} \qquad i=1,2 \quad .$$

Diese Aufteilung hängt nicht von dem Anteil der beiden Schichten an der Grundgesamtheit ab.

Hier seien noch einige weitere Stichprobenpläne angeführt.

<u>Klumpenstichprobe</u> (cluster sampling)

In diesem Fall bestehen die Stichprobenelemente aus Teilmengen der Grundgesamtheit. (Z.B. Grundgesamtheit: Die Apfelsinen in einem Güterzug. Die Teilmengen, die dann als Stichprobenelemente auftreten können, sind dann z.B. die einzelnen Waggons.) Der Vorteil eines solchen Stichprobenplans liegt hauptsächlich in einer Verringerung der Kosten und dem Vorteil, daß nicht jedes Element der Grundgesamtheit erfaßt sein muß.

<u>Mehrstufige Stichprobe</u> (multi-stage sampling)

Hierbei wird der Grundgesamtheit zuerst eine Stichprobe entnommen, deren Elemente aus Teilmengen der Grundgesamtheit bestehen und aus diesen Teilmengen werden dann jeweils nochmals Stichproben entnommen. (Z.B. ein 2-stufiger Plan: Grundgesamtheit alle Apfelsinen in einem Güterzug. Auf der ersten Stufe werden einzelne Waggons ausgewählt. Auf der zweiten Stufe entnimmt man dann den ausgewählten Waggons einzelne Apfelsinen.)

ED_{50}-Schätzung

H.J. Jesdinsky

Möchte man die kleinste Dosis einer Substanz, die bei einem Tier imstande ist, eine bestimmte Reaktion auszulösen, bestimmen, so könnte man folgendermaßen vorgehen: Man legt dem Tier eine Infusion an und stoppt diese, wenn die Reaktion eintritt: Die eingelaufene Substanzmenge stellt für dieses Tier dann die Schwellendosis dar (sog. direct assay). Dieses Verfahren wird z.B. zur biologischen Standardisierung von Herzglykosiden an Katzen verwendet - die Reaktion ist hierbei der systolische Herzstillstand.

Oft ist es aber nicht möglich, die Reaktion während der noch andauernden Einverleibung der Substanz zu beobachten. Man greift dann meist zu folgender Methode, um die Verteilung der Schwellendosen zu ermitteln ("quantal response"):

n_i Tieren wird eine Dosis x_i verabreicht ($i = 1,\ldots,k$; $x_1 < x_2 < \ldots < x_k$), wobei jeweils r_i Tiere reagieren mögen ($0 \leq r_i \leq n_i$). Offenbar stellt der Anteil r_i/n_i der reagierenden Tiere eine Schätzung für den Wert der Verteilungsfunktion $P(X \leq x_i)$ an der Stelle x_i dar, denn die bei der Dosis x_i reagierenden Tiere haben eine Schwellendosis $\leq x_i$.

Die Wahl des Schätzverfahrens für den Median, im Zusammenhang mit Schwellendosisuntersuchungen zumeist ED_{50} ("effective dose" für 50% der Population) oder LD_{50} ("lethal dose"... bei Toxizitätsversuchen) genannt, hängt von den Annahmen ab, die man über die Schwellendosisverteilung macht. Setzt man voraus, daß diese Verteilung (nach logarithmischer Transformation der Dosiswerte) symmetrisch ist, also mit a dem Logarithmus einer Dosis und $\mu = E(X)$

$$F(\mu + a) = 1 - F(\mu - a)$$

gilt, so folgt für $a = 0$

$$F(\mu) = \frac{1}{2},$$

d.h. der Median ist in diesem Falle (symmetrische Verteilung) gleich dem Erwartungswert. Im folgenden sei unter x_i der Logarithmus der i-ten Dosis verstanden.

Ein Verfahren für die Schätzung des Erwartungswerts stellt die ED_{50}-Bestimmung nach <u>Spearman-Kärber</u> dar. Man verwendet meist einen bestimmten Versuchsplan: Der niedrigste in die Berechnung einbezogene Dosenlogarithmus x_i sollte zu einer Dosis gehören, bei der kein Tier reagiert, der höchste x_k zu einer Dosis, bei der alle Tiere reagieren. Die verwendeten Tieranzahlen $n_i (i=1,\ldots,k)$ sollten etwa gleich und die Dosen "logarithmisch äquidistant" sein

$$x_{i+1} - x_i = d = \text{const.} \quad (i=1,\ldots,k-1). \tag{1}$$

Eine brauchbare Näherung für den Erwartungswert ergibt

$$M = \sum_i x_i \, P(X = x_i).$$

Nun sind aber $P(X = x_i)$ nicht bekannt, sondern es liegen mit den Werten r_i/n_i nur Schätzungen für $P(X \leq x_i)$ vor. Setzt man

$$x'_i = \frac{1}{2}(x_{i+1} + x_i) \quad (i=1,\ldots,k-1) \tag{2}$$

und berücksichtigt, daß sich die $P(X = x'_i)$ angenähert durch $P(X \leq x_{i+1}) - P(X \leq x_i)$ ausdrücken lassen, so erhält man mit $M' = \sum x'_i \, P(X \leq x'_i)$ eine ebenso plausible Näherung wie M, die jedoch den Vorteil hat, daß $P(X = x'_i)$ durch

$$\hat{p}_i = \frac{r_{i+1}}{n_{i+1}} - \frac{r_i}{n_i} \tag{3}$$

geschätzt werden kann. Durch Einsetzen von (2) und (3) ergibt sich

$$M' = \frac{1}{2} \sum_{i=1}^{k-1}(x_{i+1} + x_i)\left(\frac{r_{i+1}}{n_{i+1}} - \frac{r_i}{n_i}\right).$$

Bei logarithmisch äquidistanten Dosen hat man wegen (1)

$$M' = \sum_{i=1}^{k-1}\left(x_i + \frac{d}{2}\right)\left(\frac{r_{i+1}}{n_{i+1}} - \frac{r_i}{n_i}\right)$$

und kann als Schätzwert der Varianz von M'

$$\hat{V}(M') = d^2 \sum_{i=1}^{k-1} \frac{\hat{p}_i(1-\hat{p}_i)}{n_i - 1}$$

verwenden.

Vorteile der Spearman-Kärber-Methode sind die einfache Auswertung und die schwachen Voraussetzungen (es handelt sich um ein "nichtparametrisches" Verfahren). Ein Nachteil besteht darin, daß man Versuche mit Dosen über den gesamten Wirkungsbereich benötigt, insbesondere solche Dosen, die bei keinem Tier und die bei allen Tieren die Reaktion auslösen.

Das zweite Verfahren, das hier nur angedeutet werden soll, die
<u>Probitanalyse</u>, setzt eine Normalverteilung $N(\mu,\sigma^2)$ für die Schwellendosen bzw. deren Logarithmen, sowie Binomialverteilungen $B(n_i, p_i)$
für die r_i voraus ($i = 1,...,k$). Die mathematischen Grundlagen des Verfahrens, das die Maximum-Likelihood-Methode verwendet, findet man in
dem Standardwerk von Finney; sie sollen hier übergangen werden.
Die zugrunde liegende Idee ist folgende: Man denkt sich durch Punkte
(p_i, x_i), die in das Wahrscheinlichkeitspapier eingetragen sind, die
beste Gerade mit Hilfe der Regressionsrechnung gelegt. Hierbei werden
die zu "Probits" transformierten p_i mit den Reziproken der geschätzten Varianzen der p_i gewichtet. Die Schwierigkeit besteht darin, daß
die wahren p_i unbekannt sind und durch r_i/n_i nur geschätzt werden
können. Daher sind die Varianzen der p_i ebenfalls nicht genau zu bestimmen. Die auf der so gewonnenen 1. Geraden liegenden Schätzungen
$p_i^{(1)}$ benutzt man zur Gewinnung neuer Gewichte, womit nach einer weiteren Rechnung die Größen $p_i^{(2)}$ erhalten werden usf. Man verwendet also
ein iteratives Verfahren. Finney hat ausführliche Tabellen für die
Bestimmung günstiger Probitwerte, mit denen die Rechnung weiterläuft
('working probits') und deren Gewichte aufgestellt, bei deren Benutzung man meist nur 2 Zyklen benötigt, um brauchbare Näherungen der
Schätzungen für μ, σ und $V(\hat{\mu})$ zu erhalten. Es wird dann ein χ^2-Anpassungstest der empirischen Werte an die letzte 'Probitgerade' angeschlossen. Trotz dieser Rechenerleichterungen ist die Probitanalyse
vor dem Computer-Zeitalter ein selten angewendetes Verfahren geblieben. Sehr populär wurden hingegen graphische Verfahren, besonders das
von Miller und Tainter, sowie das von Litchfield und Wilcoxon, die
zu der nach Augenmaß zu zeichnenden Probitgeraden und den daraus
resultierenden Schätzungen für μ und σ über zusätzliche Nomogramme
die Bestimmung von Vertrauensgrenzen für μ und einen χ^2 - Anpassungstest gestatten. Diese Verfahren sind insbesondere bei spärlichem
Material ('poor data') manchmal irreführend und sollten nicht mehr
verwendet werden.

Der Vorteil der Probitanalyse liegt darin, daß kein bestimmter Versuchsplan eingehalten werden muß. Extreme Dosen mit Reaktionsanteilen
nahe 0% oder 100% sind nicht notwendig, sie sind nicht einmal erwünscht, da sie nur sehr gering gewichtet werden und die Genauigkeit
von $\hat{\mu}$ nur wenig erhöhen. Wenn nur wenige Versuche mit Dosen nahe der
tatsächlichen ED_{50} vorkommen, ist das Erfülltsein der Voraussetzungen
der Probitanalyse allerdings sehr wichtig. Im allgemeinen werden die
Voraussetzungen bei pharmakologischen, toxikologischen und sinnesphysiologischen Untersuchungen als zutreffend angesehen. Bei einem

signifikanten χ^2-Wert im Anpassungstest nimmt man an, daß Blockeffekte (Versuchstage, Tierchargen), die im Modell nicht enthalten sind, sich störend ausgewirkt haben, und sucht diese durch eine Korrektur an den Vertrauensgrenzen für µ ('correction for heterogeneity') zu berücksichtigen.

Rechenanweisungen für die Probitanalyse sind in leicht faßlicher Form in dem Buch von L. Cavalli-Sforza enthalten.

Die beiden erwähnten Verfahren stellen nur einen Ausschnitt aus einer Vielzahl statistischer Methoden zur Schätzung des Medians eines Merkmals dar, das empirisch nur indirekt über seine Verteilungsfunktion zugänglich ist.

Literatur:

Cavalli-Sforza, L.: Grundbegriffe der Biometrie.
    G. Fischer, Stuttgart 1964.
Finney, D.J.: Probit Analysis. 2. Aufl., Cambridge University Press,
    Cambridge 1962.
Litchfield, J.T. and F. Wilcoxon: A simplified method of evaluating
    dose-effect experiments. J. Pharmacol. 95, 99-113 (1949).
Miller, L.C. and M.L. Tainter: Estimation of the ED_{50} and its error
    by means of logarithmic-probit graph paper. Proc. Soc. Exp. Biol.,
    N.Y. 57, 261-264 (1944).

Die Sterbetafelmethode

E. Walter

In einer Sterbetafel geht man im allgemeinen von einer Gesamtheit von 1oo ooo Lebendgeborenen aus. l_x gibt die Anzahl der Lebendgeborenen dieser Gesamtheit, die den x-ten Geburtstag erleben, an. Es ist also l_0 = 1oo ooo.

$d_x = l_x - l_{x+1}$ ist die Anzahl der im Alter x Gestorbenen.

$q_x = \dfrac{d_x}{l_x}$ ist die Wahrscheinlichkeit eines genau x-Jährigen im x-ten Lebensjahr zu sterben,

$1-q_x = p_x$ die Wahrscheinlichkeit eines genau x-Jährigen, den (x+1)-ten Geburtstag zu erleben.

Ist der Todeszeitpunkt im Laufe des Jahres gleichverteilt, dann ist

$$e_x = \frac{0,5\,d_x + 1,5\,d_{x+1} + 2,5\,d_{x+2} + \cdots}{l_x} = \frac{0,5\,l_x + l_{x+1} + l_{x+2} + \cdots}{l_x}$$

$$= \frac{\sum_{\nu=1}^{\infty} l_{x+\nu}}{l_x} + \frac{1}{2}$$

der Erwartungswert der noch zu lebenden Jahre, die mittlere Lebenserwartung eines x-Jährigen.

Aus der folgenden Sterbetafel ist zu entnehmen, daß e_0 für Männer 66,86 Jahre beträgt.

Dagegen leben von 1oo ooo neugeborenen Knaben nach 71,6 Jahren gerade noch 5o ooo. Dies entspricht dem Median der Verteilung des Todesalters. Für Frauen beträgt die mittlere Lebenserwartung 72,4 und der Median 77,o Jahre.

In ähnlicher Weise kann man Sterbetafeln für Tierarten und für Überlebensdauern nach schweren Erkrankungen aufstellen. Manchmal wird auch ein Sterbegesetz für die Tafel angenommen, z.B. die Exponentialverteilung als einfachstes Gesetz oder das Gompertz-Makeham'sche Gesetz. Diesen Fall wollen wir im folgenden nicht behandeln.

Auszug aus der Sterbetafel 1960-62 Männer

x	l_x	d_x	q_x	p_x	e_x
0	100 000	3533	0,03533	0,96467	66,86
1	96 467	223	0,00231	0,99769	68,31
2	96 244	135	0,00140	0,99860	67,46
.	.	.	.	.	.
10	95 620	43	0,00045	0,99955	59,88
20	94 812	175	0,00185	0,99815	50,34
30	93 166	158	0,00170	0,99830	41,14
40	91 218	269	0,00295	0,99705	31,91
50	87 230	645	0,00739	0,99261	23,10
60	76 652	1689	0,02204	0,97796	15,49
70	54 461	2770	0,05087	0,94913	9,60
80	24 156	2970	0,12297	0,87703	5,24
90	3 092	863	0,27921	0,72079	2,69
100	38	16	0,42543	0,57457	1,79

Die Bestimmung der Werte kann mit Hilfe der Kohortenmethode erfolgen, bei der eine Gruppe von Geborenen bis zu ihrem Tode verfolgt wird. Für die menschliche Sterbetafel ist diese Methode nicht anwendbar. Man geht in der Weise vor, daß eine Gruppe von x-Jährigen ein Jahr lang beobachtet wird. Bezeichnen wir die Anzahl der in dieser Zeit Gestorbenen mit D_x, die Anzahl der x-Jährigen mit N_x und berücksichtigt man, daß die x-Jährigen im Mittel x+0,5 Jahre alt sind, so ergibt sich als Schätzwert für die einjährigen Sterbewahrscheinlichkeiten

$$\hat{q}_{x+0,5} = D_x/N_x .$$

Außerdem ist zu beachten, daß A_x x-Jährige auswandern und E_x dazukommen werden. Wenn man vereinfachend annimmt, daß diese im Mittel in der Hälfte der Zeit beobachtet werden, ergibt sich eine verbesserte Schätzung mit

$$\hat{q}_{x+0,5} = \frac{D_x}{N_x + (E_x - A_x)/2} .$$

In der ärztlichen Praxis ergibt sich das Problem, nach Beginn der Behandlung (z.B. Operation) die mittlere Lebenserwartung oder die Wahrscheinlichkeit, 5 Jahre zu überleben, zu bestimmen. Hier werden die Patienten nach Möglichkeit bis zu ihrem Ableben beobachtet. Bei einer Untersuchung des Materials zeigt sich aber meist, daß ein Teil der Patienten aus anderen Gründen z.B. Verkehrsunfall oder Wegzug vorzeitiger ausgeschieden ist und ein weiterer Anteil noch lebt. Zudem ist der Beginn der Zeit, in der die Patienten beobachtet werden, von Patient zu Patient verschieden. Bei der Untersuchung eines derartigen Materials teilt man die Zeit nach den Beginn der Behandlung in Perioden z.B. Jahre ein. Bezeichnen wir mit

N_0 die Anzahl der Patienten zu Beginn der Behandlung,

A_0 die Patienten, die in der 1. Periode weggezogen oder an Ursachen, die nichts mit der Krankheit zu tun haben, gestorben sind,

D_0 die Anzahl der in der ersten Periode auf Grund der Erkrankung Gestorbenen und

C_0 die Anzahl der Patienten, die noch leben, aber das Ende der ersten Periode noch nicht erreicht haben,

dann ergibt sich als Schätzwert für die Sterbenswahrscheinlichkeit in der ersten Periode

$$\hat{q}_0 = \frac{D_0}{N_0 - \frac{1}{2}(A_0 + C_0)} .$$

N_1 sei entsprechend die Anzahl der Patienten, die die erste Periode überlebt haben, D_1 die in der zweiten Periode Gestorbenen usw. Dann erhält man in gleicher Weise einen Schätzwert für q_1. Aus diesen Zahlen können wir p_x, l_x und d_x bestimmen. x bedeutet hier die Anzahl der Perioden (Jahre) nach Beginn der Behandlung. - Die Wahrscheinlichkeit, nach k Jahren noch zu leben, ist $p_0 p_1 \ldots p_{k-1}$.

Die mittlere Lebenserwartung ist dann

$$e = p_0 + p_1 + \ldots + \frac{1}{2} .$$

Sie ist im allgemeinen sehr unsicher, da die höheren Lebensalter meist nur wenig besetzt sind. Die Standardabweichungen dieser Schätzungen sind schwierig zu bestimmen. Neuere Untersuchungen wurden von Chiang zusammengestellt.

Literatur:
Chiang, C.L.: Introduction to Stochastic Processes in Biostatistics. Wiley, N.Y. (1968).

Varianzanalyse und Versuchsplanung
Einführung in die Versuchsplanung

H.-J. Jesdinsky

In der medizinischen Forschung werden - wie überhaupt in den empirischen Wissenschaften - Merkmale von Beobachtungsobjekten betrachtet. Man sucht Beziehungen zwischen diesen Merkmalen zu erkennen oder den Einfluß meßbarer Größen bzw. experimentell gesetzter Veränderungen auf ein bestimmtes Merkmal, die sog. Zielgröße, quantitativ zu erfassen.

Oft ist unter den Einflußgrößen eine vorrangig, z.B. die Größe "Behandlungsverfahren" in einer klinisch-therapeutischen Untersuchung. Es ist aber von vornherein nicht sicher, ob nicht auch andere Faktoren, etwa das Krankheitsstadium, das Alter oder die Krankheitsdauer, einen nicht zu vernachlässigenden Einfluß auf das als Zielgröße dienende Erfolgskriterium haben. Als solches kann bei einem Patienten mit chronischer Polyarthritis etwa die Zunahme der Faustschlußkraft angesehen werden. Die Versuchsplanung befaßt sich damit, solche Anordnungen der Einflußgrößen zu wählen, die eine getrennte Beurteilung verschiedener Einflüsse erlauben.

Einige Möglichkeiten der Versuchsplanung seien an dem obigen Beispiel gezeigt. Es seien 4 Therapieformen A,B,C,D vorgesehen, je 4 Patienten sollen eine der Behandlungen erhalten. Um eine bevorzugte Zuteilung gewisser Krankheitsstadien zu einer Behandlung zu vermeiden, wird man die Patienten den Behandlungen streng zufällig zuteilen (Methoden zur Verwirklichung einer Zufallszuteilung sollen hier nicht erläutert werden). Man erhält so z.B. folgende Anordnung (die Patienten seien numeriert, hinter den Nummern steht die zugeordnete Behandlung):

$$
\begin{array}{llll}
1\ C & 2\ A & 3\ C & 4\ B \\
5\ B & 6\ D & 7\ D & 8\ D \\
9\ C & 10\ B & 11\ A & 12\ C \\
13\ B & 14\ A & 15\ A & 16\ D
\end{array}
\qquad (1)
$$

Diesen Versuchsplan mit zufälliger Zuordnung der Verfahren zu den Versuchseinheiten (completely randomized design) wird man dann wählen, wenn man die sonstigen Einflußgrößen nicht genau kennt oder nur schwer messen kann. Es ist einleuchtend, daß die Möglichkeiten, etwa zwischen Behandlung A und D Unterschiede festzustellen, durch eine sehr verschiedene Ausprägung der Erkrankung bei den Fällen Nr. 2,11,14 und 15 sowie auch bei Nr. 6,7,8 und 16 stark eingeschränkt sein können.

Ein Weg, Unterschiede zwischen den Behandlungen genauer beurteilen zu können, ist die Zusammenfassung einander ähnlicher Versuchseinheiten zu "Blöcken" und die zufällige Zuteilung der Behandlungen innerhalb jedes Blocks (randomized block design). Für unser Beispiel sei vorausgesetzt, daß die "Zeilen" des oben angegebenen Schemas solche Blöcke darstellen, etwa

```
1. Zeile Anamnesedauer bis zu 1/2 Jahr
2.   "        "        über 1/2 bis zu 2 Jahren
3.   "        "         "   2   "  " 10    "
4.   "        "         "  10 Jahre    .
```

Jetzt wird man nicht mehr die obige Anordnung wählen, sondern in jedem Block jede Behandlung genau einmal vorkommen lassen. Nach einem Zufallsschema erhält man z.B.:

```
 1 A     2 B     3 C     4 D
 5 D     6 A     7 B     8 C                (2)
 9 B    10 A    11 D    12 C
13 D    14 B    15 A    16 C  .
```

Man wird bei den Patienten des 4. Blocks insgesamt geringere Behandlungserfolge erwarten. Der Unterschied zwischen zwei Behandlungen, z.B. zwischen D und A, kann aber doch dem betreffenden Unterschied in den anderen Blöcken entsprechen. Mit geeigneten statistischen Verfahren ist es dann möglich, den Unterschied zwischen zwei Verfahren mit Plan (2) genauer zu beurteilen als mit Plan (1) - dies gilt verständlicherweise nur dann, wenn die Anamnesedauer auf den Therapieerfolg Einfluß hat.

Betrachtet man rückblickend Plan (1), so ist zu erkennen, daß die völlig zufällige Zuteilung einen gewissen Ausgleich hinsichtlich der Belegung der Blöcke mit den verschiedenen Behandlungen herbeizuführen vermochte. Auf diese Auswirkung der vollkommen zufälligen Zuteilung kann man in den Fällen vertrauen, in denen Informationen für eine Blockbildung, die man auch Schichtung nennt, fehlen. Andererseits wird klar, welche verhängnisvolle Auswirkung eine nicht zufällige Zuteilung der Behandlungen zu den Versuchseinheiten haben kann, wenn man den folgenden "Plan" prüft:

```
       1 A    2 A    3 A    4 A
       5 B    6 B    7 B    8 B
       9 C   10 C   11 C   12 C
      13 D   14 D   15 D   16 D
```

Unterschiede, die sich bei dieser Anordnung zwischen zwei Verfahren ergeben, können ebenso auf Unterschiede zwischen zwei Blöcken wie auf Unterschiede zwischen den Verfahren zurückgeführt werden. Man sagt in diesem Fall, die Verfahren seien mit den Blockeffekten völlig "vermengt". Ein wichtiges Ziel der Versuchsplanung ist es, solches Vermengen von Einflußfaktoren zu vermeiden oder absichtlich unwichtige Einflußgrößen zu vermengen, die wesentlichen Einflußfaktoren jedoch isoliert zu betrachten.

Nehmen wir an, in unserem Schema habe auch die Einteilung nach den "Spalten" eine Bedeutung, etwa

   Spalte 1   geringe klinische Aktivität
     "   2   mittelschweres Krankheitsbild
     "   3   schwerer Verlauf ohne viszerale Beteiligung
     "   4   "   "   mit viszeraler Beteiligung

Man wird jetzt auch diese zweite Möglichkeit der Blockbildung bei der Zuteilung der Behandlungsverfahren zu berücksichtigen suchen *). Dies erreicht man, indem man in jeder Zeile und in jeder Spalte jede Behandlung genau einmal vorkommen läßt.

Folgende Anordnung erfüllt z.B. die gestellte Bedingung:

```
       1 B    2 D    3 A    4 C
       5 A    6 B    7 C    8 D                           (3)
       9 C   10 A   11 D   12 B
      13 D   14 C   15 B   16 A  .
```

---

*) Es sei hier vorausgesetzt, daß die Kombinationen der 4 Stufen in den beiden Einteilungen nach Anamnesedauer und Schweregrad jede genau einmal vorkommen; gegebenenfalls muß man geeignete Fälle aus einem größeren Patientengut auswählen. Hierin erkennt man zugleich gewisse Grenzen der Versuchsplanung, die besonders in der klinischen Medizin bestehen.

Es gibt viele Möglichkeiten für solche Anordnungen, die man auch
lateinische Quadrate nennt (wegen der meist mit lateinischen Buchstaben bezeichneten Verfahren). Um auch im Fall der zweifachen
Blockbildung noch eine möglichst zufällige Zuteilung der Verfahren
zu den Versuchseinheiten zu gewährleisten, kann man aus Tabellen
ein sog. "Standardquadrat"*) entnehmen und darin Zeilen, Spalten
und Verfahren nach einem Zufallsschema umordnen.

Bisher wurden Verfahren zur Eliminierung von Störgrößen durch Blockbildung an einem einfachen Beispiel erläutert. Diese können auch
auf verwickeltere Fälle ausgedehnt werden. Einen weiteren Aspekt
der Versuchsplanung gewinnt man beim Betrachten mehrerer Einflußgrößen, die für gleich bedeutsam gehalten werden und sich nicht notwendig unabhängig voneinander auf die Zielgröße auswirken. Die
klassische Experimentiervorschrift "Verändere nur einen Faktor bei
Konstanthaltung aller anderen Bedingungen" führt zu einer großen
Zahl von Einzelexperimenten. Eine gemeinsame Auswertung von Experimenten mit Kombinationen aller Stufen mehrerer Behandlungsverfahren ist oft vorzuziehen; der gesamte Stichprobenumfang kann dabei
häufig kleiner gehalten werden. Betrachten wir ein Beispiel: Die
Auswirkung von nach verschiedenen Methoden gewonnenen Antigenen und
verschieden langen Einwirkungsdauern auf ein histologisches Merkmal
bei sensibilisierten Ratten soll untersucht werden (z.B. experimentelle Nephritis). Als Zahlenbeispiel diene folgende Mittelwertstabelle
(als Merkmal möge die mittlere Kerngröße in den tubuli recti dienen):

		Einwirkungsdauer (Tage)				alle Dauern
		2	3	5	8	
	1	80	90	120	130	105
Antigene	2	70	80	80	70	75
	3	75	70	70	100	79
alle Antigene		75	80	90	100	86

---

*) Bei Standardquadraten sind die Buchstaben in der 1. Zeile und
in der 1. Spalte in der natürlichen Reihenfolge angeordnet (s. Fisher,
R.A. and F. Yates, Statistical tables. Edinburgh 1963, S. 86 ff)

In der unteren Zeile erkennt man den Effekt der Einwirkungsdauern, wenn über alle Antigene gemittelt wird, in der rechten Spalte den Einfluß der Antigene, wenn über die Dauern gemittelt wird. Den unterschiedlichen Effekt der Antigene bei den verschiedenen Einwirkungsdauern ersieht man aus den 12 Werten in der Tabelle. Man spricht auch von der "Nichtadditivität" oder "Wechselwirkung" der beiden Faktoren "Antigene" und "Einwirkungsdauer". Die Versuchsplanung sieht ihre Aufgabe wieder darin, für eine zufällige Zuteilung der 12 Verfahren zu den Versuchseinheiten zu sorgen. Gegebenenfalls lassen sich Blöcke einander ähnlicher Versuchseinheiten zusammenstellen, innerhalb deren die Verfahren zufällig zugeteilt werden. Enthalten diese Blöcke weniger Versuchseinheiten, als Verfahren vorgesehen sind, z.B. nur 6 statt der benötigten 12 (6 Tiere desselben Wurfs als Block), so gibt es Schemata, um jeweils 6 Verfahren aus den 12 herauszusuchen, die dann einem Block zugeteilt werden. Gewöhnlich macht man dabei von dem oben erwähnten Vermengen unwesentlicherer Einflüsse mit den Blockeffekten Gebrauch.

Die Arbeitsweisen und Ziele der Versuchsplanung lassen sich in 3 Punkten zusammenfassen:

1. Wiederholung

Die wiederholte Anwendung eines Verfahrens ist notwendig, um ein Maß für die Variabilität des Beobachtungsmerkmals unter äußerlich gleichen experimentellen Bedingungen zu gewinnen. Ohne Kenntnis der Variabilität können Mittelwertunterschiede nicht daraufhin beurteilt werden, ob sie durch Zufall bedingt sein können.

2. Zufällige Zuteilung

Diese sorgt dafür, daß sich den zu beurteilenden Faktoren keine anderen Effekte überlagern und systematische Fehler vermieden werden.

3. Blockbildung

Durch Zusammenfassung mehrerer einander ähnlicher Versuchseinheiten, sog. Blöcken, kann die Variabilität reduziert werden.

Varianzanalyse: Einfachklassifikation

R. Roßner

Wir betrachten eine Reihe von Meßwerten (Beobachtungswerten), die nach einem qualitativen Merkmal klassifiziert sind. Man stelle sich etwa vor, daß bei einem Experiment mit homogenen Versuchseinheiten diese Versuchseinheiten <u>zufällig</u> den Gruppen zugeteilt worden sind. Es werden z.B. möglichst gleichartige Tiere in Gruppen eingeteilt. Jede Gruppe wird einer anderen Behandlung unterworfen und danach ein Merkmal an den Tieren gemessen, z.B. die Konzentration eines Enzyms. Von diesen Beobachtungen nehmen wir an, daß sie Realisierungen von zufälligen Größen sind, deren Mittelwert von der Gruppe (Behandlung) abhängt.

$$Y_{ij} = \mu_i + \varepsilon_{ij}$$

sei die j-te Beobachtung der i-ten Gruppe, ε_{ij} seien unabhängige Zufallsvariable mit

$$E(\varepsilon_{ij}) = 0 \; ; \; V(\varepsilon_{ij}) = \sigma_\varepsilon^2 \; .$$

Daraus folgt

$$E(Y_{ij}) = \mu_i \; .$$

Wir nehmen an, daß in allen Gruppen die Anzahl der Beobachtungen gleich ist.

    i Gruppenindex;   j Index innerhalb der Gruppe
    i = 1,...,I;   j = 1,...,J;

Aus praktischen Gründen wird eine Umnormierung der Erwartungswerte in den Gruppen vorgenommen:

$$\text{Def.:} \; \mu = \frac{1}{I} \sum_{i=1}^{I} \mu_i \; ; \; \tau_i = \mu_i - \mu$$

Hieraus folgt: $\sum_i \tau_i = 0$. τ_i = Abweichung des Erwartungswertes in der i-ten Gruppe vom Mittel der Erwartungswerte aller Gruppen.

Wir erhalten dann die Modellgleichung

$$Y_{ij} = \mu + \tau_i + \varepsilon_{ij} \; .$$

Gesucht sind jetzt Schätzungen für $\mu, \tau_i, \sigma_\epsilon^2$: $\hat{\mu}, \hat{\tau}_i, \hat{\sigma}_\epsilon^2$.

Für μ und τ_i erhält man nach der Methode der kleinsten Quadrate

$$\sum_{i}\sum_{j}(Y_{ij} - \mu - \tau_i)^2 \overset{!}{=} \text{Min}$$

die Schätzwerte

$$\hat{\mu} = \frac{\sum_{i}\sum_{j} Y_{ij}}{IJ} = \frac{Y_{..}}{IJ} \quad \text{und} \quad \hat{\tau}_i = \frac{1}{J} Y_{i.} - \hat{\mu} = \frac{1}{J} Y_{i.} - \frac{Y_{..}}{IJ} \quad \text{mit}$$

$$Y_{i.} = \sum_{j=1}^{J} Y_{ij} \ .$$

Schätzwert für σ_ϵ^2

Ein Schätzwert für σ_ϵ^2 wird sich ergeben, wenn wir das ausgeführt haben, was dem Verfahren Varianzanalyse den Namen gegeben hat, nämlich eine Zerlegung der "Streuung" in einzelne Anteile. Wir gehen von der Gesamtsumme über die Abweichungsquadrate vom Mittelwert aus.

$$\sum_{i}\sum_{j}(Y_{ij} - \frac{1}{IJ} Y_{..})^2 = \sum_{i}\sum_{j} Y_{ij}^2 - 2\sum_{i}\sum_{j} Y_{ij} \frac{1}{IJ} Y_{..} + \frac{1}{IJ} Y_{..}^2 = \sum_{i}\sum_{j} Y_{ij}^2 - \frac{Y_{..}^2}{IJ}$$

$$= \sum_{i}\sum_{j} Y_{ij}^2 - \sum_{i} \frac{Y_{i.}^2}{J} + \sum_{i} \frac{Y_{i.}^2}{J} - \frac{Y_{..}^2}{IJ} \ ;$$

$$\sum_{i}\sum_{j} Y_{ij}^2 = IJ(\frac{Y_{..}}{IJ})^2 + J\sum_{i}(\frac{Y_{i.}}{J} - \frac{Y_{..}}{IJ})^2 + \sum_{i}\sum_{j}(Y_{ij} - \frac{Y_{i.}}{J})^2 =$$

$$= IJ\hat{\mu}^2 + J\sum_{i} \hat{\tau}_i^2 + \sum_{i}\sum_{j}(Y_{ij} - (\hat{\mu} + \hat{\tau}_i))^2$$

Wir haben die Quadratsumme additiv in Anteile zerlegt, welche offensichtlich mit den jeweiligen Parametern aus der Modellgleichung in Zusammenhang stehen. Dies wird üblicherweise in folgender Tabelle zusammengefaßt:

Varianzanalysen - Tabelle

Ursache	SQ	SQ zum Rechnen	FG	MQ = $\frac{SQ}{FG}$
Mittelwert	$IJ(\frac{Y_{..}}{IJ})^2$	$\frac{Y_{..}^2}{IJ}$	1	MQ_μ
Behandlung	$J \sum_i (\frac{Y_{i.}}{J} - \frac{Y_{..}}{IJ})^2$	$\sum_i \frac{Y_{i.}^2}{J} - \frac{Y_{..}^2}{IJ}$	$I-1$	MQ_τ
Versuchsfehler	$\sum\sum_{ij}(Y_{ij} - \frac{Y_{i.}}{J})^2$	$\sum\sum_{ij} Y_{ij}^2 - \sum_i \frac{Y_{i.}^2}{J}$	$I(J-1)$	MQ_ε
Gesamt	$\sum\sum_{ij} Y_{ij}^2$		IJ	

Die Abkürzungen bedeuten:

SQ = Summe der Quadrate

MQ = Mittlere Quadrate

FG = Freiheitsgrade

Man kann zeigen, daß

$$E(MQ_\mu) = IJ\mu^2 + \sigma_\varepsilon^2$$

$$E(MQ_\tau) = \frac{J\sum_i \tau_i^2}{I-1} + \sigma_\varepsilon^2 \quad ; \quad E(MQ_\varepsilon) = \sigma_\varepsilon^2 \quad \text{ist.}$$

Als erwartungstreue Schätzung für σ_ε^2 nehmen wir $\widehat{\sigma_\varepsilon^2} = MQ_\varepsilon$.

Wir haben eine gemeinsame Varianz für alle Gruppen geschätzt, was nur sinnvoll ist, wenn wir voraussetzen können, daß die Varianz in allen Gruppen gleichgroß ist. Falls dies nicht der Fall ist, kann u.U. Varianzhomogenität durch Transformation hergestellt werden.

Als nächster Schritt ist ein Test gesucht zur Prüfung, ob Unterschiede zwischen den Behandlungen bestehen. Man braucht ein Prüfmaß, dessen Verteilung (zumindest unter $H_0 : \tau_i = 0$) bekannt sein muß. Um dieses zu erreichen machen wir eine weitere Annahme:

ε_{ij} hat die Verteilung $N(o, \sigma_\varepsilon^2)$

Im folgenden kürzen wir "hat die Verteilung" mit dem Zeichen $\sim$ ab.

Dann folgt, weil die in der Varianzanalyse auftretenden 3 SQ's unabhängige Zufallsvariable sind, unter H_o:

$$\left. \begin{array}{l} \dfrac{SQ_\tau}{\sigma_\varepsilon^2} \sim \chi^2_{I-1} \\[2mm] \dfrac{SQ_\varepsilon}{\sigma_\varepsilon^2} \sim \chi^2_{IJ-I} \end{array} \right\} \Rightarrow \dfrac{MQ_\tau}{MQ_\varepsilon} \sim F_{I-1, I(J-1)}$$

Annahme von H_1: $\Sigma \tau_i^2 > 0$

$$\dfrac{MQ_\tau}{MQ_\varepsilon} > F_{I-1, I(J-1); 1-\alpha}$$

Unter H_1 ist zu erwarten, daß MQ_τ größer ist als unter H_o.
Eine differenziertere Betrachtung der Unterschiede zwischen den Gruppen erfolgt durch lineare Vergleiche.

Lineare Vergleiche

Der F-Test prüft allgemein, ob überhaupt irgendwelche Unterschiede zwischen den Gruppen bestehen. Oft hat man aber speziellere Fragestellungen. Z.B. möchte man genau wissen, ob zwei ganz bestimmte Behandlungen sich unterscheiden.

Dann betrachtet man naheliegenderweise $\tau_i - \tau_k$

$$\text{mit } \hat{\tau}_i - \hat{\tau}_k = \bar{Y}_{i.} - \bar{Y}_{k.} \text{ für } i \neq k. \qquad (\bar{Y}_{i.} = \dfrac{1}{J} \sum_{j=1}^{J} Y_{ij})$$

$$\bar{Y}_{i.} - \bar{Y}_{k.} \sim N(\tau_i - \tau_k, \dfrac{2}{J} \sigma_\varepsilon^2).$$

Prüfung, ob $\tau_i = \tau_k$: $H_o : \tau_i = \tau_k$
$H_1 : \tau_i \neq \tau_k$

Unter H_o: Da $MQ_\varepsilon \cdot \dfrac{IJ-I}{\sigma_\varepsilon^2} \sim \chi^2_{IJ-I}$

folgt: $\dfrac{(\bar{Y}_{i.} - \bar{Y}_{k.})\sqrt{J}}{\sqrt{2\ MQ_\varepsilon}} \sim t_{IJ-I}$.

$\tau_i - \tau_k$ ist ein spezieller linearer Vergleich. Gewisse andere Fragestellungen lassen sich unter Zugrundelegung des entsprechenden linearen Vergleichs auf dieselbe Weise behandeln.

Allgemein versteht man unter einem linearen Vergleich eine lineare Funktion der Parameter τ_i

$$\psi = \sum_{i=1}^{I} c_i \tau_i$$

mit der Nebenbedingung $\quad \sum_{i=1}^{I} c_i = 0.$

Schätzung für $\psi : \hat{\psi} = \sum_{i=1}^{I} c_i \bar{Y}_{i.}$

Unter $H_0 : \sum_i c_i \cdot \tau_i = o$ gilt

$$\dfrac{\sqrt{J}\ \sum_i c_i\ \bar{Y}_{i.}}{\sqrt{\sum_i c_i^2 \cdot MQ_\varepsilon}} \sim t_{IJ-I}$$

krit. Bereich: $\dfrac{\sqrt{J}\ \sum_i c_i\ \bar{Y}_{i.}}{\sqrt{\sum_i c_i^2 \cdot MQ_\varepsilon}} \geq t_{IJ-I;\ 1-\frac{\alpha}{2}}$

Scheffe - Test

Ein vor dem Versuch bestimmter fester Vergleich kann mit dem t-Test geprüft werden.

Sucht man sich nach einem Experiment mit hinreichend vielen Gruppen die größte Mittelwertsdifferenz heraus, so ist diese, auch wenn in Wirklichkeit H_0 zutrifft (also kein Unterschied zwischen den Behandlungen besteht), mit einer großen Wahrscheinlichkeit (Wert größer als α) signifikant.

Werden also nach der Auswertung des Experiments lineare Vergleiche gemacht, ist es nicht mehr möglich, die Fehlerwahrscheinlichkeit für einen einzelnen Vergleich vorzugeben, sondern man muß die Fehlerwahrscheinlichkeit α für alle möglichen Vergleiche der Mittelwerte vorgeben

$$\alpha = P \text{ (mindestens ein Vergleich wird unter } H_0 \text{ signifikant)}.$$

Dann ändert sich die Grenze des kritischen Bereiches:

H_1 wird angenommen, falls

$$\frac{\hat{\psi}^2}{\hat{V}(\hat{\psi})} = \frac{J(\Sigma c_i \bar{Y}_{i.})^2}{\Sigma c_i^2 \cdot MQ_\varepsilon} \geq (I-1) F_{I-1, IJ-I; 1-\alpha}.$$

Zufälliges Modell

Man betrachte den Fall, daß man an I Versuchstieren eine Enzymbestimmung je J-mal durchführt. Dann hat man formal die gleiche Anordnung der Daten wie bisher. Es ist aber nicht realistisch, den Effekt des i-ten Tieres als eine Konstante τ_i anzusehen. Denn wenn der Versuch mit anderen Tieren wiederholt wird, dann ist nicht zu erwarten, daß der Wert von τ_i auch nur in etwa gleichbleibt.

Wir ändern deshalb das Modell $Y_{ij} = \mu + \tau_i + \varepsilon_{ij}$ insofern ab, daß wir die τ_i als zufällige unkorrelierte Größen mit $E(\tau_i) = 0$ und $V(\tau_i) = \sigma_\tau^2$ betrachten.

Außerdem gilt $E(\tau_i \, \varepsilon_{i'j}) = 0$ für alle i, i' und j.

(Zufälliges Modell, vorher: festes Modell)

An der formalen Streuungszerlegung ändert sich nichts.

Die Erwartungswerte der MQ's sind aber:

$$E(MQ_\mu) = \sigma_\varepsilon^2 + J \sigma_\tau^2 + IJ\mu^2$$
$$E(MQ_\tau) = \sigma_\varepsilon^2 + J \sigma_\tau^2$$
$$E(MQ_\varepsilon) = \sigma_\varepsilon^2.$$

Man hat eine erwartungstreue Schätzfunktion für die **Varianzkomponente**

$$\hat{\sigma}_\tau^2 = \frac{1}{J}(MQ_\tau - MQ_\varepsilon)$$

und man testet die Hypothese $H_0' : \sigma_\tau^2 = 0$

mit der F-Testgröße $\dfrac{MQ_\tau}{MQ_\varepsilon}$ gegen $H_1' : \sigma_\tau^2 > 0$.

In gewissen Fällen ist es von Interesse, die Hypothese zu prüfen, ob $\mu = 0$ ist. (Beispiel: Man betrachtet als gemessenes Merkmal die Differenz des Blutdruckes zwischen dem Wert vor und nach einer Behandlung)

Dann prüft man im festen Modell mit der Testgröße:

$$\frac{MQ_\mu}{MQ_\varepsilon} \quad (\sim F_{1,IJ-I} \text{ unter } H_0)$$

im zuf. Modell: $\frac{MQ_\mu}{MQ_\tau} \quad (\sim F_{1,I-1} \text{ unter } H_0)$.

<u>Ungleiche Anzahlen in den Gruppen:</u>

Anzahl in der i-ten Gruppe: J_i ; $\sum_i J_i = J.$

$$SQ_\tau = \sum_i \frac{Y_{i.}^2}{J_i} - \frac{Y_{..}^2}{J.} \qquad FG = I - 1$$

$$SQ_\varepsilon = \sum_{ij}\sum Y_{ij}^2 - \sum_i \frac{Y_{i.}^2}{J_i} \qquad FG = J. - I$$

$$E(MQ_\tau) = \sigma_\varepsilon^2 + \sum_{i=1}^{I} J_i \frac{\tau_i^2}{I-1} \qquad \text{festes Modell}$$

$$= \sigma_\varepsilon^2 + n_0 \sigma_\tau^2 \qquad \text{zufälliges Modell}$$

mit $n_0 = \dfrac{J. - (\sum_i J_i^2)\cdot \frac{1}{J.}}{I-1}$

Total hierarchische Klassifikation

R. Roßner

Patienten mit verschiedenen Diagnosen werden auf Blutzucker untersucht. Die Bestimmung wird mehrmals gemacht. Man nimmt folgendes Modell an:

$$Y_{ijk} = \mu + \tau_i + \varepsilon_{ij} + \eta_{ijk}$$

τ_i feste Zahlen, $\Sigma \tau_i = 0$; ε_{ij}, η_{ijk} zufällige Größen, normalverteilt, unabhängig; $V(\varepsilon_{ij}) = \sigma_\varepsilon^2$; $V(\eta_{ijk}) = \sigma_\eta^2$.

$$E(\varepsilon_{ij}) = 0 \quad ; \quad E(\eta_{ijk}) = 0$$

Y_{ijk} = Blutzucker des j-ten Patienten mit der i-ten Diagnose bei der k-ten Bestimmung.

τ_i Effekt der Diagnose (fest)

ε_{ij} Effekt des Einzelpatienten (zufällig)

η_{ijk} Effekt der Einzelbestimmung (zufällig)

Hat man zu jeder Diagnose gleichviele (J) Patienten und zu jedem Patienten gleich viele Bestimmungen, dann nennt man diesen Versuchsplan ausgewogen (balanced).

Dann gilt: $i = 1,\ldots,I$
                $j = 1,\ldots,J$
                $k = 1,\ldots,K$

Man hat für jede Diagnose verschiedene Patienten und für jeden Patienten verschiedene Bestimmungen. Das nennt man eine hierarchische Anordnung. Man sagt, die Patienten seien hierarchisch in den Diagnosen, die Bestimmungen hierarchisch in den Patienten. Man sagt, Diagnose ist der höchste Faktor, Bestimmungen der niedrigste u.ä..

Wir kürzen ab:

$$\frac{Y^2_{\cdots}}{IJK} = (1)$$

$$\sum_i \frac{Y^2_{i\cdot\cdot}}{JK} = (i)$$

$$\sum_{ij} \frac{Y_{ij.}^2}{K} = (ij)$$

$$\sum_{ijk} Y_{ijk}^2 = (ijk)$$

Varianzanalysentabelle:

Ursache	SQ zum Rechnen	SQ	FG	MQ
μ	(1)	$IJK\,\bar{Y}_{...}^2$	1	MQ_μ
(Diag.)τ	(i) - (1)	$JK\sum_i (\bar{Y}_{i..} - \bar{Y}_{...})^2$	$I - 1$	MQ_τ
(Pat.)ϵ	(ij) - (i)	$K\sum_{ij} (\bar{Y}_{ij.} - \bar{Y}_{i..})^2$	$I(J - 1)$	MQ_ϵ
(Best.)η	(ijk) - (ij)	$\sum_{ijk} (Y_{ijk} - \bar{Y}_{ij.})^2$	$IJ(K - 1)$	MQ_η
Gesamt	(ijk)		IJK	

$E(MQ_\mu) = \sigma_\eta^2 + K\sigma_\epsilon^2 + KJI\,\mu^2$

$E(MQ_\tau) = \sigma_\eta^2 + K\sigma_\epsilon^2 + KJ\,\dfrac{\sum \tau_i^2}{I-1}$

$E(MQ_\epsilon) = \sigma_\eta^2 + K\sigma_\epsilon^2$

$E(MQ_\eta) = \sigma_\eta^2$

Die F-Testgröße wird immer für jeden Faktor so gebildet, daß man das entsprechende MQ durch das in der hierarchischen Ordnung nächstniedere MQ dividiert.

Schätzungen der Varianzkomponente erhält man wieder durch entsprechende Linearkombinationen der MQ's, etwa

$$\hat{\sigma}_\epsilon^2 = \frac{1}{K}(MQ_\epsilon - MQ_\eta).$$

Bei nicht konstanten Laufgrenzen der Indizes, d.h. bei einem nicht ausgewogenen Plan, werden die Rechnungen sehr unangenehm. Man kann mit einigem Rechenaufwand die Schätzung der Varianzkomponenten durchführen, hat beim Testen aber größere Schwierigkeiten.

Wenn die Gruppeneinteilung nicht fest, sondern zufällig ist, dann ist $\frac{\Sigma \tau_i^2}{I-1}$ durch σ_τ^2 zu ersetzen in $E(MQ_\tau)$.

Teilausgewogene total hierarchische Versuchspläne

H.J. Jesdinsky

Betrachtet man die Varianzanalyse-Tabelle des vollkommen ausgewogenen hierarchischen Modells

$$Y_{ijkl} = \mu + A_i + B_{ij} + C_{ijk} + D_{ijkl} \, , \quad \begin{array}{l} i=1,\ldots,p \\ j=1,\ldots,q \\ k=1,\ldots,r \\ l=1,\ldots,n, \end{array}$$

mit $E(A_i) = E(B_{ij}) = E(C_{ijk}) = E(D_{ijkl}) = 0$

$E(A_i^2) = \sigma_A^2$ etc., A_i, B_{ij}, C_{ijk} und D_{ijkl}

sämtlich unkorreliert und normalverteilt, so fällt auf, daß die Anzahl der Freiheitsgrade zu den "oberen" Faktoren hin immer mehr abnimmt:

Ursache	SQ	FG	E(MQ)
A	(i)−(1)	p−1	$\sigma_D^2 + n\sigma_C^2 + rn\sigma_B^2 + qrn\sigma_A^2$
B	(ij)−(i)	p(q−1)	$\sigma_D^2 + n\sigma_C^2 + rn\sigma_B^2$
C	(ijk)−(ij)	pq(r−1)	$\sigma_D^2 + n\sigma_C^2$
D	(ijkl)−(ijk)	pqr(n−1)	σ_D^2

So z.B. ergibt sich

für $q=r=n=2$

$$\left.\begin{array}{l} FG_A = p-1 \\ FG_B = p \\ FG_C = 2p \\ FG_D = 4p \end{array}\right\} \text{Plan I}$$

Es läßt sich nachrechnen, daß die Genauigkeit der Schätzungen für die zu A und B gehörenden Varianzkomponenten, besonders wenn diese groß sind, weit hinter der für die übrigen zurückbleibt. Teilausgewogene Pläne haben hier Vorteile. Ein solcher Plan im Falle des obigen Modells wird durch die folgende Skizze veranschaulicht:

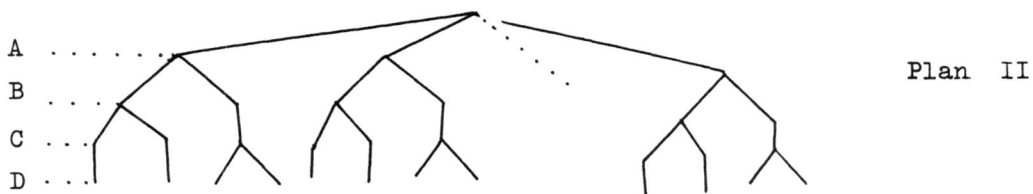

Plan II

Das Schema sei an einem Beispiel erklärt (z.B. Reststickstoff-Bestimmung)

A_i sei der Effekt des i-ten Idividuums, i=1,...,p

B_{ij} sei der Effekt der j-ten Blutentnahme beim i-ten Individuum

C_{ijk} sei der Effekt der Enteiweißung am k-ten Anteil der j-ten Blutprobe des i-ten Individuums,

D_{ijkl} sei der Effekt der Titration des l-ten Anteils an dem mit der k-ten Enteiweißung aus der j-ten Probe am i-ten Individuum gewonnenen Material.

Man entnimmt jedem Individuum zwei Proben, macht aber nur bei einer dieser beiden zwei Enteiweißungen, die dann nur je eine Titration erfahren. Dafür titriert man jedoch die Probe, von der nur eine Enteiweißung vorliegt, zweimal.

Die Varianzanalyse ergibt:

Ursache	FG	E(MQ)
A	p-1	$\sigma_D^2 + (3/2)\sigma_C^2 + 2\sigma_B^2 + 4\sigma_A^2$
B	p	$\sigma_D^2 + (3/2)\sigma_C^2 + 2\sigma_B^2$
C	p	$\sigma_D^2 + \sigma_C^2$
D	p	σ_D^2

Die Schätzwerte der Varianzkomponenten sind, wie man an den E(MQ) sieht, leicht zu gewinnen. Die Tatsache, daß die Erwartungswerte für MQ_A und MQ_B unter $H_o^A : \sigma_A^2 = 0$ gleich sind, berechtigt bei diesen teilausgewogenen Plänen noch nicht zur Bildung einer Testgröße MQ_A/MQ_B und Prüfung an dem kritischen Wert der zugehörigen F-Verteilung, da die MQ i.a. korreliert sind. Hier ist $Cov(MQ_A, MQ_B) = \sigma_C^4/2p \geq 0$, so daß man eine kleinere als die vorgegebene Irrtumswahrscheinlichkeit haben, also "konservativ" testen würde. Alle übrigen MQ sind unkorreliert. Die Effizienz von Plan I zu Plan II ist:

	σ_D^2	σ_C^2	σ_B^2	σ_A^2
$\sigma_A^2 = \sigma_B^2 = \sigma_C^2 = \sigma_D^2$	0,50	0,48	0,90	1,64
$\sigma_A^2 = 2\sigma_B^2 = 4\sigma_C^2 = 8\sigma_D^2$	0,50	0,64	1,37	2,06

Man sieht, daß die Größe der Parameter die Genauigkeit der Schätzungen beeinflußt.

Zweifachklassifikation

R. Roßner

2-Faktor-Kreuzklassifikation

Im festen Modell der Einfachklassifikation hatten wir eine gewisse Anzahl von Gruppen, die "Behandlungen" entsprechen. Nehmen wir an, daß diese Gruppen jetzt nicht nur nach einem Gesichtspunkt (mit einem Index i) eingeteilt werden können, sondern nach 2 Gesichtspunkten (mit 2 Indizes i, j) eingeteilt werden.

Beispiel: Versuchstiere eingeteilt nach 3 Behandlungen und nach Geschlecht

(Behandlung)

(Geschlecht)

	1	2	3
1	11	12	13
2	21	22	23

$i = 1, \ldots, I$
$j = 1, \ldots, J$

Wir messen (etwa das Gewicht) in jeder dieser Zellen an K Tieren (also insgesamt $I \cdot J \cdot K$ Tiere) (Versuchseinheit 1 Tier).

Wir haben also IJ Gruppen mit gleicher Anzahl von Beobachtungen; an und für sich nichts Neues gegenüber der Einfachklassifikation. Diese spezielle Struktur der Gruppen kann man aber zu einer weitergehenden Analyse benützen.

Es gibt hier 2 <u>Faktoren</u> A, B (Geschlecht und Behandlung), deren einzelne Ausprägungen für ein bestimmtes i bzw. j die <u>Stufen</u> des betreffenden Faktors genannt werden. Die Gruppe mit dem Index ij ist also bestimmt durch die i-te Stufe des Faktors A und die j-te Stufe des Faktors B.

Bekannt ist das Modell

$$Y_{ijk} = \mu_{ij} + \varepsilon_{ijk} .$$

ε_{ijk} sind unabhängige, normalverteilte ZV mit $E(\varepsilon_{ijk}) = 0$ und $V(\varepsilon_{ijk}) = \sigma_\varepsilon^2$. Daraus folgt für den Erwartungswert der Zelle ij $E(Y_{ijk}) = \mu_{ij}$.

Wir führen für die μ_{ij} andere Parameter ein:

$$\frac{\mu_{..}}{IJ} = \mu \; ; \; \alpha_i = \frac{\mu_{i.}}{J} - \mu \; ; \; \beta_j = \frac{\mu_{.j}}{I} - \mu$$

$$(\alpha\beta)_{ij} = \mu_{ij} - \mu - \alpha_i - \beta_j \; (= \mu_{ij} - \frac{\mu_{i.}}{J} - \frac{\mu_{.j}}{I} + \frac{\mu_{..}}{IJ})$$

Def.: α_i Hauptwirkung (H.-Effekt) des Faktors A
β_j " " " B
$(\alpha\beta)_{ij}$ Wechselwirkung der Faktoren AB (A × B)

Es gilt $\sum_i \alpha_i = 0 \; ; \; \sum_j \beta_j = 0 \; ; \; \sum_i (\alpha\beta)_{ij} = \sum_j (\alpha\beta)_{ij} = 0$.

Die Wechselwirkung der i-ten Stufe von A mit der j-ten Stufe von B ist das, was vom Erwartungswert μ_{ij} der Zelle auf der Stufe i des Faktors A und der Stufe j des Faktors B übrigbleibt, wenn man von diesen den Gesamtmittelwert der Erwartungswerte und die jeweiligen Hauptwirkungen abzieht. (Wechselwirkung als Nichtadditivität).

Die Wechselwirkung (WW) ist der Unterschied der Wirkung des einen Faktors bei den verschiedenen Stufen des anderen Faktors.

Wir wollen diesen Sachverhalt noch an Zahlenbeispielen bei zwei zweistufigen Faktoren verdeutlichen, wobei in den Kästchen die Größen μ_{ij} stehen.

9	6
5	2

9	9
5	8

9	8
5	9

Nur Haupteffekte,
keine WW   Haupteffekte und WW

9	6
6	9

Nur WW, keine Haupteffekte

Schätzung der Parameter

Nach der Methode der kleinsten Quadrate schätzt man die Parameter μ, α_i, β_j, $(\alpha\beta)_{ij}$

$$\hat{\mu} = \frac{Y_{...}}{IJK} = \bar{Y}... \quad ,$$

$$\hat{\alpha}_i = \frac{Y_{i..}}{JK} - \hat{\mu} = \bar{Y}_{i..} - \bar{Y}_{...} ,$$

$$\hat{\beta}_j = \frac{Y_{.j.}}{IK} - \hat{\mu} = \bar{Y}_{.j.} - \bar{Y}_{...} ,$$

$$\widehat{(\alpha\beta)}_{ij} = \frac{Y_{ij.}}{K} - \frac{Y_{i..}}{JK} - \frac{Y_{.j.}}{IK} + \frac{Y_{...}}{IJK}$$

$$= \bar{Y}_{ij.} - \bar{Y}_{i..} - \bar{Y}_{.j.} + \bar{Y}_{...}$$

$$= \bar{Y}_{ij.} - \hat{\mu} - \hat{\alpha}_i - \hat{\beta}_j .$$

Streuungszerlegung

Wir gebrauchen wieder Abkürzungen für die Quadratsummen

$$\frac{Y_{...}^2}{IJK} = (1)$$

$$\frac{\sum_j Y_{i..}^2}{JK} = (i)$$

$$\frac{\sum_j Y_{.j.}^2}{IK} = (j)$$

$$\frac{\sum_{ij} Y_{ij.}^2}{K} = (ij)$$

$$\sum_{ijk} Y_{ijk}^2 = (ijk) .$$

Ursache	SQ	FG	MQ= $\frac{SQ}{FG}$	E(MQ)
μ	(1)	1	MQ_μ	$\sigma_\varepsilon^2 + IJK\mu^2$
A	(i) - (1)	I - 1	MQ_A	$\sigma_\varepsilon^2 + JK \frac{\Sigma \alpha_i^2}{I-1}$
B	(j) - (1)	J - 1	MQ_B	$\sigma_\varepsilon^2 + IK \frac{\Sigma \beta_j^2}{J-1}$
A × B	(ij)-(i)-(j)+(1)	(I-1)(J-1)	$MQ_{A\times B}$	$\sigma_\varepsilon^2 + K \frac{\Sigma(\alpha\beta)_{ij}^2}{(I-1)(J-1)}$
Versuchsfehler (innerh. Kl.)	(ijk)-(ij)	IJ(K-1)	MQ	σ_ε^2
Gesamt	(ijk)	IJK		

Man kann das SQ zwischen den Gruppen $K \cdot \underset{ij}{\Sigma} (\bar{Y}_{ij.} - \bar{Y}...)^2$ additiv zerlegen in 3 Teile, jeweils gehörig zu A, B und A × B. Man nennt diese Eigenschaft auch die <u>Orthogonalität</u> der Effekte A, B und A × B und nennt das ganze Modell orthogonal.

Man erkennt an der Spalte der E(MQ), daß alle Effekte (A, B, A × B) gegen den Versuchsfehler getestet werden.

In dem Fall der Einfachklassifikation hatten wir das feste und das zufällige Modell unterschieden. Hier kann man jetzt unterscheiden:

A fest	B fest	Modell I,	festes Modell
A fest	B zuf. ⎫		
A zuf.	B fest ⎭	Modell III,	gemischtes Modell
A zuf.	B zuf.	Modell II,	zufälliges Modell

$E(MQ)$ – Tabelle

	A fest B zuf.	A zuf. B zuf.
$E(MQ_A)$	$\sigma_\varepsilon^2 + K\sigma_{AB}^2 + KJ\dfrac{\Sigma \alpha_i^2}{I-1}$	$\sigma_\varepsilon^2 + K\sigma_{AB}^2 + JK\sigma_A^2$
$E(MQ_B)$	$\sigma_\varepsilon^2 + IK\sigma_B^2$	$\sigma_\varepsilon^2 + K\sigma_{AB}^2 + IK\sigma_B^2$
$E(MQ_{AB})$	$\sigma_\varepsilon^2 + K\sigma_{AB}^2$	$\sigma_\varepsilon^2 + K\sigma_{AB}^2$
$E(MQ_\varepsilon)$	σ_ε^2	σ_ε^2

Es wird geprüft:

$H_A : \Sigma \alpha_i^2 = 0$ mit $\dfrac{MQ_A}{MQ_{AB}}$		$\sigma_A^2 = 0$ mit $\dfrac{MQ_A}{MQ_{AB}}$
$H_B : \sigma_B^2 = 0$ mit $\dfrac{MQ_B}{MQ_\varepsilon}$		$\sigma_B^2 = 0$ mit $\dfrac{MQ_B}{MQ_{AB}}$
$H_{A \times B} : \sigma_{AB}^2 = 0$ mit $\dfrac{MQ_{AB}}{MQ_\varepsilon}$		$\sigma_{AB}^2 = 0$ mit $\dfrac{MQ_{AB}}{MQ_\varepsilon}$

Dreifachklassifikation

R. Roßner

Zum Modell des 3-Faktor-Versuchs (Dreifachklassifikation)

$$Y_{ijkl} = \mu + \alpha_i + \beta_j + \gamma_k + (\alpha\beta)_{ij} + (\alpha\gamma)_{ik} + (\beta\gamma)_{jk} + (\alpha\beta\gamma)_{ijk} + \varepsilon_{ijkl}.$$

gehört die folgende Varianzanalysentabelle

Ursache	SQ	FG	MQ = $\frac{SQ}{FG}$
μ	(1)	1	MQ_μ
A	(i)-(1)	I-1	MQ_A
B	(j)-(1)	J-1	MQ_B
C	(k)-(1)	K-1	MQ_C
AB	(ij)-(i)-(j)+(1)	(I-1)(J-1)	MQ_{AB}
AC	(ik)-(i)-(k)+(1)	(I-1)(K-1)	MQ_{AC}
BC	(jk)-(j)-(k)+(1)	(J-1)(K-1)	MQ_{BC}
ABC	(ijk)-(ij)-(ik)-(jk)+(i)+(j)+(k)-(1)	(I-1)(J-1)(K-1)	MQ_{ABC}
ε	(ijkl)-(ijk)	IJK(L-1)	MQ_ε
Gesamt	(ijkl)	IJKL	

Die Erwartungswerte der MQ sind in der nachfolgenden Tabelle gegeben. Dabei sieht man, daß im Fall, daß das Modell der dritten oder der vierten Spalte vorliegt, für die Prüfung des Haupteffektes von A kein geeigneter Nenner vorliegt.

Man kann geeignete Linearkombination aus den MQ bilden, welche die gewünschten Erwartungswerte haben. Nach SATTERTHWAITE kann man diese Linearkombination näherungsweise als "MQ" auffassen, und ihnen jeweils einen geschätzten Freiheitsgrad zuordnen.

Bildet man aus einer Anzahl von MQ ($MQ_1,\ldots,MQ_n$) die Linearkombination

$$MQ_G = a_1 MQ_1 + a_2 MQ_2 + \ldots + a_n MQ_n ,$$

so hat MQ_G den geschätzten Freiheitsgrad

$$\hat{\nu}_G = \frac{(MQ_L)^2}{\frac{(a_1 MQ_1)^2}{\nu_1} + \frac{(a_2 MQ_2)^2}{\nu_2} + \ldots + \frac{(a_n MQ_n)^2}{\nu_n}} \quad ; \quad (\nu_i = \text{FG von } MQ_i).$$

In der Praxis nimmt man die nächstkleinere ganze Zahl. Zum Beispiel kann man zum Testen der Hauptwirkung von A im Modell III (A fest; B, C zufällig) bilden

$$MQ_A + MQ_{ABC} \quad \text{für den Zähler}$$
$$\text{und} \quad MQ_{AB} + MQ_{AC} \quad \text{für den Nenner.}$$

Unter H_o hat der Zähler den gleichen Erwartungswert wie der Nenner, nämlich:

$$2 \sigma_\varepsilon^2 + 2 L \sigma_{ABC}^2 + KL \sigma_{AB}^2 + JL \sigma_{AC}^2 .$$

Nach obigem Verfahren schätzt man einen Freiheitsgrad für Zähler, $\hat{\nu}_Z$, und Nenner, $\hat{\nu}_N$, mit

$$\hat{\nu}_Z = \frac{(MQ_A + MQ_{ABC})^2}{\frac{MQ_A^2}{I-1} + \frac{MQ_{ABC}^2}{(I-1)(J-1)(K-1)}} \quad , \quad \hat{\nu}_N \text{ analog.}$$

Man lehnt $H_o^A : \Sigma \alpha_i^2 = 0$ ab, falls

$$\frac{MQ_A + MQ_{ABC}}{MQ_{AB} + MQ_{AC}} \gtrsim F_{\hat{\nu}_Z, \hat{\nu}_N; 1-\alpha}$$

	A, B, C fest Modell I	A, B fest, C zufällig Modell III	A fest, B, C zufällig Modell III	A, B, C zufällig Modell II
$E(MQ_A)$	$\sigma_\varepsilon^2 + JKL \dfrac{\Sigma\alpha_i^2}{I-1}$	$\sigma_\varepsilon^2 + JL\,\sigma_{AC}^2 + JKL \dfrac{\Sigma\alpha_i^2}{I-1}$	$\sigma_\varepsilon^2 + L\,\sigma_{ABC}^2 + JL\,\sigma_{AC}^2 + KL\,\sigma_{AB}^2 + JKL \dfrac{\Sigma\alpha_i^2}{I-1}$	$\sigma_\varepsilon^2 + L\,\sigma_{ABC}^2 + JL\,\sigma_{AC}^2 + KL\,\sigma_{AB}^2 + JKL\,\sigma_A^2$
$E(MQ_B)$	$\sigma_\varepsilon^2 + IKL \dfrac{\Sigma\beta_j^2}{J-1}$	$\sigma_\varepsilon^2 + IL\,\sigma_{BC}^2 + IKL \dfrac{\Sigma\beta_j^2}{J-1}$	$\sigma_\varepsilon^2 + IL\,\sigma_{BC}^2 + IKL\,\sigma_B^2$	$\sigma_\varepsilon^2 + L\,\sigma_{ABC}^2 + KL\,\sigma_{AB}^2 + IL\,\sigma_{BC}^2 + IKL\,\sigma_B^2$
$E(MQ_C)$	$\sigma_\varepsilon^2 + IJL \dfrac{\Sigma\gamma_k^2}{K-1}$	$\sigma_\varepsilon^2 + IJL\,\sigma_C^2$	$\sigma_\varepsilon^2 + IL\,\sigma_{BC}^2 + IJL\,\sigma_C^2$	$\sigma_\varepsilon^2 + L\,\sigma_{ABC}^2 + JL\,\sigma_{AC}^2 + IL\,\sigma_{BC}^2 + IJL\,\sigma_C^2$
$E(MQ_{AB})$	$\sigma_\varepsilon^2 + KL \dfrac{\Sigma(\alpha\beta)_{ij}^2}{(I-1)(J-1)}$	$\sigma_\varepsilon^2 + L\,\sigma_{ABC}^2 + KL \dfrac{\Sigma(\alpha\beta)_{ij}^2}{(I-1)(J-1)}$	$\sigma_\varepsilon^2 + L\,\sigma_{ABC}^2 + KL\,\sigma_{AB}^2$	$\sigma_\varepsilon^2 + L\,\sigma_{ABC}^2 + KL\,\sigma_{AB}^2$
$E(MQ_{AC})$	$\sigma_\varepsilon^2 + JL \dfrac{\Sigma(\alpha\gamma)_{ik}^2}{(I-1)(K-1)}$	$\sigma_\varepsilon^2 + JL\,\sigma_{AC}^2$	$\sigma_\varepsilon^2 + L\,\sigma_{ABC}^2 + JL\,\sigma_{AC}^2$	$\sigma_\varepsilon^2 + L\,\sigma_{ABC}^2 + JL\,\sigma_{AC}^2$
$E(MQ_{BC})$	$\sigma_\varepsilon^2 + IL \dfrac{\Sigma(\beta\gamma)_{jk}^2}{(J-1)(K-1)}$	$\sigma_\varepsilon^2 + IL\,\sigma_{BC}^2$	$\sigma_\varepsilon^2 + IL\,\sigma_{BC}^2$	$\sigma_\varepsilon^2 + L\,\sigma_{ABC}^2 + IL\,\sigma_{BC}^2$
$E(MQ_{ABC})$	$\sigma_\varepsilon^2 + L \dfrac{\Sigma(\alpha\beta\gamma)_{ijk}^2}{(I-1)(J-1)(K-1)}$	$\sigma_\varepsilon^2 + L\,\sigma_{ABC}^2$	$\sigma_\varepsilon^2 + L\,\sigma_{ABC}^2$	$\sigma_\varepsilon^2 + L\,\sigma_{ABC}^2$
$E(MQ_\varepsilon)$	σ_ε^2	σ_ε^2	σ_ε^2	σ_ε^2

Partiell hierarchische Klassifikation

R. Roßner

Um die Auswirkung verschiedener Klimate auf das vegetative Nervensystem zu studieren, wurden je 10 Versuchspersonen an 3 verschiedenen Orten 6 Wochen hindurch wöchentlich untersucht.

Zu dieser Situation betrachtet man folgendes lineare Modell:

$$Y_{ijk} = \mu + \alpha_i + \beta_{ij} + \gamma_k + (\alpha\gamma)_{ik} + \varepsilon_{ijk}$$

Faktor A: Effekt der Orte; α_i Einfluß des i-ten Ortes, $i=1,\ldots,I$ ($I=3$)
Faktor B: Effekt der Personen
$\quad \beta_{ij}$ Einfluß der j-ten Person im i-ten Ort, $i=1,.I, j=1,\ldots,J$ ($J=10$)
Faktor C: Zeiteffekte. γ_k Einfluß des k-ten Zeitpunktes, $k=1,\ldots,K$ ($K=6$)
$\quad (\alpha\gamma)_{ik}$ Wechselwirkung des i-ten Ortes mit dem k-ten Zeitpunkt.
$\quad \varepsilon_{ijk}$ Beobachtungsfehler

β_{ij} und ε_{ijk} sind zufällige Größen mit den üblichen Annahmen:
$E(\beta_{ij}) = E(\varepsilon_{ijk}) = 0; V(\beta_{ij}) = \sigma_B^2$; $V(\varepsilon_{ijk}) = \sigma_\varepsilon^2$; $\beta_{ij}, \varepsilon_{ijk}$ seien normalverteilt und <u>unabhängig</u>. (Man sollte darauf achten, daß die Unabhängigkeit der ε_{ijk} wirklich vorliegt. Es dürfen z.B. keine Nachwirkungen in der Zeit vorliegen. Ist dieses doch der Fall, dann stimmt das Modell nicht mehr mit der gegebenen Situation überein.)

Man sagt: Der Faktor B ist hierarchisch Faktor A.

Es ergibt sich folgende Varianzanalysentabelle:

Ursache	SQ	FG	MQ
μ	(1)	1	MQ_μ
A	(i) - (1)	I - 1	MQ_A
B	(ij)-(i)	I(J - 1)	MQ_B
C	(k)-(1)	K - 1	MQ_C
AC	(ik)-(i)-(k)+(1)	(I-1)(K-1)	MQ_{AC}
ε	(ijk)-(ij)-(ik)+(i)	I(J-1)(K-1)	MQ_ε
Gesamt	(ijk)	IJK	

$$E(MQ_\mu) = \sigma_\varepsilon^2 + K\sigma_B^2 + IJK\mu^2$$

$$E(MQ_A) = \sigma_\varepsilon^2 + K\sigma_B^2 + JK\frac{\Sigma\alpha_i^2}{I-1}$$

$$E(MQ_B) = \sigma_\varepsilon^2 + K\sigma_B^2$$

$$E(MQ_C) = \sigma_\varepsilon^2 + IJ\frac{\Sigma\gamma_k^2}{K-1}$$

$$E(MQ_{AC}) = \sigma_\varepsilon^2 + J\frac{\Sigma(\alpha\gamma)_{ik}^2}{(I-1)(K-1)}$$

$$E(MQ_\varepsilon) = \sigma_\varepsilon^2$$

Man testet also die Hypothese:

$$\mu=0 \quad \text{mit} \quad \frac{MQ_\mu}{MQ_B}$$

$$\alpha_1 = \ldots = \alpha_J = 0 \quad \text{mit} \quad \frac{MQ_A}{MQ_B}$$

$$\sigma_B^2 = 0 \quad \text{mit} \quad \frac{MQ_B}{MQ_\varepsilon}$$

$$\gamma_1 = \ldots = \gamma_K = 0 \quad \text{mit} \quad \frac{MQ_C}{MQ_\varepsilon}$$

$$(\alpha\gamma)_{11} = \ldots = (\alpha\gamma)_{IK} = 0 \quad \text{mit} \quad \frac{MQ_{AC}}{MQ_\varepsilon} \ .$$

Anhang zu partiell hierarchischen Klassifikationen

H.-J. Jesdinsky

In dem Modell

$$Y_{ijk} = \mu + \alpha_i + \beta_{ij} + \gamma_k + (\alpha\gamma)_{ik} + \varepsilon_{ijk}, \quad \begin{matrix} i=1,\ldots,I \\ j=1,\ldots,J_i \\ k=1,\ldots,K \end{matrix}$$

des vorangehenden Abschnitts ist die Voraussetzung

"ε_{ijk} unabhängig"

oft nicht realistisch. Es können nämlich bei festen i, j etwa die Parameter ε_{ijk} und $\varepsilon_{ij,k+1}$ korreliert sein. Man spricht von Serienkorrelation, wenn γ_k ein Zeitfaktor ist. Im obigen Beispiel handelt es sich darum, daß aufeinanderfolgende Beobachtungen am selben Versuchsobjekt korreliert sind. Diese Korrelation wird meist positiv sein.

Man kann zeigen, daß alle Testquotienten des Modells unter den entsprechenden Nullhypothesen nicht mehr F-verteilt sind.

Im Einzelnen ist folgendes Vorgehen zu empfehlen:

1. H_o^A wird weiterhin so getestet, als ob ε_{ijk} unabhängig wären.

2. Der Test $H_o^B : \sigma_\beta^2 = 0$ wird fallengelassen (er ist oft nicht wichtig).

3. $H_o^C : \gamma_1 = \gamma_2 = \ldots = \gamma_K = 0$ wird mit Irrtumswahrscheinlichkeit $\leq \alpha$ ("konservativer Test") abgelehnt, wenn

$$\frac{MQ_C}{MQ_\varepsilon} \geq F_{1, \sum_i J_i - I, 1-\alpha}.$$

4. $H_o^{AC} : (\alpha\gamma)_{11} = (\alpha\gamma)_{12} = \ldots = (\alpha\gamma)_{IK} = 0$ wird mit höchstens α abgelehnt, wenn

$$\frac{MQ_{AC}}{MQ_\varepsilon} \geq F_{I-1,\sum_i J_i - I, 1-\alpha} .$$

5. Sollen lineare Vergleiche

$$\psi_m^{(C)} = \sum_k c_{mk} \gamma_k \quad m = 1,\ldots,M$$

im Faktor C vorgenommen werden, wobei $\sum_k c_{mk} = 0$, so ist

$$\hat{\psi}^{(C)} = \sum_k c_{mk} Y_{\cdot\cdot k} / (\sum_i \tau_i) .$$

Man testet

$$H_0 \psi_m^{(C)} : \psi_m^{(C)} = 0$$

mit dem Quotienten $\dfrac{SQ\,\psi_m^{(C)}}{MQ_\varepsilon(\psi_m)}$, der angenähert wie

$F_{1,\sum_i J_i - I}$ verteilt ist.

Hierbei ist

$$SQ\,\psi_m^{(C)} = \frac{(\sum_k c_{mk} Y_{\cdot\cdot k})^2}{(\sum_i J_i)\sum_k c_{mk}^2}$$

und

$$MQ_\varepsilon(\psi_m) = \frac{1}{(\sum_i J_i - I)\sum_k c_{mk}^2}\left(\sum_{ij}(\sum_k c_{mk} Y_{ijk})^2\right) - \sum_i \frac{(\sum_k c_{mk} Y_{i\cdot k})^2}{J_i} .$$

Entsprechend verfährt man mit dem zu ψ_m gehörenden Anteil der Wechselwirkung (Faktor AC) und lehnt die Hypothese

$$H_0 \psi_m^{(AC)} : \sum_k c_k (\alpha\gamma)_{ik} = 0 \quad \text{für alle } i$$

ab, wenn

$$\frac{SQ\,\psi_m^{(AC)}/(I-1)}{MQ_\varepsilon(\psi_m)} \geq F_{I-1,\,\sum_i J_i - I,\,1-\alpha}$$

mit

$$SQ\,\psi^{(AC)} = \sum_i \frac{(\sum_k c_{mk} Y_{i.k})^2}{J_i \sum_k c_{mk}^2} - SQ\,\psi_m^{(C)}$$

Auswertung von Blockversuchen

H.-J. Jesdinsky

Als Blockversuch (randomized block design) bezeichnet man Versuche (Erhebungen), in denen die Wirkungen der Stufen eines Faktors (oder einer Kombination von Stufen mehrerer Faktoren) an einem Beobachtungsgut gewonnen werden, das sich seiner Natur nach in Gruppen einander ähnlicherer Versuchseinheiten, Blöcke genannt, gliedern läßt. Als Versuchseinheit bezeichnet man die kleinste Einheit des Beobachtungsgutes, dem ein Verfahren oder eine Kombination von Verfahren zugeordnet werden kann (ein Verzeichnis einiger üblicher Ausdrücke und Symbole findet sich auf Seite 252).

In Fällen, in denen die Anzahl der Versuchseinheiten in einem Block gleich der Anzahl der Verfahren ist, kann man die Verfahren so auf die Blöcke verteilen, daß jedes Verfahren genau einmal in jedem Block vorkommt (sog. vollständige Blöcke).

Auswertung von Beobachtungen in vollständigen Blöcken

Bei einem Blockversuch kann man jede Versuchseinheit einem Verfahren und einem Block zuordnen. Es handelt sich also um eine Kreuzklassifikation. Das lineare Modell für Blockversuche lautet

$$Y_{ij} = \mu + \tau_i + \beta_j + \varepsilon_{ij} \quad (i = 1,2,\ldots,v;\ j = 1,2,\ldots,b),$$

wobei, je nachdem, ob die Behandlungs- oder Blockeffekte fest oder zufällig sind (die Behandlungseffekte werden meist fest sein), die aus dem Modell der 2-Faktor-Kreuzklassifikation bekannten Bedingungen gelten.

Es sei betont, daß in dem Modell ein Glied für die <u>Wechselwirkung</u> zwischen Behandlungen und Blöcken, etwa $(\tau\beta)_{ij}$, <u>fehlt</u>. Es wird angenommen, daß Behandlungseffekte und Blockeffekte sich additiv verhalten, daß also die Behandlungsunterschiede in allen Blöcken gleich groß sind. Falls diese Annahme nicht zutrifft, also $(\tau\beta)_{ij} \neq 0$ für ein i und ein j, fällt $\hat{\sigma}^2_\varepsilon$ systematisch größer aus als σ^2_ε. Man sagt in diesem Fall, die Wechselwirkung Behandlung × Blöcke sei <u>vermengt</u> mit dem Versuchsfehler.

Man erhält als Schätzgrößen

$$\hat{\mu} = \frac{1}{vb} Y.. \ , \quad \hat{\tau}_i = \frac{1}{b} Y_{i.} - \frac{Y..}{vb} \ , \quad \hat{\beta}_j = \frac{1}{v} Y_{.j} - \frac{Y..}{vb} \ .$$

Führt man die Bezeichnungen ein

$$(1) = \frac{1}{vb} Y_{..}^2, \qquad (i) = \frac{1}{b} \sum_i Y_{i.}^2,$$

$$(j) = \frac{1}{v} \sum_j Y_{.j}^2, \qquad (ij) = \sum_{ij} Y_{ij}^2,$$

so erhält man die Varianzanalyse

Ursache	SQ	FG
Zwischen Verfahren	$(i) - (1)$	$v - 1$
Zwischen Blöcken	$(j) - (1)$	$b - 1$
Versuchsfehler	$(ij)-(i)-(j) + (1)$	$(v-1) \cdot (b-1)$

Die Erwartungswerte für die MQ hängen vom Modell ab:

Ursache	E(MQ)		
	τ, β fest	τ fest, β zuf.	τ, β zuf.
τ	$\sigma_\varepsilon^2 + b \cdot \dfrac{\sum_i \tau_i^2}{v-1}$	$\sigma_\varepsilon^2 + b \cdot \dfrac{\sum_i \tau_i^2}{v-1}$	$\sigma_\varepsilon^2 + b \cdot \sigma_\tau^2$
β	$\sigma_\varepsilon^2 + v \cdot \dfrac{\sum_j \beta_j^2}{b-1}$	$\sigma_\varepsilon^2 + v \cdot \sigma_\beta^2$	$\sigma_\varepsilon^2 + v \cdot \sigma_\beta^2$
ε	σ_ε^2	σ_ε^2	σ_ε^2

Man testet die Nullhypothese

$$H_o^\tau : \sum_i \tau_i^2 = 0 \text{ (bzw. } \sigma_\tau^2 = 0)$$

in allen Fällen mit dem Quotienten $\dfrac{MQ_\tau}{MQ_\varepsilon}$ und lehnt H_o^τ mit einer Irrtumswahrscheinlichkeit α ab, wenn

$$\frac{MQ_\tau}{MQ_\varepsilon} \geq F_{v-1,\ (v-1)(b-1);\ 1-\alpha} .$$

In der Regel ist τ fest, ß zufällig. Man kann (unter der Annahme, H_o^τ sei richtig) die asymptotische relative Effizienz des Blockversuchsplans gegenüber einer Auswertung, die die Blockeffekte nicht berücksichtigt, - also das Verhältnis der Stichprobenumfänge, die für große b zu der gleichen Varianz der $\overline{Y}_{i.}$ führen - als

$$E = \frac{(v \cdot b-1) \cdot \sigma_\varepsilon^2 + v(b-1) \sigma_\beta^2}{(v \cdot b-1) \sigma_\varepsilon^2}$$

angeben. Ist $\sigma_\beta^2 > 0$, so wird $E > 1$. Man würde also ohne Berücksichtigung der Blockeffekte durchschnittlich 100.(E-1)% mehr Versuchseinheiten benötigen, um gleiche Varianzen für die Behandlungsmittelwerte zu erhalten.

Diese Aussage über die asymptotische Effizienz braucht im Falle kleiner Stichproben nicht zu gelten.

Versuche in ausgewogenen unvollständigen Blöcken

(balanced incomplete block designs, BIB)

H.-J. Jesdinsky

Ist die Anzahl k der Versuchseinheiten eines Blocks kleiner als die Anzahl v der Behandlungen, so kann man nicht wie beim vollständigen Blockversuch verfahren.

Gegenüber einer beliebigen Anordnung der Verfahren in den Blöcken, die zum Rückgriff auf die immer anwendbare Methode der kleinsten Quadrate zwänge, gibt es aber gewisse Pläne, die Vorteile bei der Auswertung haben. Bei Versuchen in gänzlich ausgewogenen unvollständigen Blöcken kommen zwei verschiedene Verfahren in gleich vielen (λ) Blöcken zusammen vor (jedes Verfahren kommt höchstens einmal in einem Block vor). Bei dieser Anordnung kann man, gleiche Variabilität innerhalb der Blöcke vorausgesetzt, für Vergleiche zwischen den Verfahren immer denselben Versuchsfehler benutzen.

Bezeichnet b die Anzahl der Blöcke und r die Anzahl der Anwendungen jedes Verfahrens im gesamten BIB-Plan, so gilt offenbar:

$$r \cdot v = b \cdot k \qquad (1)$$

(Bei vollständigen Blöcken ist k = v und b = r). Da jede Behandlung mit jeder anderen (v-1 Möglichkeiten für eine Behandlung) in λ Blöcken vorkommt, andererseits aber insgesamt r mal angewendet wird, was in Blöcken der Größe k ein Zusammentreffen mit k-1 anderen Behandlungen bedingt, ist ferner

$$(v - 1) \cdot \lambda = r \cdot (k - 1) \qquad (2)$$

(Bei vollständigen Blöcken ist λ = r).

Für viele medizinische Untersuchungen spielt der Fall k = 2 eine Rolle, da paarige Organe desselben Organismus, eineiige Zwillinge, Untersuchungsreihen, bei denen nur zwei Behandlungszeiten vorgesehen sind, sozusagen "natürliche" Blöcke darstellen. Hier ist die <u>Konstruktion</u> der Pläne leicht: Man benötigt alle 2-Kombinationen aus v Behandlungen

$$b = \binom{v}{2}, \quad r = v - 1, \quad \lambda = 1$$

(s. späteres Beispiel im Text).

Allgemein erhält man für beliebige $k < v$ einen solchen Plan immer, wenn man $b = \binom{v}{k}$ wählt und r und λ aus (1) und (2) bestimmt. Sind jedoch v und k sehr groß, so wird bei dieser Wahl von b auch r sehr groß. Es ist daher nützlich zu wissen, daß man für $k > 2$ - außer bei $k = v-1$ - nicht immer sämtliche $\binom{v}{k}$ Blöcke benötigt, um vollkommene Ausgewogenheit (konstantes λ) zu erhalten. Beispiele für BIB-Pläne findet man in Cochran und Cox: Experimental Designs, New York, 2. Auflage 1957, Konstruktionsregeln in den Statistical Tables von Fisher und Yates, Edinburgh, 6. Auflage, 1963.

BIB-Pläne mit $k > 2$ werden in der Medizin noch selten verwendet; viele Anwendungen für Pharmakologie, Toxikologie und Mikrobiologie bringt D. J. Finney: Statistical Analysis of Biological Assay, Edinburgh, 2. Auflage, 1964.

In dem linearen Modell, das wie bei dem vollständigen Blockversuch lautet

$$Y_{ij} = \mu + \tau_i + \beta_j + \varepsilon_{ij}$$

kommen nicht alle Kombinationen i,j vor. Für i lautet der höchste vorkommende Wert v, für j lautet er b. Die weiteren Bedingungen sind:
$\sum_i \tau_i = 0$,

β_j und ε_{ij} unabhängig und verteilt nach $N(0, \sigma_\beta^2)$ bzw. $N(0, \sigma_\varepsilon^2)$.

Die Auswertung sei an einem Beispiel erklärt, und zwar sei ein Plan mit $k = 2$, $v = 4$, $b = 6$, $r = 3$, $\lambda = 1$ angeführt. Versuchseinheiten sind die beiden 14-tägigen Behandlungsperioden von Asthmapatienten, Blöcke sind die Patienten. Das betrachtete Merkmal Y_{ij} sei die mittlere Beschwerdepunktzahl der Behandlungsperiode.

Tabelle 1: Daten zum Beispiel

i \ j	1	2	3	4	5	6	.
1	0	1	0				1
2	1			4	2		7
3		5		4		2	11
4			3		2	0	5
.	1	6	3	8	4	2	24

Bildet man in gewohnter Weise

$(ij) = \sum_{ij} Y_{ij}^2 = 80$, $(i) = \frac{1}{r}\sum_i Y_{i.}^2 = 65{,}3$, $(j) = \frac{1}{k}\sum_j Y_{.j}^2 = 65$, $(1) = \frac{1}{rv}Y_{..}^2 = 48$,

so erhält man

$SQ_\tau = 17{,}3$, $SQ_\beta = 17{,}0$, $SQ_{Y-\mu} = 32$.

Würde man SQ_ε aus der Differenz $SQ_\varepsilon = SQ_{Y-\mu} - SQ_\tau - SQ_\beta$ ausrechnen, was bei vollständigen Blöcken richtig ist, so erhielte man $SQ_\varepsilon = -2{,}3$. Dies Ergebnis ist unmöglich, denn SQ_ε/σ^2 sollte wie χ^2 mit $rv-b-v+1$ Freiheitsgraden verteilt sein. Die gewählte Aufteilung der SQ war offenbar nicht additiv.

Auch die Schätzgrößen $\hat{\tau}_i$ sind i.a. nicht in der bei vollständigen Blöcken üblichen Weise zu erhalten. Im folgenden werden Auswertungsregeln für Versuche in ausgewogenen unvollständigen Blöcken gegeben. Zunächst bildet man SQ_τ und SQ_β in der üblichen Weise. Sodann berechnet man

$$SQ_\tau^* = \frac{1}{kv\lambda} \sum_i Q_i^2 \tag{3}$$

mit

$$Q_i = kY_{i.} - \sum_{j(i)} Y_{.j}$$

Das (i) unter dem Summenzeichen soll bedeuten, daß über alle Blocksummen, in denen die i-te Behandlung vorkommt, zu summieren ist.

Ferner ist

$$SQ_\beta^* = SQ_\beta + SQ_\tau^* - SQ_\tau \tag{4}$$

und

$$SQ_\varepsilon = (ij) - (1) - SQ_\beta - SQ_\tau^* \tag{5}$$

Die vorstehenden Formeln ergeben sich aus der Anwendung der Methode der kleinsten Quadrate (s. nicht-orthogonale Varianzanalyse).

Im weiteren geht man so vor:

<u>Fall (a)</u> $FG_b \leq 12$

$$\hat{\tau}_i = \frac{1}{r\lambda} Q_i \,,\quad \hat{\mu} = \frac{1}{rv} Y_{..} \tag{6a}$$

$$\widehat{V(\hat{\tau}_i)} = \frac{rk}{v\lambda} \cdot MQ_\varepsilon \quad \text{für alle } i \quad . \tag{7a}$$

Man lehnt $H_0^\tau : \sum_i \tau_i^2 = 0$ mit Irrtumswahrscheinlichkeit α ab, wenn

$$\frac{MQ_\tau^*}{MQ_\varepsilon} \geq F_{v-1, FG_\varepsilon; 1-\alpha} \quad . \tag{8a}$$

Man lehnt $H_0^\beta : \sigma_\beta^2 = 0$ mit Irrtumswahrscheinlichkeit α ab, wenn

$$\frac{MQ_\beta^*}{MQ_\varepsilon} \geq F_{b-1, FG_\varepsilon; 1-\alpha} \quad . \tag{9}$$

<u>Fall (b)</u> $FG_b > 12$

In diesem Fall sucht man die Varianz innerhalb der Blöcke, σ_ε^2, und die Varianz zwischen den Blöcken, σ_β^2, beim Schätzen und Testen der τ_i mit dem Gewichtsfaktor g zu berücksichtigen. Dadurch ergeben sich die folgenden Formeln:

$$\hat{\tau}_i = \frac{1}{r} Y_{i.} - \frac{1}{rv} Y_{..} + \frac{1}{r} gW_i, \quad \hat{\mu} = \frac{1}{rv} Y_{..} \tag{6b}$$

mit

$$W_i = (v-k) Y_{i.} - (v-1) \sum_{j(i)} Y_{.j} + (k-1) Y_{..}$$

$$g = \frac{w - w'}{wv(k-1) + w'(v-k)}$$

$$w = 1/MQ_\varepsilon, \quad w' = \frac{v(r-1)}{k(b-1) MQ_\beta^* - (v-k) MQ_\varepsilon}$$

$$\widehat{V(\hat{\tau}_i)} = \frac{k(v-1)g}{w-w'} \quad \text{für alle } i. \tag{7b}$$

Man lehnt H_0^τ mit Irrtumswahrscheinlichkeit α ab, wenn

$$\frac{r}{v-1} \cdot \frac{\sum_i \hat{\tau}_i^2}{\widehat{V(\hat{\tau}_i)}} \geq F_{v-1, FG_\varepsilon; 1-\alpha} \quad . \tag{8b}$$

H_0^β wird wie in Fall (b) getestet.

Bei Aufstellung von Rechenschemata ist es nützlich, die Kontrollen $\sum_i Q_i = 0$, $\sum_{j(i)} Y_{.j} = kY_{..}$, $\sum_i W_i = 0$ einzubauen.

Die Auswertung unseres Beispiels ergibt:

Tabelle 2: Rechenschema

i	$kY_{i.}$	$\underset{j(i)}{\Sigma Y}_{.j}$	Q_i	$\widehat{\mu + \tau_i}$
1	2	10	-8	-0,67
2	14	13	1	2,33
3	22	16	6	4,00
4	10	9	1	2,33
.	48 = $k \cdot Y_{..}$	48 = $k \cdot Y_{..}$	0	7,99 = $Y_{..}/r$

$SQ_\tau = (i)-(1) = 17,33$

$SQ_\tau^* = \frac{1}{kv\lambda} \underset{i}{\Sigma} Q_i^2 = 102/8 = 12,75$

$SQ_B = (j)-(1) = 17,00$

$SQ_\tau^* + SQ_B = 29,75$

$SQ_\varepsilon = (ij)-(1)-SQ_\tau^*-SQ_B = 2,25$

$SQ_B^* = SQ_B + SQ_\tau^* - SQ_\tau = 12,42$.

Die Varianzanalyse lautet

Tabelle 3: Varianzanalyse

Ursache	SQ	FG	MQ	F
Behandlungen	12,75	3	4,25	5,67
Blöcke	12,42	5	2,48	3,31
Fehler	2,25	3	0,75	-

Es handelt sich um Fall (a), da $FG_b < 12$. Die Schätzwerte für $\mu + \tau_i$ findet man in der rechten Spalte der Tabelle 2. Die F-Tests für Behandlungseffekte und Blockeffekte sind nicht signifikant. Nehmen wir an, die erste Behandlung sei eine Leerbehandlung und es habe interessiert, ob die anderen Behandlungen insgesamt einen von der Leerbehandlung abweichenden Effekt haben, so bilden wir den linearen Vergleich ψ mit dem Vektor

$$c' = (-3, 1, 1, 1) \text{ und}$$

erhalten

$$\hat{\psi} = -3 \cdot (-0,67) + 1 \cdot 2,33 + 1 \cdot 4,00 + 1 \cdot 2,33 = 10,67$$

$$V(\hat{\psi}) = \sigma_\varepsilon^2 (rk/v\lambda) \sum_i c_i^2 = \sigma_\varepsilon^2 (3/2) \cdot 12 = 18\sigma_\varepsilon^2$$

$$\widehat{V(\hat{\psi})} = 18 \cdot MQ_\varepsilon = 13,5$$

$$\hat{\psi}^2 / \widehat{V(\hat{\psi})} = \frac{10,67^2}{13,5} = 8,43 \ .$$

Die Hypothese $\psi = 0$ kann nicht abgelehnt werden, da

$$8,43 < F_{1,3;0,95} = 10,13.$$

Anhang zu Blockversuchsplänen

Definitionen und Bedeutung der Symbole

Block
(block)
Zusammenfassung einander ähnlicher Versuchseinheiten (meist "naturgegebene" Ähnlichkeit: Organe eines Tieres, Stanzlöcher einer Platte bei Resistenzbestimmungen, Tiere eines Wurfs).

Versuchseinheit
(experimental unit)
kleinste Einheit, an der die Wirkung einer Behandlung (Behandlungskombination) beobachtet werden kann.

Wiederholung
(replicate)
Häufigkeit der Anwendung eines Verfahrens

r
Anzahl der Wiederholungen jeder Behandlung im gesamten Blockversuchsplan

v
Anzahl der Behandlungen

b
Anzahl der Blöcke

k
Anzahl der Versuchseinheiten in einem Block

λ
bei gänzlich ausgewogenen unvollständigen Blockversuchsplänen: Häufigkeit des Vorkommens zweier Behandlungen im selben Block.

Lateinische Quadrate

H.-J. Jesdinsky

Bei vollständigen Blockversuchsplänen gehört jede Versuchseinheit einem Block und einer Behandlung an (Zweifachklassifikation). Beim lateinischen Quadrat wird eine dritte Klassifizierung betrachtet. Man schreibt die Beobachtungswerte gewöhnlich in ein quadratisches Schema, in dem Zeilen die eine, Spalten die andere Blockbildung bedeuten (so viele Zeilen und Spalten wie Behandlungen). Die Behandlungen, durch lateinische Großbuchstaben bezeichnet, werden so angeordnet, daß jeder Buchstabe in jeder Zeile und in jeder Spalte genau einmal vorkommt.

Beispiel:

i \ j	1	2	3	4
1	A	C	D	B
2	C	B	A	D
3	D	A	B	C
4	B	D	C	A

Statt mit lateinischen Buchstaben kann man die Behandlungen auch mit den Indexziffern 1, 2, 3, 4 bezeichnen. Man beachte, daß mit Angabe von i und j der Index k schon festgelegt ist. Lateinische Quadrate gehören zu den unvollständigen Versuchsplänen: Es kommen nicht alle Indexkombinationen ijk vor. Man setzt den Index k deshalb in Klammern. Das Modell lautet

$$Y_{ij(k)} = \mu + \alpha_i + \beta_j + \tau_k + \varepsilon_{ij(k)}$$

$$i = 1, 2, \ldots, v$$
$$j = 1, 2, \ldots, v$$
$$k = 1, 2, \ldots, v$$

Die $\varepsilon_{ij(k)}$ sind unabhängig und normalverteilt $(0, \sigma_\varepsilon^2)$. Für α_i, β_j, τ_k gelten, je nachdem, ob sie als fest oder zufällig angesetzt werden, die üblichen Nebenbedingungen.

Als Schätzwerte verwendet man beim festen Modell

$$\hat{\alpha}_i = \bar{Y}_{i.}(.) - \bar{Y}_{..}(.)$$
$$\hat{\beta}_j = \bar{Y}_{.j}(.) - \bar{Y}_{..}(.)$$
$$\hat{\tau}_k = \bar{Y}_{..}(k) - \bar{Y}_{..}(.)$$

Die Varianzanalyse ergibt (α, β zufällig, τ fest angenommen)

Ursache	SQ	FG	E(MQ)
α (Zeilen)	(i) - (1)	$v - 1$	$\sigma_\varepsilon^2 + v\sigma_\alpha^2$
β (Spalten)	(j) - (1)	$v - 1$	$\sigma_\varepsilon^2 + v\sigma_\beta^2$
τ (Behandlungen)	(k) - (1)	$v - 1$	$\sigma_\varepsilon^2 + v\dfrac{\sum_k \tau_k^2}{v-1}$
ε (Fehler)	(ijk)-(i)-(j)-(k)+2·(1)	$(v-2)(v-1)$	σ_ε^2

(1), (i), (j), (ijk) werden wie üblich gebildet:

$(1) = \dfrac{1}{v^2} Y^2_{..}(.)$, $(i) = \dfrac{1}{v} \sum_i Y^2_{i.}(.)$, $(j) = \dfrac{1}{v} \sum_j Y^2_{.j}(.)$, $(ijk) = \sum_{ij} Y^2_{ij}(k)$.

Entsprechend bedeutet

$(k) = \dfrac{1}{v} \sum_k Y^2_{..}(k)$.

Beim zufälligen Modell hat man die Schätzgrößen

$$\hat{\sigma}_\alpha^2 = (MQ_\alpha - MQ_\varepsilon)/v$$
$$\hat{\sigma}_\beta^2 = (MQ_\beta - MQ_\varepsilon)/v$$
$$\hat{\sigma}_\tau^2 = (MQ_\tau - MQ_\varepsilon)/v \ .$$

Man lehnt $H_o^\tau : \sum_k \tau_k^2 = 0$ mit Irrtumswahrscheinlichkeit α ab, wenn

$MQ_\tau / MQ_\varepsilon \geq F_{v-1, (v-2)(v-1); 1-\alpha}$.

Bei lateinischen Quadrat-Plänen gibt es keine Möglichkeit, Wechselwirkungen zwischen den 3 Faktoren zu schätzen (das ist der Preis für die Ökonomie hinsichtlich des Versuchsaufwands: mit v^2 Versuchseinheiten schätzt man die Effekte von 3 v-stufigen Faktoren). Man wählt zweckmäßigerweise als Zeilen- und Spaltenfaktor solche Einflüsse, die die Konstanz der Versuchsbedingungen gefährden, jedoch selbst nicht interessieren: dann sind meist auch die Wechselwirkungen nicht wichtig.

Zur Veranschaulichung diene ein Beispiel (v = 4):

i bezeichne die Würfe, j die Käfige, k die Behandlungen, Merkmalswerte $Y_{ij(k)}$ sind Nebennierengewichte in mg. Der eingekreiste Wert gehört zu dem Tier des zweiten Wurfes, das im dritten Käfig sitzt (und Behandlung 1 erhielt). Der Index k für die Behandlung steht in Klammern vor dem Y-Wert.

i \ j	1	2	3	4	.
1	(1) 7	(2) 3	(3) 6	(4) 1	17
2	(4) 0	(3) 5	(1) 5	(2) 4	14
3	(3) 6	(4) 2	(2) 1	(1) 9	18
4	(2) 2	(1) 10	(4) 1	(3) 8	21
.	15	20	13	22	70
..(k)	31	10	25	4	

(1)   = 306,25
(i)   = 312,50
(j)   = 319,50
(k)   = 425,50
(ijk) = 452,00 .

Ursache	SQ	FG	MQ	F
Würfe	6,25	3	2,08	1,79
Käfige	13,25	3	4,42	3,79
Behandlungen	119,25	3	39,75	34,1***
Versuchsfehler	7,00	6	1,17	-
Gesamt	145,75	15	-	-

Im allgemeinen hat man bei lateinischen Quadraten nur wenige Freiheitsgrade für MQ_ε. Man sucht diesen Mangel zu beheben, indem man Daten in Form mehrerer Quadrate gemeinsam auswertet.

Das Modell für wiederholte lateinische Quadrate lautet

$$Y_{m\,ij(k)} = \mu + \varrho_m + \alpha_{mi} + \beta_{mj} + \tau_k + (\varrho\tau)_{mk} + \varepsilon_{m\,ij(k)}$$

$$m = 1,2,\ldots,M$$
$$i = 1,2,\ldots,v$$
$$j = 1,2,\ldots,v$$
$$k = 1,2,\ldots,v\,.$$

Die Schätzgrößen lauten

$\hat{\varrho}_m = \dfrac{1}{v^2} Y_{m..(.)} - \dfrac{1}{Mv^2} Y_{...(.)}$ m-tes Quadrat (Wiederholung)

$\hat{\alpha}_{mi} = \dfrac{1}{v} Y_{mi.(.)} - \dfrac{1}{v^2} Y_{m..(.)}$ i-te Zeile innerhalb des m-ten Quadrats

$\hat{\beta}_{mj} = \dfrac{1}{v} Y_{m.j(.)} - \dfrac{1}{v^2} Y_{m..(.)}$ j-te Spalte innerhalb des m-ten Quadrats

$\hat{\tau}_k = \dfrac{1}{Mv} Y_{...(k)} - \dfrac{1}{Mv^2} Y_{...(.)}$ k-te Behandlung

$\widehat{(\varrho\tau)}_{mk} = \dfrac{1}{v} Y_{m..(k)} - \dfrac{1}{Mv} Y_{...(k)}$ Effekt infolge Nichtadditivität der Faktoren, Quadrate und Behandlungen

$\quad - \dfrac{1}{v^2} Y_{m..(.)} + \dfrac{1}{Mv^2} Y_{...(.)}$

Wählen wir die Abkürzungen

(1) $= \frac{1}{Mv^2} Y^2_{...(.)}$,

(m) $= \frac{1}{v^2} \sum_m Y^2_{m..(.)}$,

(mi) $= \frac{1}{v} \sum_{mi} Y^2_{mi.(.)}$,

(mj) $= \frac{1}{v} \sum_{mj} Y^2_{m.j(.)}$,

(k) $= \frac{1}{Mv} \sum_k Y^2_{...(k)}$,

(mk) $= \frac{1}{v} \sum_{mk} Y^2_{m..(k)}$ und

(mijk) $= \sum_{mij} Y^2_{mij(k)}$,

so erhält man folgende Varianzanalyse (τ fest, übrige Parameter zuf.)

Ursache	SQ	FG	E(MQ)
ρ Quadrate	(m)-(1)	M-1	$\sigma^2_\varepsilon + v^2 \sigma^2_\rho$
α Zeilen	(mi)-(m)	M(v-1)	$\sigma^2_\varepsilon + v\sigma^2_\alpha$
ß Spalten	(mj)-(m)	M(v-1)	$\sigma^2_\varepsilon + v\sigma^2_\beta$
τ Behandlungen	(k)-(1)	v-1	$\sigma^2_\varepsilon + v\sigma^2_{(\rho\tau)} + Mv \frac{\sum_k \tau^2_k}{v-1}$
$(\rho\tau)$ Qu. × Beh.	(mk)-(m)-(k)+(1)	(M-1)(v-1)	$\sigma^2_\varepsilon + v\sigma^2_{(\rho\tau)}$
ε Versuchsfehler	(mijk)-(mi)-(mj)-(mk) + 2·(m)	M(v-2)(v-1)	σ^2_ε

Man lehnt $H_0^\tau : \sum_k \tau^2_k = 0$ mit einer Irrtumswahrscheinlichkeit α ab, wenn

$MQ_\tau / MQ_{(\rho\tau)} \geq F_{v-1,(m-1)(v-1);1-\alpha}$.

Der Spezialfall v = 2, bei dem die letzte Zeile der Varianzanalysentabelle verschwindet, ist wichtig (sog. cross-over design): Man beobachtet jedes Individuum zweimal. Bei einer Hälfte der Individuen wird mit Behandlung 1 begonnen, bei der anderen mit Behandlung 2, so daß je 2 Individuen zu einem 2×2-Quadrat zusammengefügt werden können.

Wenn v > 2, kann man mit dem Quotienten $MQ_{(S\tau)}/MQ_{\mathcal{E}}$ die Hypothese $H_0^{(S\tau)}: \sigma^2_{(S\tau)} = 0$ testen.

Graecolateinische und hypergraecolateinische Quadrate

H.-J. Jesdinsky

Betrachten wir folgende Anordnung:

$$\begin{array}{ccc} A_\alpha & C_\beta & B_\gamma \\ B_\beta & A_\gamma & C_\alpha \\ C_\gamma & B_\alpha & A_\beta \end{array}$$

Man erkennt, daß in jeder Zeile und jeder Spalte jeder lateinische und jeder griechische Buchstabe genau einmal vorkommt. Außerdem trifft jeder lateinische mit jedem griechischen Buchstaben genau einmal zusammen. Solche Anordnungen bezeichnet man als graecolateinische Quadrate. Im Vergleich zu lateinischen Quadraten, bei denen außer den "Behandlungen" noch zwei Weisen der Blockbildung bestehen, haben wir bei graecolateinischen Quadraten Versuchspläne vor uns, die Blockbildung auf drei Weisen (Zeilen, Spalten, griechische Buchstaben) gestatten.

Die Beschränkungen, die schon für lateinische Quadrate galten, insbesondere der Ausschluß von Wechselwirkungen, müssen auch hier hingenommen werden. Die Anzahl der Freiheitsgrade für den Versuchsfehler ist noch kleiner, $(v-3)(v-1)$, man wird also gewöhnlich mehrere graecolateinische Quadrate gemeinsam auswerten. Allgemein können Pläne, die Wechselwirkungen ausschließen, für Situationen empfohlen werden, bei denen störende Einflüsse, die in der Natur eines Experimentes liegen, aber selbst nicht interessieren, vom Versuchsfehler abgetrennt werden sollen.

Beispiel:

Zeilen entsprechen Tieren.
Spalten entsprechen dem 1., 2. usw. Versuch an den Tieren.
Griechische Buchstaben bezeichnen den Untersucher.
Lateinische Buchstaben bezeichnen die Behandlungen.

Ein anderes Beispiel:

Zeilen entsprechen Käfigen.
Spalten entsprechen der Reihenfolge der Entnahme aus den Käfigen.

Griechische Buchstaben entsprechen verschiedenen Tierlieferungen.
Lateinische Buchstaben entsprechen den Behandlungen.

Bei der Realisierung solcher Versuchspläne treten oft organisatorische Schwierigkeiten auf: Genaue Einteilung der Untersucher und Kennzeichung der Tiere im 1. Beispiel, systematische Aufteilung der Tierchargen auf die Käfige und richtige Reihenfolge der Entnahme (rasch erkennbare Kennzeichnung der Tiere!) im zweiten Beispiel. Wenn man sich dieser Mühe unterzieht, möchte man oft doch mehr erreichen als nur eine Verkleinerung des Versuchsfehlers: Man möchte außer über die Behandlungseffekte (hier die lateinischen Buchstaben) auch noch über weitere Versuchsbedingungen, die feste Effekte darstellen, etwas aussagen können. Schon in den obigen Beispielen trifft dies etwa auf die Spalteneffekte zu. Man muß sich bei diesen Plänen jedoch immer vor Augen halten, daß sie sich wegen Fehlens der Wechselwirkungsglieder nur für erste über die Haupteffekte orientierende Versuche eignen, wenn mehrere feste Faktoren vorkommen ('Tastexperiment', 'pilot study').

Das lineare Modell für ein graecolateinisches Quadrat lautet:

$$Y_{ij(k)(l)} = \mu + \alpha_i + \beta_j + \tau_k + \delta_l + \varepsilon_{ij(k)(l)}$$

$$i,j,k,l = 1,2,\ldots,v$$

Die Schätzgrößen für α_i, β_j usw. werden in gewohnter Weise gebildet:

$$\hat{\alpha}_i = \frac{1}{v} Y_{i.(.)(.)} - \frac{1}{v^2} Y_{..(.)(.)}, \quad \hat{\beta}_j = \frac{1}{v} Y_{.j(.)(.)} - \frac{1}{v^2} Y_{..(.)(.)}, \text{usw.}$$

Mit den Abkürzungen

$$(1) = \frac{1}{v^2} Y^2_{..(.)(.)}, \quad (i) = \frac{1}{v} \sum_i Y^2_{i.(.)(.)}, \quad (j) = \frac{1}{v} \sum_j Y^2_{.j(.)(.)},$$

$$(k) = \frac{1}{v} \sum_k Y^2_{..(k)(.)}, \quad (l) = \frac{1}{v} \sum_l Y^2_{.(.)(l)}, \quad (ijkl) = \sum_{ij} Y^2_{ij(k)(l)}$$

stellt sich die Varianzanalyse in folgender Weise dar (hier nur τ fest)

Ursache	SQ	FG	E(MQ)
α Zeilen	(i)-(1)	v-1	$\sigma_\varepsilon^2 + v\sigma_\alpha^2$
β Spalten	(j)-(1)	v-1	$\sigma_\varepsilon^2 + v\sigma_\beta^2$
τ lat.Buchstaben	(k)-(1)	v-1	$\sigma_\varepsilon^2 + v\dfrac{\sum_k \tau_k^2}{v-1}$
δ griech.Buchstaben	(l)-(1)	v-1	$\sigma_\varepsilon^2 + v\sigma_\delta^2$
ε Versuchsfehler	(ijkl)-(i)-(j)-(k)-(l)+3·(1)	(v-3)(v-1)	σ_ε^2

Man verwirft $H_0: \sum_k \tau_k^2 = 0$ mit Irrtumswahrscheinlichkeit α, wenn

$$MQ_\tau / MQ_\varepsilon \geq F_{v-1,\ (v-3)(v-1);\ 1-\alpha}.$$

Hypergraecolateinische Quadrate nennt man Pläne, die eine Verallgemeinerung der oben entwickelten Anordnung (mit mehr als zwei "Alphabeten") darstellen: Auf jeder Stufe eines Faktors kommt jede Stufe eines anderen Faktors genau einmal vor. Wenn Anordnungen mit solchen Eigenschaften für ein v existieren, so gibt es höchstens v-1 Alphabete. Für Primzahlen lassen sich hypergraecolateinische Quadrate besonders leicht bilden, wie für v = 5 gezeigt werden soll. Man schreibt statt Buchstaben zweckmäßiger die Ziffern 0, 1, 2, 3, 4. Die Zeilen des ersten Quadrats werden folgendermaßen festgelegt. Als erste Zeile wählt man:

```
        0   1   2   3   4
```

Addiert man zum v-ten Glied (v = 1,...,5) der (μ-1)-ten Zeile (μ = 2,...,5) die Zahl 1 und dividiert durch 5, so ist das v-te Glied der μ-ten Zeile jeweils der Rest bei dieser Division:

```
        0   1   2   3   4
        1   2   3   4   0
        2   3   4   0   1
        3   4   0   1   2
        4   0   1   2   3
```

Ebenso erhält man ein zweites, drittes und viertes Quadrat, indem man wieder von der Zeile 0 1 2 3 4 ausgeht und die Addition der 1 durch die Addition der 2,3 bzw. 4 ersetzt.

Also erhält man z.B. für das zweite Quadrat:

```
0  1  2  3  4
2  3  4  0  1
4  0  1  2  3
1  2  3  4  0
3  4  0  1  2
```

Fügt man alle 4 so entstandenen Quadrate zusammen (v-1=4), so erhält man das höchstmögliche 5 X 5-hypergraecolateinische Quadrat (die 4 Alphabete durch Ziffern an 4 Stellen bezeichnet):

```
0000   1111   2222   3333   4444
1234   2340   3401   4012   0123
2413   3024   4130   0241   1302
3142   4203   0314   1420   2031
4321   0432   1043   2104   3210
```

Durch Vertauschen von Zeilen und Spalten entstehen viele verschiedene Möglichkeiten, zufällige Zuteilungen der Verfahrenskombinationen zu den Versuchseinheiten in den gesteckten Grenzen zu verwirklichen.

Cross - Over - Versuche

H.-J. Jesdinsky

Hat man $v = 2$ Behandlungen, und die Anordnung der Versuche entspricht mehrfachen 2×2 - latein. Quadraten, so verwendet man statt des Modells (vgl. die Ausarbeitung "Lateinische Quadrate"):

$$Y_{mij(k)} = \mu + \varsigma_m + \alpha_{mi} + \beta_{mj} + \tau_k + \varepsilon_{mij(k)} \quad m=1,\ldots,M; i,j,k = 1,2$$

(die Wechselwirkung Quadrate × Behandlungen $(\varsigma\tau)_{mk}$ ist bei $v = 2$ mit dem Versuchsfehler $\varepsilon_{mij(k)}$ vollständig vermengt) oft das folgende Modell

$$Y_{mij(k)} = \mu + \varsigma_m + \alpha_{mi} + \beta_j + \tau_k + \varepsilon_{mij(k)}$$

(α, ε zufällig und β, ς, τ fest).

Die Varianzanalyse sieht folgendermaßen aus:

Ursache	SQ	FG	E(MQ)
ς Quadrate	$(m) - (1)$	$M-1$	$\sigma_\varepsilon^2 + 2\sigma_\alpha^2 + 4\Sigma_m \varsigma_m^2/(M-1)$
α Vpn.innerh.Qu.	$(mi) - (m)$	M	$\sigma_\varepsilon^2 + 2\sigma_\alpha^2$
β Zeitpunkte	$(j) - (1)$	1	$\sigma_\varepsilon^2 + 2M\Sigma_j \beta_j^2$
τ Behandlungen	$(k) - (1)$	1	$\sigma_\varepsilon^2 + 2M\Sigma_k \tau_k^2$
ε Versuchsfehler	$(mijk)-(mi)-(j)-(k)+2\cdot(1)$	$2(M-1)$	σ_ε^2

Aus den E(MQ) ist zu ersehen, daß außer MQ_ς, das an MQ_α getestet wird, alle MQ an MQ_ε getestet werden.

Bei diesem Modell ist die zufällige Zuteilung der Individuen zu den verschiedenen Zeilen der lateinischen Quadrate stark eingeschränkt: Es gibt nur 2 verschiedene 2×2-Quadrate. Es bedeutet keine wesentliche zusätzliche Systematik, wenn man die zufällige Zuteilung der Individuen zu den Quadraten fallen läßt: Man kann jeweils zwei einander etwa hinsichtlich des Alters oder des Gewichts ähnliche Individuen demselben 2×2-Quadrat zuweisen. Insbesondere ist in diesem Falle die Annahme: ς fest sinnvoll.

Für ς zufällig ist $E(MQ) = \sigma_\varepsilon^2 + 4\sigma_\varsigma^2$, und man testet $H_o^\varsigma : \sigma_\varsigma^2 = 0$ dann mit dem Quotienten $MQ_\varsigma / MQ_\varepsilon$.

Wechselversuche (Switch-back designs)

H.-J. Jesdinsky

Will man die Effekte zweier Behandlungen an Individuen untersuchen, die über einen längeren Zeitraum zur Verfügung stehen, so wird man jede Behandlung mehrmals am selben Individuum anwenden. Meist wird die Reaktionsbereitschaft der Individuen sich im Laufe der Zeit verändern (Versuche an isolierten Organen). Daher muß das Ziel der Planung und Auswertung solcher Versuche darin bestehen, die Behandlungseffekte unabhängig von den zeitlichen Veränderungen zu betrachten. Gestattet man unterschiedliche Gewichtung der Beobachtungen, so kommt man zu besonders einfachen Plänen.

Bei $v = 2$ Behandlungen, $J > 2$ Zeitpunkten ist die Reihenfolge der Behandlungen am selben Individuum derart zu wählen, daß die Behandlungen von Mal zu Mal wechseln.

Sei
$$Y_{ij(k_j)} = \mu + \alpha_i + \beta_j + \tau_{k_j} + \varepsilon_{ij(k_j)} \tag{1}$$

$$i = 1,\ldots,I$$
$$j = 1,\ldots,J$$
$$k_j = 1,2$$

und $\quad k_{\nu+1} = k_\nu + (-1)^{k_\nu - 1}$, $\nu = 1,\ldots,J-1$.

Dabei ist

α_i der zufällige Effekt des i-ten Individuums, $E(\alpha_i) = 0$,

β_j der Effekt des j-ten Zeitpunkts, $\sum_j \beta_j = 0$,

τ_{k_j} der Effekt der k_j-ten Behandlung $\tau_1 = -\tau_2$

$\varepsilon_{ij(k_j)}$ sind unkorrelierte Zufallsgrößen mit Erwartungswert Null und Varianz σ^2.

Man betrachtet die Linearkombinationen

$$D_i = (-1) \sum_j^{J+k_1} c_j \cdot Y_{ij(k_j)}. \tag{2}$$

Hierbei sind c_j die Komponenten des Orthogonalpolynoms (J-1)-ten Grades für einen J-stufigen Faktor.

Wir berechnen nun die Größe D_i durch Einsetzen von (1) in (2).

Wegen $\sum_j c_j = 0$ verschwinden μ und α_i

Der Ausdruck $\sum_j c_j \beta_j$ verschwindet, wenn sich β_j in der Form

$$\beta_j = \sum_{\nu=1}^{J-2} a_\nu \, j^\nu ,$$

darstellen läßt, denn c_j ist das Orthogonalpolynom (J-1)-ten Grades.

Ferner kann gezeigt werden, daß

$$\sum_j c_j \tau_{k_j} = 2^{J-2} (\tau_{k_1} - \tau_{k_2}) .$$

Hiermit wird also erreicht, daß D_i für jedes i von solchen zeitlichen Trends, die durch eine Kurve (J-2)-ten Grades dargestellt werden können, unabhängig ist und unter der Voraussetzung, daß nur derartige Trends vorkommen, eine erwartungstreue Schätzung des 2^{J-2}-fachen von $\tau_1 - \tau_2$ darstellt.

Setzt man $\quad 2^{J-2}(\tau_1 - \tau_2) = \mu^*$

$$(-1)^{J+k_1} \sum_j c_j \varepsilon_{ij(k_j)} = \varepsilon_i^* ,$$

so hat man das Modell

$$D_i = \mu^* + \varepsilon_i^* \qquad i = 1,\ldots,I .$$

Aus $\mu^* = 0$ folgt $\tau_1 = \tau_2$.

Die Zufallsvariablen ε_i^* sind unter den obigen Einschränkungen unabhängig und verteilt nach $N(0, \sigma_{\varepsilon^*}^2)$

Nach Durchführung der Varianzanalyse

Ursache	SQ	FG	E(MQ)
μ^*	(1)	1	$\sigma_{\varepsilon^*}^2 + I\mu^{*2}$
ε^*	(i)-(1)	I-1	$\sigma_{\varepsilon^*}^2$

lehnt man die Nullhypothese $H_0 : \mu^* = 0$ mit einer Irrtumswahrscheinlichkeit α ab, wenn

$$\frac{MQ_{\mu^*}}{MQ_{\varepsilon^*}} \geq F_{1, I-1; 1-\alpha} .$$

<u>Bemerkung 1:</u> Die Orthogonalpolynome sind gewöhnlich nur bis zum 4. oder 5. Grade tabelliert. Man kann aber die J Komponenten c_j des Orthogonalpolynoms (J-1)-ten Grades aus der folgenden einfachen Beziehung erhalten

$$c_j = \binom{J-1}{j-1} (-1)^{j+J-1} .$$

Da k_j wechselt, wenn j um 1 fortschreitet, kann man D_i ausdrücken als

$$D_i = \sum_j (-1)^{k_1 + j - 1} \binom{J-1}{j-1} Y_{ij(k_j)} . \qquad (3)$$

<u>Bemerkung 2:</u> Für $J = 2$ geht das Verfahren in den t-Test für paarige Stichproben über.

<u>Beispiel für einen Wechselversuch:</u>

8 Mangaben wurde an 5 Tagen hintereinander im Wechsel ein Präparat A ($k_j = 1$) und ein Präparat L ($k_j = 2$) verabreicht und die Anzahl der Tastendrucke pro Zeitspanne in einem psychomotorischen Test gemessen ($y_{ij(k)}$). Es mögen folgende Werte vorliegen, die hier nach A- und L-Beginnern geordnet aufgeführt sind (man muß bei der praktischen Durchführung eine streng zufällige Zuteilung vornehmen):

Tabelle der $y_{ij(k_j)}$

i Tier \ Tag j	1	2	3	4	5	d_i
1	(A) 10	(L) 24	(A) 30	(L) 21	(A) 8	-18
2	(A) 22	(L) 30	(A) 8	(L) 12	(A) 10	88
3	(A) 6	(L) 10	(A) 10	(L) 20	(A) 15	39
4	(A) 19	(L) 18	(A) 5	(L) 22	(A) 10	101
5	(L) 4	(A) 5	(L) 18	(A) 6	(L) 6	74
6	(L) 20	(A) 15	(L) 32	(A) 20	(L) 19	91
7	(L) 11	(A) 8	(L) 10	(A) 4	(L) 7	22
8	(L) 7	(A) 2	(L) 21	(A) 15	(L) 15	80
$\binom{4}{j-1}$	1	4	6	4	1	$\sum_i d_i = 477$

d_1 z.B. ergibt sich nach (3) als (da Tier 1 mit A ($k_1=1$) beginnend)

$d_1 = (-1)^{1+1-1} \cdot 1 \cdot 10 + (-1)^{1+2-1} \cdot 4 \cdot 24 + (-1)^{1+3-1} \cdot 6 \cdot 30$
$+ (-1)^{1+4-1} \cdot 4 \cdot 21 + (-1)^{1+5-1} \cdot 1 \cdot 8 = -10 + 96 - 180 + 84 - 8$
$= -18$ usw. für d_2, d_3, ...

Man erhält

$$(i) = 40431$$
$$(1) = 28441 = MQ_\mu$$
$$MQ_{\varepsilon*} = 1713$$
$$MQ_\mu*/MQ_{\varepsilon*} = 16{,}6^{**} > F_{1,\,7;\,0{,}99} = 12{,}2 \ .$$

Versuchspläne zur Schätzung von Nachwirkungen

H.-J. Jesdinsky

Häufig bedeuten Zeilen oder Spalten eines lateinischen Quadrates den Zeitpunkt (die Reihenfolge) der Behandlung am selben Individuum. Wenn man nicht ausschließen kann, daß Nachwirkungen der vorangehenden Behandlungen auftreten, kann man spezielle lateinische Quadrate verwenden. Man muß vermeiden, daß zwei Behandlungen gehäuft hintereinander vorkommen, da dann die Direkt- und Nachwirkungen vermengt werden. Eine Konstruktionsregel für Quadrate, in denen jede Behandlung vor jeder anderen gleich oft vorkommt, veranschaulicht die nachstehende Ziffernfolge (1,2,...,6 symbolisiert die Behandlungen):

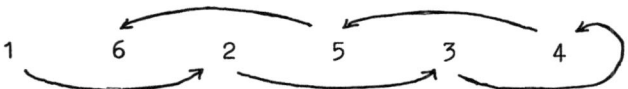

Die weiteren Zeilen entstehen durch zyklische Vertauschung der Ziffern 1 bis 6:

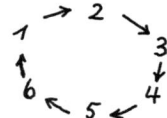

Man erhält so das Schema

```
1 6 2 5 3 4
2 1 3 6 4 5
3 2 4 1 5 6
4 3 5 2 6 1
5 4 6 3 1 2
6 5 1 4 2 3
```

Wenn v ungerade ist, benötigt man 2 Quadrate. Das zweite Quadrat entsteht aus dem ersten durch Umkehren der Reihenfolge der Behandlungen, für v = 3 erhält man z.B.

1. Quadrat   2. Quadrat

```
1 3 2                     2 3 1
2 1 3                     3 1 2
3 2 1                     1 2 3
```

Die Auswertung solcher Quadrate könnte ganz wie bei gewöhnlichen lateinischen Quadraten geschehen, wenn man für die Nachwirkungsparameter ν_l ($l = 1, 2, \ldots, v$) keine Schätzwerte gewinnen will.

Dieses Vorgehen ist aber nicht befriedigend. Andererseits möchte man Parameter ν_l schätzen, also das Modell

$$Y_{ij(k)(l)} = \mu + \alpha_i + \beta_j + \tau_k + \nu_l + \varepsilon_{ij(k)(l)}$$

$$i, j, k, l = 1, \ldots, v,$$

α, ε zufällig, β, τ, ν fest mit den üblichen Nebenbedingungen, verwenden, so ist eine additive Zerlegung der Summe $\sum_{ij} Y^2_{ij(k)(l)}$ in Anteile, die den Parametern dieses Modells entsprechen, nicht möglich.

Es ist leicht einzusehen, daß bei dem dargestellten Plan

1. die erste Beobachtung nie Nachwirkungseffekte enthält,
2. eine Behandlung nie vor sich selbst vorkommt ($k \neq l$ für alle Beobachtungen),
3. Nachwirkungseffekte der zuletzt bei einem Individuum angewandten Behandlung nicht auftreten.

Die erwähnten Nachteile haben die folgenden Pläne nicht. Sie sind zudem leichter auswertbar und entstehen durch geringfügige Abwandlung der erwähnten Anordnungen. Man fügt zum Beispiel für $v = 3$ die beiden Quadrate zusammen und stellt eine zusätzliche "Vorperiode", die die gleiche Anordnung zeigt wie die letzte Periode, voran (die Tabelle enthält die Werte des Index k, daraus geht l eindeutig hervor):

i \ j	0	1	2	3	4	5	6
1	1	1	3	2	2	3	1
2	2	2	1	3	3	1	2
3	3	3	2	1	1	2	3

Wenn die Ermittlung der Meßwerte $Y_{io(k)}$ das Versuchsobjekt nicht verändert, müssen die Beobachtungen $Y_{io(k)}$ in der Vorperiode nicht durchgeführt werden, wohl aber die Behandlungen k, weil diese die Nachwirkungen in der ersten Beobachtung liefern.

Man benötigt also bei v Behandlungen 2v + 1 Perioden. Wertet man nur die letzten 2v Perioden aus, so besteht Orthogonalität der SQ_α, SQ_β, SQ_τ, SQ_ν, SQ_ε.

Man hat zunächst die Schätzwerte

$$\hat{\alpha}_i = \frac{1}{2v} Y_{i.(.)(.)} - \frac{1}{2v^2} Y_{..(.)(.)}$$

$$\hat{\beta}_j = \frac{1}{v} Y_{.j(.)(.)} - \frac{1}{2v^2} Y_{..(.)(.)}$$

$$\hat{\tau}_k = \frac{1}{2v} Y_{..(k)(.)} - \frac{1}{2v^2} Y_{..(.)(.)}$$

$$\hat{\nu}_l = \frac{1}{2v} Y_{..(.)(l)} - \frac{1}{2v^2} Y_{..(.)(.)} .$$

Die Varianzanalyse ergibt, unter der Voraussetzung α, ε zufällig, β, τ, ν fest:

Ursache	SQ	FG	E(MQ)
α	(i) − (1)	v − 1	$\sigma_\varepsilon^2 + 2v\sigma_\alpha^2$
β	(j) − (1)	2v − 1	$\sigma_\varepsilon^2 + v \frac{\Sigma \beta_j^2}{2v-1}$
τ	(k) − (1)	v − 1	$\sigma_\varepsilon^2 + 2v \frac{\Sigma_k \tau_k^2}{v-1}$
ν	(l) − (1)	v − 1	$\sigma_\varepsilon^2 + 2v \frac{\Sigma_l \nu_l^2}{v-1}$
ε	(ijkl)−(i)−(j)−(k)−(l)+3·(1)	(2v−3)(v−1)	σ_ε^2

Hierbei ist wieder

$$(1) = \frac{1}{2v^2} Y^2_{..(.)(.)} \qquad (1) = \frac{1}{2v} \sum_{l=1}^{v} Y^2_{..(.)(l)}$$

$$(i) = \frac{1}{2v} \sum_{i=1}^{v} Y^2_{i.(.)(.)} \qquad (ijkl) = \sum_{ij} Y^2_{ij(k)(l)}$$

$$(j) = \frac{1}{v} \sum_{j=1}^{2v} Y^2_{.j(.)(.)}$$

$$(k) = \frac{1}{2v} \sum_{k=1}^{v} Y^2_{..(k).}$$

Man lehnt $H_0^\tau : \sum_k \tau_k^2 = 0$ mit einer Irrtumswahrscheinlichkeit α ab, wenn $MQ_\tau/MQ_\varepsilon \geq F_{v-1,\ (2v-3)(v-1);\ 1-\alpha}$, und lehnt $H_0^\nu : \sum_l \nu_l^2 = 0$ mit α ab, wenn $MQ_\nu/MQ_\varepsilon \geq F_{v-1,\ (2v-3)(v-1);\ 1-\alpha}$.

Signifikanztests

bei Vergleichen zwischen mehr als zwei Mittelwerten

H.-J. Jesdinsky

Beim sog. festen Modell der einfachen Varianzanalyse

$$Y_{ij} = \mu + \tau_i + \varepsilon_{ij} \qquad \begin{matrix} i = 1, 2, \ldots, I \\ j = 1, 2, \ldots, J_i \end{matrix}$$

mit den Nebenbedingungen

$$\sum_i \tau_i = 0 \; ,$$

ε_{ij} unabhängig und normalverteilt mit Mittelwert 0 und Varianz σ_ε^2

begnügt man sich meist nicht mit dem F-Test, der die Hypothese

$$H_o : \sum_i \tau_i^2 = 0$$

mit einer Irrtumswahrscheinlichkeit α ablehnt, wenn

$$MQ_\tau / MQ_\varepsilon \geq F_{I-1, \sum_i J_i - I, 1-\alpha} \; ,$$

sondern man möchte zusätzlich Vergleiche zwischen zwei oder mehreren Mittelwerten durchführen.

Hierbei treten neue Gesichtspunkte auf, die zur Entwicklung einer Vielzahl von Tests geführt haben, von denen einige dargestellt seien.

I. <u>Tests, bei denen die Irrtumswahrscheinlichkeit auf die Menge der Tests bezogen ist.</u>

Der Wunsch nach speziellen Einzeltests auf Unterschiede zwischen Mittelwerten eines in I Klassen unterteilten Beobachtungsgutes kann einem Bedürfnis entsprechen, das bereits <u>vor</u> der Durchführung der Versuchsreihe bzw. <u>vor</u> der Zusammenstellung der Erhebung vorhanden war. Nur dann kann man den t-Test oder die Methode der Orthogonalvergleiche anwenden. In diesem Zusammenhang spricht man auch von dem multiplen t-Test.

Der multiple t-Test.

Der Vergleich zweier Mittelwerte mittels des multiplen t-Tests geschieht ganz in der Weise, wie bei Vorliegen von nur zwei Gruppen. Man verwendet für die Fehlervarianz jedoch den Schätzwert MQ_ε, der aus <u>allen</u> Gruppen stammt (σ_ε^2 nicht von i abhängig vorausgesetzt!) mit den entsprechenden Freiheitsgraden und kommt zu der Formel

$$t = \frac{\bar{Y}_{k.} - \bar{Y}_{l.}}{\sqrt{(1/J_k + 1/J_l)MQ_\varepsilon}} \qquad (1)$$

$$1 \leq k, l \leq I\,; \ k \neq l$$

für den Vergleich des k-ten mit dem l-ten Mittelwert. Um Rundungsfehler zu verringern und die Berechnung zu vereinfachen, verfährt man am besten nach der Formel

$$t = \frac{J_l\, Y_{k.} - J_k\, Y_{l.}}{\sqrt{J_l\, J_k(J_l + J_k)\cdot MQ_\varepsilon}} \qquad (1a)$$

Wenn $J_l = J_k = J$, gilt

$$t = \frac{Y_{k.} - Y_{l.}}{\sqrt{2\, J\cdot MQ_\varepsilon}} \qquad (1b)$$

Die Hypothese $H_o^*: \tau_k - \tau_l = 0$ wird mit einer Irrtumswahrscheinlichkeit α abgelehnt, wenn $|t| \geq t_{\sum_i J_i - I,\ 1-\alpha/2}$.

Man wird vernünftigerweise nicht etwa im voraus alle $\binom{I}{2}$ möglichen Vergleiche zwischen den Mittelwerten jeder Gruppe wünschen, wenn I groß ist. Bei dem multiplen t-Test (wie auch bei den weiter unten zu besprechenden Orthogonalvergleichen) werden nämlich von 100 aufgestellten Nullhypothesen im Mittel $100 \cdot \alpha$ fälschlicherweise abgelehnt (α Irrtumswahrscheinlichkeit). Die Irrtumswahrscheinlichkeit ist also auf die Menge der Tests bezogen (wobei zusätzlich vorausgesetzt ist, daß die Tests <u>vor</u> der Gewinnung des Beobachtungsgutes geplant wurden).

Orthogonale Vergleiche mit Test-bezogener Irrtumswahrscheinlichkeit.

Die Methode der orthogonalen Vergleiche gestattet bei I Gruppen nur I - 1 Vergleiche, wobei für die Anteile der Summe der Abweichungsquadrate, die auf die einzelnen Vergleiche entfallen, $SQ_\tau^{(m)}$, $m=1,\ldots,I-1$; gilt

$$\sum_{m=1}^{I-1} SQ_\tau^{(m)} = SQ_\tau. \qquad (2)$$

Man kann jedem Vergleich einen Vektor zuordnen.

Dem oben angeführten t-Test läßt sich der Vektor

$$c_m = (0, 0, \ldots, 0, J_k, 0, \ldots, 0, -J_l, 0, \ldots, 0)$$

zuordnen. Wenn man

$$T_m = \sqrt{\frac{SQ_\tau^{(m)}}{MQ_\varepsilon}} \qquad (3)$$

setzt, so stimmt wegen

$$SQ_\tau^{(m)} = \frac{(\sum_{i=1}^{I} c_{mi} Y_{i.})^2}{\sum_{i=1}^{I} c_{mi}^2 J_i} \qquad (4)$$

die Testgröße (3) mit (1), (1a), (1b) überein.

Richtet man die I-1 Vergleiche so ein, daß für je zwei Vergleiche gilt

$$\sum_{i=1}^{I} c_{mi} c_{m'i} J_i = 0, \qquad \sum_{i=1}^{I} c_{mi} J_i = 0$$

$$m, m' = 1, 2, \ldots, I-1 \qquad (5)$$

$$m' \neq m$$

so spricht man von Orthogonalvergleichen. Es gilt dann auch (2). Die Vektoren c_m sind bis auf einen Faktor bestimmt. Für $J_i = J$ ($i = 1, 2, \ldots, I$) genügt es, wenn

$$\sum_{i=1}^{I} c_{mi} c_{m'i} = 0, \qquad \sum_{i=1}^{I} c_{mi} = 0 \tag{5a}$$

$m, m' = 1, 2, \ldots, I-1$

$m' \neq m$

erfüllt ist.

Gelegentlich werden die Vergleiche von der Sache her schon so gewünscht, daß sie orthogonal sind. Man hat etwa Ergebnisse von 3 Verfahren zu beurteilen, von denen das erste die Standardbehandlung, die beiden andern neue Behandlungen darstellen. Zunächst möchte man wissen, ob die neuen Verfahren dem Standardverfahren überlegen sind ($J_i = J$ konstant). Man erhält den Vergleichsvektor

$$c_1 = (-2, 1, 1)'.$$

Dann interessiere noch, ob ein Unterschied zwischen den neuen Verfahren besteht. Damit ergibt sich der zweite Vergleichsvektor

$$c_2 = (0, 1, -1)'.$$

Manchmal ist nur einem Teil der Orthogonalvergleiche eine Bedeutung beizumessen. In diesem Fall erhält man nach Abzug der auf die sinnvollen Vergleiche entfallenden $SQ_\tau^{(m)}$ ($m = 1, 2, \ldots, I'$; $I' < I-1$) von SQ_τ eine SQ_τ ("Rest") mit $I-I'-1$ Freiheitsgraden.

Man hat z.B. 7 Verfahren untersucht und ist an dem Vergleich des 1. mit dem 7. Verfahren interessiert (wieder gleiche J_i vorausgesetzt), wofür der Vergleichsvektor lautet

$$c_1 = (1, 0, 0, 0, 0, 0, -1)'.$$

Außerdem interessiere noch, ob Verfahren 2 und 3 sich von Verfahren 4, 5 und 6 unterscheiden, was mit dem Vektor

$$c_2 = (0, 3, 3, -2, -2, -2, 0)'$$

untersucht werden kann.

In diesem Fall erhält man noch eine SQ_τ ("Rest") mit 4 Freiheitsgraden.

II. Tests, bei denen die Irrtumswahrscheinlichkeit auf die Menge der Versuche (Erhebungen) bezogen ist.

Fällt bei einer Untersuchung unerwartet eine Differenz zwischen 2 Mittelwerten groß aus, war jedoch kein Test zum Vergleich dieser Mittelwerte vorgesehen, so kann man nach dem Konzept des multiplen t-Tests oder der Orthogonalvergleiche diesen Test nachträglich nicht mehr aufstellen. Man muß einen neuen Versuch bzw. eine neue Erhebung anstellen.

Diese Forderung ist nicht immer realistisch. Man hat sich daher in Fällen, in denen Hypothesen an einer Stichprobe zu testen sind, die erst aufgrund des Ausfalls dieser Stichprobe aufgestellt werden (ein Experiment bzw. eine Erhebung ist als Stichprobe aus der Gesamtheit aller möglichen Experimente aufzufassen), grundsätzlich der Scheffé-Methode zu bedienen (s. Einfachklassifikation). Bei der Scheffé-Methode ist die Irrtumswahrscheinlichkeit auf die Menge der Stichproben bezogen: Von 100 Stichproben weisen im Mittel $100 \cdot \alpha$ Stichproben mindestens einen fälschlich signifikanten Vergleich auf, wobei alle möglichen Vergleiche zugelassen sind.

Ein derartiger Bezug der Irrtumswahrscheinlichkeit auf die Menge aller Stichproben (nicht auf die Menge der Vergleiche) kann auch einmal erwünscht sein, wenn nicht alle Vergleiche, sondern nur eine bestimmte Klasse von Vergleichen durchgeführt werden soll. Man wird dann einen Test erwarten dürfen, der eine größere Schärfe besitzt als der Scheffé-Test. Zunächst werden zwei Sonderfälle betrachtet, für die einige Prozentpunkte der Testgrößen tabelliert[1] vorliegen.

Dunnett- Test.

Bei diesem Test werden Vergleiche zwischen Mittelwerten von I-1 Gruppen mit dem einer bestimmten Gruppe zugelassen. Diese Gruppe wird meist eine Gruppe von "Normalen" oder die "Leerbehandlung" oder die "Standardbehandlung" etc. sein. Der Testquotient wird wie üblich gebildet (Formel (1a), (1b)).

---

[1] Dunnett, C.W.: A multiple comparison procedure for comparing several treatments with a control. J. Amer. Statist. Assoc. 50 (1955) 1096-1121 (für den Tukey-Test:) Documenta Geigy, Wissenschaftliche Tabellen, 7.Aufl. 1968 S. 51, wobei die Werte mit $\sqrt{2}$ dividiert werden müssen.

Manchmal wird gerade beim Dunnett-Test ein einseitiger Test gewünscht. Hierzu dienen die kritischen Werte für die einseitige Fragestellung. 1964 von Dunnett veröffentlichte Korrekturen für ungleiche J_i oder $\sigma_k^2 \neq \sigma_1^2$ sind so geringfügig, daß sie unberücksichtigt bleiben können.

Tukey - Test.

Bei paarweisen Vergleichen zwischen einzelnen Gruppen wendet man den Tukey-Test an, der auf der Verteilung der Extremwertdifferenzen bei Stichproben aus normalverteilten Gesamtheiten beruht, dem sog. 'studentized range'. Der Test ist immer zweiseitig. Er wird durch Vergleich der nach Formel (1a) bzw. (1b) gewonnenen Testgröße mit dem tabellierten Wert erhalten. Streng genommen muß gelten: $J_i = J$ für $i = 1, 2, \ldots, I$. Bei nicht zu großen Unterschieden zwischen den Beobachtungszahlen in den Gruppen kann man den Tukey-Test jedoch noch verwenden.

Wir betrachten noch zwei allgemeinere Methoden.

Beliebige Vergleiche (sog. Bonferroni-Verfahren).

Es sei beabsichtigt, M lineare Vergleiche mit Vektoren $c_1, c_2 \ldots, c_M$ durchzuführen. Bezieht man die Irrtumswahrscheinlichkeit α auf die Menge der Versuche und ist E_m das Ereignis, daß der m-te Vergleich unter $H_o^{(m)}: \sum_{i=1}^{I} c_{mi} \tau_i = 0$ signifikant ausfällt, so ist dies gleichbedeutend mit

$$P(\bigcup_{m=1}^{M} E_m) = \alpha$$

Nach dem verallgemeinerten Additionssatz der Wahrscheinlichkeitsrechnung ist

$$P(\bigcup_{m=1}^{M}) E_m) \leq \sum_{m=1}^{M} P(E_m) \; .$$

Wünscht man für den Test jeder Hypothese die gleiche Irrtumswahrscheinlichkeit, so kann

$$\alpha \leq \sum_{m=1}^{M} \bar{\alpha} = M \cdot \bar{\alpha}$$

gewählt werden.

Man hat dann

$$\bar{\alpha} \geq \frac{\alpha}{M} \; . \tag{6}$$

Man testet also, statt an dem $(1 - \frac{\alpha}{2})$ - Quantil der t-Verteilung beim multiplen t-Test mit Test-bezogener Irrtumswahrscheinlichkeit, jetzt bei jedem Einzeltest an dem $(1 - \frac{\alpha}{2M})$- Quantil der t-Verteilung und hat dann eine auf den Versuch bezogene Irrtumswahrscheinlichkeit $\leq \alpha$.

<u>Orthogonale Vergleiche mit versuchsbezogener Irrtumswahrscheinlichkeit</u>

Bei orthogonalen Vergleichen sind die Ereignisse E_m, $m = 1,\ldots,M$, unter den weiter unten genannten Voraussetzungen unabhängig und damit auch die Ereignisse $\bar{E}_m$.

Mit $P(\bar{E}_m) = 1-\bar{\alpha}$ const. für alle Hypothesen ergibt sich nach dem Multiplikationssatz der Wahrscheinlichkeitsrechnung

$$P(\bigcap_{m=1}^{M} \bar{E}_m) = P(\bar{E}_1) \cdot P(\bar{E}_2) \cdot \ldots \cdot P(\bar{E}_M) = (1-\bar{\alpha})^M = 1-\alpha,$$

woraus man erhält

$$\bar{\alpha} = 1 - (1-\alpha)^{1/M}. \qquad (7)$$

Unabhängigkeit der Ereignisse E_m kann man im Falle orthogonaler Vergleiche nur voraussetzen, wenn in den Testquotienten

$$t_m = \frac{\sum_i c_{mi} Y_{i.}}{\sqrt{J \cdot \sum_i c_{mi}^2 \cdot \hat{\sigma}_\varepsilon^2}}$$

jeweils unabhängige Schätzwerte $\hat{\sigma}_\varepsilon^2$ für σ_ε^2 verwendet werden. Bei vollständigen Blockversuchen mit b Blöcken kann man dies erreichen mit den Schätzungen

$$\hat{\sigma}_{\varepsilon_m}^2 = \frac{1}{b-1} \left(\frac{\sum_j (\sum_i c_{mi} Y_{ij})^2}{\sum_i c_{mi}^2} - \frac{(\sum_i c_{mi} Y_{i.})^2}{J \sum_i c_{mi}^2} \right). \qquad (8)$$

$\hat{\sigma}_\varepsilon^2$ hat b-1 Freiheitsgrade. Man lehnt $H_o^{(m)}$, $m = 1,\ldots, M$, also mit auf den Versuch bezogener Irrtumswahrscheinlichkeit α ab, wenn

$$|t_m| \geq t_{b-1, 1-\bar{\alpha}/2}$$

oder wenn

$$t_m^2 \geq F_{1, b-1, 1-\bar{\alpha}}$$

wobei $\bar{\alpha}$ durch (7) gegeben ist.

Für kleine α ergibt sich $\bar{\alpha}$ nach (7) angenähert zu $\frac{\alpha}{M}$. Die Bonferroni-Methode liefert dann dieselben Ergebnisse (s. Formel (6)). Damit entfällt der Aufwand zur Bestimmung unabhängiger Schätzgrößen $\hat{\sigma}^2_{\varepsilon_m}$.

Es sei zum Schluß darauf hingewiesen, daß vorausgesetzt wird, daß aufgrund des Sachverhalts immer zu entscheiden ist, welcher Test anzuwenden ist. Die Vielzahl der geschilderten Tests soll es erleichtern, den geeigneten Test zu finden. Sie soll nicht dazu verleiten, mehrere Tests an einem Material auszuprobieren. Im Zweifelsfalle wird man die Scheffé-sche Methode vorziehen.

Transformationen

R. Roßner

In den Modellen der Varianzanalyse steckt die Voraussetzung, daß die Beobachtungswerte für alle Gruppen gleiche Varianz besitzen. (Varianzhomogenität, Homoskedastie)

In zahlreichen Anwendungen ist diese Voraussetzung nicht erfüllt. Liegt die Situation vor, daß die Varianz σ^2 als eine Funktion des Erwartungswertes μ angegeben werden kann, dann kann man durch Transformation der Beobachtungswerte Y_i wieder Varianzhomogenität erreichen. Das heißt nichts anderes, als daß man eine geeignete Funktion g bestimmt und anstelle der Werte Y_i mit den Werten $g(Y_i)$ rechnet. Die Varianz von $g(Y_i)$ soll nun nicht mehr von $E(g(Y_i))$ abhängen. Hatte Y_i die Varianz $\sigma^2 = f(\mu)$, so hat $g(Y_i)$ nach dem sogenannten "Fehlerfortpflanzungsgesetz" ungefähr die Varianz $[g'(\mu)]^2 \cdot f(\mu)$. Es ist also g so zu bestimmen, daß bis auf einen konstanten Faktor $[g'(\mu)]^2 = 1/f(\mu)$ ist.

Die am häufigsten auftretenden Fälle wollen wir einzeln durchsprechen.

1. Die Standardabweichung ist dem Erwartungswert proportional.

Das tritt bei der lognormalen Verteilung auf (z.B. häufig bei Größenmessungen an Zellkernen, bei Schwellendosis-Bestimmungen in der Toxikologie o.ä.). Diese Bedingung ist ebenfalls erfüllt, wenn Varianzen als Beobachtungswerte vorliegen.

Transformation: $\log Y_i$

Der Logarithmus hat oft noch einen anderen angenehmen Effekt: Wenn man multiplikative Einflüsse in den Y_i hat, hat man nach der Transformation ein additives Modell ohne Wechselwirkungen.

2. Die Varianz ist dem Erwartungswert proportional

Dies trifft auf die Poissonverteilung zu. (Beispiel: Anzahl der Silberkörner über einem Zellkern bei einer Autoradiographie, Anzahl der Zellen eines gewissen Typs im Zählfeld.)

Transformation: $\sqrt{Y_i}$ oder $\sqrt{Y_i + 1}$

3. Die Varianz ist proportional zu $\mu \cdot (1-\mu)$

Dieser Fall ist gegeben, wenn die Beobachtungswerte von einer Binomialverteilung mit den Parametern (p,n) stammen (z.B. Anteil von Reagierenden bei "Alles oder Nichts"-Reaktionen

Transformation $\arcsin \sqrt{\dfrac{Y_i}{n}}$

4. Die Standardabweichung ist dem Quadrat des Erwartungswertes proportional

Hierfür gibt es keinen bestimmten theoretischen Verteilungstyp. Wenn man den Daten (etwa mit Hilfe einer Zeichnung) ansieht, daß die Standardabweichung mehr als linear mit dem Mittelwert ansteigt, wird man sich für die

Transformation $1/Y_i$ entscheiden.

5. Die Beobachtungswerte sind Stichprobenkorrelationskoeffizienten

Für Stichprobenkorrelationskoeffizienten erzielt man mit der

Transformation $\dfrac{1}{2} \log \dfrac{1+Y_i}{1-Y_i}$ gleiche Varianzen

(z-Transformation).

Hat man mit Hilfe von Transformationen gleiche Varianzen erreicht, so ist die Varianzanalyse sehr unempfindlich dagegen, daß die Beobachtungswerte nicht exakt normalverteilt sind.

Man kann darüberhinaus sogar sagen, daß von extremen Gegenbeispielen abgesehen, Varianzanalysen, die mit und ohne Transformationen gerechnet wurden, eine erstaunliche Übereinstimmung in den Ergebnissen zeigten.

Nichtparametrische Methoden für die Versuchsplanung.

E. Walter

Im folgenden werden zwei nichtparametrische Methoden für die Auswertung von Versuchen angegeben werden, der Kruskal-Wallis-Test und der Test von Friedman.

a) <u>Einfachklassifikation:</u> Beim Vorliegen des Modells

$$Y_{ij} = \mu + \tau_i + \varepsilon_{ij} \quad (j = 1,\ldots, J_i \, ; \, i = 1,\ldots,I; \, \sum_i J_i = n)$$

kann die Hypothese

$$H_o: \sum_i \tau_i^2 = 0$$

auch dadurch geprüft werden, daß allen Beobachtungswerten Y_{ij} die Rangzahlen $1,\ldots,n$ zugeordnet werden. Dabei erhält die kleinste der n Beobachtungen die Rangzahl 1, die größte die Rangzahl n. Die Rangzahl der Beobachtung Y_{ij} bezeichnen wir mit R_{ij}. Zur Prüfung der Hypothese, daß keine Unterschiede zwischen den Mittelwerten bestehen, benutzen wir das Prüfmaß

$$T = \frac{12}{n(n+1)} \sum_{i=1}^{I} \frac{R_{i.}^2}{J_i} - 3(n+1), \quad R_{i.} = \sum_j R_{ij} .$$

Dieses Prüfmaß ist asymptotisch verteilt wie χ^2 mit $I-1$ Freiheitsgraden. Für kleine n wurden die kritischen Werte tabelliert (z.B. Stange und Henning Tabelle 7.6.1). Wenn die Anzahl in den Klassen gleich ist, d.h. $J_i = J$ für alle i, dann vereinfacht sich das Prüfmaß zur folgenden Form

$$T = \frac{12}{n(n+1)J} \sum_{i=1}^{I} R_{i.}^2 - 3(n+1).$$

Dieser Test wird nach W. Kruskal und W. Wallis benannt.

b) <u>Vollständige Blöcke:</u> Bei Vorliegen des Modells

$$Y_{ij} = \mu + \tau_i + \beta_j + \varepsilon_{ij} \quad (i = 1,\ldots,I; \, j = 1,\ldots,J)$$

kann so vorgegangen werden, daß innerhalb jedes Blockes den J Beobachtungen der Größe nach die Rangzahlen 1 bis J zugeordnet werden. Zur Prüfung der Hypothese, daß kein Unterschied zwischen den Behandlungen besteht

$$H_o : \Sigma \tau_i^2 = 0$$

kann folgendes Prüfmaß gebildet werden

$$V = \frac{12}{I(I+1)J} \Sigma R_{i.}^2 - 3 J(I+1)$$

Auch diese Verteilung folgt asymptotisch der χ^2-Verteilung mit I-1 Freiheitsgraden und ist für kleine I und J genau tabelliert. (z.B. Stange und Henning Tabelle 7.6.2)

Der Test wurde zuerst von M. Friedman angegeben. Für den Fall I = 2 geht der erste Test in den Wilcoxon-Test, der zweite in den Vorzeichen-Test über.

Diese Testverfahren wurden auch für andere Versuchspläne modifiziert, ebenso Schnellteste und Verfahren, die dem Vorzeichentest entsprechen. Einen Überblick gibt Walsh.

<u>Literatur:</u>

Stange, K., und H.-J. Henning: Formeln und Tabellen der mathematischen Statistik, 2. völlig neu bearb. Aufl. Springer Verlag Berlin-Heidelberg-New York (1966).

Walsh, J.E.: Handbook of Nonparametric Statistics, III. Analysis of Variance. Van Nostrand Comp., Princeton (1968).

Fehlende Beobachtungen

H.-J. Jesdinsky

Gelegentlich fallen bei geplanten Versuchen Beobachtungswerte aus, z.B. weil ein Meßgerät versagt oder nicht abgelesen oder nicht aufgeschrieben wurde, ein Patient nicht zur Nachuntersuchung erschien oder ein Tier stirbt usw. (incomplete data, missing plot).

In solchen Fällen ist immer ein Vorgehen nach der Methode der kleinsten Quadrate möglich, einem Verfahren, das im Falle vollständiger Daten auf die Varianzanalyse und im allgemeinen Fall zu recht umfangreichen Rechenoperationen führt. Daher wurden Formeln aufgestellt, fehlende Werte durch fingierte Werte so zu ersetzen, daß SQ_ε in der vorliegenden Stichprobe minimiert wird und die Auswertung mit den so vervollständigten Daten in Form einer Varianzanalyse erfolgen kann.

Ein fehlender Wert in einem Blockversuchsplan

Ein an der Stelle i, j fehlender Wert(i, j sind im folgenden feste Werte) wird ersetzt durch

$$Y_{ij}^* = \frac{v \cdot Y'_{i.} + b \cdot Y'_{.j} - Y'_{..}}{(v-1)(b-1)} \,. \tag{1}$$

Bei $Y'_{i.}$, $Y'_{.j}$, $Y'_{..}$ wird über alle __vorhandenen__ Werte summiert. In der mit Y_{ij}^* durchgeführten Varianzanalyse ist die Anzahl der Freiheitsgrade von SQ_ε um 1 zu vermindern. Eine zusätzliche Korrektur ergibt sich aus dem Umstand, daß - unter H_o^τ - $E(MQ_\tau) > \sigma_\varepsilon^2$, wenn man unter Verwendung von Y_{ij}^* die SQ_τ wie üblich berechnet. Erwartungstreu ist

$$SQ_\tau^* = SQ_\tau - \frac{(Y'_{.j} - (v-1)Y_{ij}^*)^2}{v(v-1)} \,. \tag{2}$$

Für lineare Vergleiche $\hat{\psi} = \sum_\nu c_\nu Y_\nu$ errechnet sich die Varianz (falls $\sum_\nu c_\nu = 0$) zu

$$\hat{V}(\hat{\psi}) = b \cdot MQ_\varepsilon \left(\sum_{\nu \ne i} c_\nu^2 + c_i^2 \frac{b(v-1)+1}{(b-1)(v-1)} \right). \tag{3}$$

Ein fehlender Wert in einem Lateinischen Quadrat

Ein an der Stelle i, j, (k) fehlender Wert (i, j, k sind im folgenden feste Werte) wird ersetzt durch

$$Y^*_{ij(k)} = \frac{v(Y'_{i.(.)} + Y'_{.j(.)} + Y'_{..(k)}) - 2 \cdot Y'_{..(.)}}{(v-2)(v-1)}. \quad (4)$$

Ein unter H_0 erwartungstreuer Schätzwert für SQ_τ ist

$$SQ^*_\tau = SQ_\tau - \frac{(Y'_{..(.)} - Y'_{i.(.)} - Y'_{.j(.)} - (v-1)Y'_{..(k)})^2}{(v-2)^2(v-1)^2}. \quad (5)$$

wobei SQ_τ in der üblichen Weise unter Verwendung von $Y^*_{ij(k)}$ berechnet wird.

Für die Varianz eines geschätzten linearen Vergleichs $\hat{\psi} = \sum_\nu c_\nu Y_{..(\nu)}$ ergibt sich

$$\hat{V}(\hat{\psi}) = v \cdot MQ_\varepsilon \left(\sum_{\nu \neq k} c_\nu^2 + c_k^2 \frac{(v-1)^2+1}{(v-2)(v-1)} \right). \quad (6)$$

Mehrere fehlende Werte

Fehlen mehrere Werte, so fallen die notwendigen <u>Korrekturen</u> für SQ_τ und $\hat{V}(\hat{\psi})$ sehr kompliziert aus (außerdem hängen die Korrekturen davon ab, ob Werte im selben Block bzw. in derselben Behandlungsstufe fehlen oder in verschiedenen Blöcken bzw. Behandlungsstufen). Wenn über 10% der Werte fehlen, sollte man nach der Methode der kleinsten Quadrate verfahren. Falls nicht mehr als 10% der Werte fehlen, kann man sich mit der Reduktion der FG_ε um die Anzahl der fehlenden Werte als einziger Korrektur begnügen.

Für die Durchführung von Vergleichen ist das von C.C.Li angegebene Verfahren der Berechnung der sog. "effektiven" Anzahl der Wiederholungen, verhältnismäßig einfach. Hier soll aber nicht darauf eingegangen werden.

Die <u>Bestimmung</u> der fehlenden Werte selbst ist auch bei mehreren Fehlstellen nicht schwierig: Am leichtesten ist es, z.B. bei 2 fehlenden Werten r, s zunächst mit einem s_0 einen Wert r_0 nach (1) oder (4) - je nach dem verwendeten Plan - zu berechnen und dann mit r_0 ein s_1

nach der gleichen Formel zu bestimmen. Mit s_1 bestimmt man wieder r_1 und fährt so fort, bis sich aufeinanderfolgende Werte (im Rahmen der Genauigkeit der 'echten' Beobachtungen) nicht mehr unterscheiden. Man wendet also ein iteratives Verfahren an.

Literatur:

Li C.C.: Introduction to Experimental Statistics, New York, McGraw-Hill 1964 S. 233 ff.

Regression und Korrelation
Einfache lineare Regression
R. Pfander

Beispiel: Will man das durchschnittliche Körpergewicht einer Bevölkerung wissen, so wird man eine zufällige Stichprobe vom Umfang n der Gesamtheit entnehmen und den Erwartungswert mit Hilfe von
$\bar{Y} = \frac{1}{n} \sum_{i=1}^{n} Y_i$ schätzen (Y_i = Wert des i-ten Stichprobenelementes).
Die Varianz der Schätzgröße ist dabei $\frac{\sigma^2}{n}$, falls σ^2 die Varianz in der Grundgesamtheit ist. Will man nun das durchschnittliche Gewicht des Anteils der Bevölkerung, der 170 cm groß ist, wissen, so erhält man aus denselben Versuchsdaten keine genauere Schätzung. Nehmen wir aber an, wir hätten bei unserer Stichprobe auch noch die Größe festgestellt, so dürfen wir vermuten, daß dies eine genauere Schätzung des mittleren Gewichtes bei 170 cm Größe zuläßt.

Um nun eine genauere Schätzung bei festem x zu erhalten, gehen wir folgendermaßen vor:

Die vermutete Beziehung zwischen dem Körpergewicht y und der Körpergröße x, deren genauer funktionaler Zusammenhang uns nicht bekannt ist, approximieren wir durch einen linearen Ansatz (Taylorentwicklung) $y = \beta_0 + \beta_1 x$. Nun sind wir aber sicher, daß diese Funktion zwischen y und x nicht genau gilt; die wahren Körpergewichte werden also um diese Gerade (zufällig) schwanken. Die angenommene zufällige Abweichung bezeichnen wir mit ε.

Als mathematisches Modell erhalten wir also:

$$Y = \beta_0 + \beta_1 x + \varepsilon \qquad (Y, \varepsilon \text{ zufällig, } x \text{ fest})$$

Wir beschäftigen uns nun nur mit dem mathematischen Modell und den sich in diesem Zusammenhang ergebenden Fragestellungen. Dabei setzen wir voraus, daß die "Stellen" x, an denen Y beobachtet wird, vor dem Versuch fest vorgegeben sind.

Bei unserem Modell $Y = \beta_0 + \beta_1 x + \varepsilon$ setzen wir voraus, daß $E(\varepsilon) = 0$ und $V(\varepsilon) = \sigma_\varepsilon^2$ (unabhängig von der Stelle x) gilt.

Haben wir nun n Beobachtungen y_i an den zugehörigen Stellen x_i (i = 1,2,...,n), so stellt sich zuerst die Aufgabe, die Gerade $y = \mu + \beta (x - \bar{x})$ möglichst gut den Beobachtungswerten anzupassen.

Dazu setzen wir zunächst $\beta_0 + \beta_1 \bar{x} = \mu$ und $\beta_1 = \beta$, wobei $\bar{x} = \frac{1}{n}\sum_{i=1}^{n} x_i$ ist. Dann können wir unser Modell auch schreiben als:

$$Y = \mu + \beta(x - \bar{x}) + \varepsilon$$

und die Aufgabe, die Gerade möglichst gut an die Beobachtungswerte anzupassen, läuft darauf hinaus, die unbekannten Werte μ und β zu bestimmen (schätzen). Dies geschieht mit Hilfe der Methode der kleinsten Quadrate; d.h. wir bestimmen die Gerade so, daß die Summe der Abstandsquadrate von der Geraden zu den beobachteten Y-Werten minimiert wird. (Abstand in y-Richtung!)

Wir wählen also μ und β so, daß

$$\sum_{i=1}^{n} (Y_i - (\mu + \beta(x_i - \bar{x})))^2$$

zum Minimum wird.

Führt man dies durch, so erhält man als Schätzwerte für μ bzw. β

$$a = \bar{Y} \quad \text{und} \quad b = \frac{S_{xy}}{S_{x^2}},$$

dabei ist

$$S_{xy} = \sum_i x_i Y_i - \frac{\sum_i x_i \sum_i Y_i}{n}$$

und

$$S_{x^2} = \sum_i x_i^2 - \frac{(\sum_i x_i)^2}{n}, \quad \text{entsprechend } S_{y^2} = \sum Y_i^2 - \frac{(\sum Y_i)^2}{n}.$$

Die Methode der kleinsten Quadrate selbst liefert uns keinen Schätzwert für die Varianz σ_ε^2, jedoch können wir eine Schätzgröße aus denen von μ und β aufbauen.

Als Schätzfunktion für σ_ε^2 benutzt man:

$$s_\varepsilon^2 = \frac{1}{n-2} \sum_{i=1}^{n} [Y_i - (a + b(x_i - \bar{x}))]^2.$$

Aus unseren früheren Voraussetzungen folgt $E(a) = \mu$ und $E(b) = \beta$. Verlangen wir außerdem, daß die Y_i ($i=1,\ldots,n$) unabhängig sind, erhält man: $E(s_\varepsilon^2) = \sigma_\varepsilon^2$, d.h. unsere Schätzfunktionen sind alle erwartungstreu.

Den obigen Ausdruck für s_ε^2 kann man noch etwas umformen; indem man die Werte für a und b einsetzt, erhält man:

$$s_\varepsilon^2 = \frac{1}{n-2} \sum_i [Y_i - \bar{Y} - \frac{S_{xy}}{S_{x^2}}(x_i - \bar{x})]^2$$

$$= \left\{ \frac{1}{n-2} \sum_i (Y_i-\bar{Y})^2 - 2 \frac{S_{xy}}{S_{x^2}} \sum_i (Y_i-\bar{Y})(x_i-\bar{x}) + (\frac{S_{xy}}{S_{x^2}})^2 \sum_i (x_i-\bar{x})^2 \right\}$$

$$= \frac{1}{n-2}(S_{y^2} - \frac{S_{xy}^2}{S_{x^2}}) = \frac{S_{y^2}}{n-2}(1 - \frac{S_{xy}^2}{S_{x^2} \cdot S_{y^2}}) .$$

Die Größe $\frac{S_{xy}^2}{S_{x^2} \cdot S_{y^2}}$ bezeichnet man mit r^2.

Wie man aus der letzten Formel ersieht, ist r^2 ein Maß dafür, wieviel der ursprünglichen Varianz von Y sich durch Schwankungen in den x- Werten erklären läßt.

ß heißt der Regressionskoeffizient. Er gibt an, um wieviel Y im Mittel zunimmt, wenn sich x um eine Einheit ändert. Außerdem gibt uns ß bei der Prüfung der Hypothese ß = 0 Auskunft darüber, ob es überhaupt sinnvoll ist, eine Regression von y nach x zu berechnen. Im Zusammenhang mit der einfachen linearen Regression gibt es nun verschiedene Fragestellungen.

1. Uns interessiert die Verläßlichkeit der erhaltenen Schätzgrößen, d.h. wir müssen Konfidenzbereiche für μ und ß aufstellen, sowie für den Mittelwert von Y an der Stelle x (d.h. für $\mu + \beta(x-\bar{x})$).

2. Uns interessiert eine Aussage über den Wert einer zukünftigen Beobachtung an einer festen Stelle x, d.h. wie müssen ein Toleranzintervall aufstellen.

3. Frage nach einem gemeinsamen Konfidenzintervall für μ und ß; und damit zusammenhängend ein Konfidenzbereich für die gesamte Regressionsgerade.

4. Frage, ob die Parameter μ und ß bestimmte vermutete Werte haben; d.h. wir stellen Hypothesenteste für μ und ß auf.

Um alle diese Fragen beantworten zu können, muß noch folgende Voraussetzung an das Modell gestellt werden:

Für jedes feste x ist Y normalverteilt. Aus den früheren Forderungen ergibt sich für den Erwartungswert $E(Y|x) = \mu + \beta(x-\bar{x})$.

Zur Bewältigung der obigen Probleme benötigen wir zuerst die Varianzen der Schätzfunktionen a und b:

Es gilt:
$$V(b) = V\left(\frac{S_{xy}}{S_{x^2}}\right) = \frac{1}{(S_{x^2})^2} V(S_{xy}) ,$$

da $\quad V(S_{xy}) = \sum_i (x_i - \bar{x})^2 V(Y_i) = \sigma_\varepsilon^2 \cdot S_{x^2}$

folgt: $V(b) = \dfrac{\sigma_\varepsilon^2}{S_{x^2}}$.

Also erhalten wir als Schätzfunktion s_b^2 für die Varianz von b

$$s_b^2 = \frac{s_\varepsilon^2}{S_{x^2}} .$$

Analog erhält man: $\quad V(a) = \dfrac{\sigma_\varepsilon^2}{n}$

und als Schätzfunktion:

$$s_a^2 = \frac{s_\varepsilon^2}{n} .$$

Bezeichnen wir die Schätzgröße des Mittelwertes von Y an der Stelle x mit $\hat{Y}_x$, so erhalten wir weiter

$$V(\hat{Y}_x) = V(a + b(x - \bar{x}))$$

und aus der Unabhängigkeit von a und b folgt:

$$V(\hat{Y}_x) = \sigma_\varepsilon^2 \left(\frac{1}{n} + \frac{(x-\bar{x})^2}{S_{x^2}}\right) ,$$

also $\quad s_{\hat{Y}_x}^2 = s_\varepsilon^2 \left(\dfrac{1}{n} + \dfrac{(x-\bar{x})^2}{S_{x^2}}\right) \quad$ (Schätzgröße für $V(\hat{Y}_x)$).

Eine zukünftige Beobachtung Y an der Stelle x wird um $\mu+\beta(x-\bar{x})$ mit der Varianz σ_ε^2 verteilt sein, unabhängig von $\hat{Y}_x$, so daß

$$V(Y - \hat{Y}_x) = V(Y) + V(\hat{Y}_x) = \sigma_\varepsilon^2 \left(1 + \frac{1}{n} + \frac{(x-\bar{x})^2}{S_{x^2}}\right)$$

gilt. (Die Schätzgröße für $V(Y-\hat{Y}_x)$ erhalten wir, wenn wir in der letzten Gleichung σ_ε^2 durch s_ε^2 ersetzen.)

Mit den erhaltenen Schätzfunktionen können wir nun die Konfidenz- und Toleranzbereiche bestimmen:

Hierzu wird nur immer wieder benutzt, daß

$$\frac{\text{Schätzgröße} - \text{Erwartungswert der Schätzgröße}}{\sqrt{\text{geschätzte Varianz der Schätzgröße}}}$$

t-verteilt ist, mit n-2 FG.

Die Gleichungen der Konfidenzgrenzen bei vorgegebener Irrtumswahrscheinlichkeit α sind dann:

1. für μ : $a \pm t_{n-2;\ 1-\frac{\alpha}{2}} \cdot \dfrac{s_\varepsilon}{\sqrt{n}}$

2. für β : $b \pm t_{n-2;\ 1-\frac{\alpha}{2}} \cdot \dfrac{s_\varepsilon}{\sqrt{S_{x^2}}}$

3. für den Wert der Regressionsgeraden an der Stelle $x = x_0$:

$$a + b(x_0 - \bar{x}) \pm t_{n-2;\ 1-\frac{\alpha}{2}} \cdot s_\varepsilon \sqrt{\frac{1}{n} + \frac{(x_0-\bar{x})^2}{S_{x^2}}} \ .$$

Das Toleranzintervall für eine zukünftige Beobachtung Y an der Stelle $x = x_0$ bei einer Irrtumswahrscheinlichkeit von α ist:

$$a + b(x_0 - \bar{x}) \pm t_{n-2;\ 1-\frac{\alpha}{2}} \cdot s_\varepsilon \cdot \sqrt{1 + \frac{1}{n} + \frac{(x_0-\bar{x})^2}{S_{x^2}}} \ .$$

Bemerkung: Das Toleranzintervall unterscheidet sich formal vom Konfidenzintervall für den Mittelwert an derselben Stelle x nur durch den zusätzlichen Summanden 1 unter der Wurzel, was auch veständlich ist, da zu der Variabilität des geschätzten Mittelwertes noch die der Beobachtung um den Mittelwert hinzukommt.

Das Toleranzintervall, das mit der Irrtumswahrscheinlichkeit α den Anteil δ der Gesamtheit der Y-Werte an der Stelle $x = x_0$ überdeckt, ist approximativ gegeben durch:

$$a + b(x_0 - \bar{x}) \pm u_{1-\frac{\delta}{2}} \sqrt{F_{\infty,\, n-2;\, 1-\alpha}} \cdot s_\varepsilon \cdot \sqrt{1 + \frac{1}{n} + \frac{(x_0 - \bar{x})^2}{S_{x^2}}} \;.$$

Wir wollen jetzt noch einen gemeinsamen Konfidenzbereich für μ und β angeben.

Berücksichtigt man nämlich, daß die Größe

$$Q = \frac{1}{\sigma_\varepsilon^2}\left\{n(a-\mu)^2 + S_{x^2}(b-\beta)^2\right\} \quad \chi_2^2 \text{ - verteilt ist}$$

und $(n-2) \cdot \dfrac{s_\varepsilon^2}{\sigma_\varepsilon^2}$ eine χ_{n-2}^2 - Verteilung hat,

so folgt aus der Unabhängigkeit der beiden Größen, daß

$\dfrac{Q \cdot \sigma_\varepsilon^2}{2\, s_\varepsilon^2}$ F-verteilt ist, mit $(2, n-2)$ FG.

Der Rand des Konfidenzbereiches ist dann durch die Gleichung

$$\frac{n(a-\mu)^2 + S_{x^2}(b-\beta)^2}{2\, s_\varepsilon^2} = F_{2,\, n-2;\, 1-\alpha} \quad \text{gegeben.}$$

Der gemeinsame Konfidenzbereich für μ und β liefert nun gleichzeitig einen Bereich, der die gesamte Regressionsgerade mit einer Irrtumswahrscheinlichkeit α einschließt. Und zwar enthält dieser Bereich alle Regressionsgeraden, deren Parameter μ und β im gemeinsamen Konfidenzbereich liegen.

Die Gleichungen der Ränder des Konfidenzbereiches für die gesamte Regressionsgerade lauten:

$$a + b(x - \bar{x}) \pm \sqrt{2\ F_{2,n-2;\ 1-\alpha}} \cdot s_\varepsilon \sqrt{\frac{1}{n} + \frac{(x-\bar{x})^2}{S_{x^2}}} \quad .$$

<u>Bemerkung:</u> Wie man aus den obigen Gleichungen für die Konfidenz- bzw. Toleranzintervalle ersieht, ist die Länge dieser Intervalle von x abhängig und am kleinsten für $x = \bar{x}$, d.h. die Schätzungen sind am genauesten bei $x = \bar{x}$.

Wir wenden uns nun den Hypothesentesten zu:

1. $H_o : \beta = \beta_o \qquad H_1 : \beta \neq \beta_o$

Als Testgröße benutzen wir die Größe

$$t = \frac{b - \beta_o}{s_b} = \frac{b - \beta_o}{s_\varepsilon} \cdot \sqrt{S_{x^2}}$$

die, wie wir schon wissen, unter der Nullhypothese $\beta = \beta_o$ eine t-Verteilung mit (n-2) FG hat.

H_o wir mit einer Fehlerwahrscheinlichkeit α verworfen, falls

$$|t| \geq t_{n-2;\ 1 - \frac{\alpha}{2}} \quad \text{gilt}$$

(d.h. falls $t \geq t_{n-2;\ 1-\frac{\alpha}{2}}$ oder $t \leq -t_{n-2;\ t-\frac{\alpha}{2}}$).

Die am häufigsten vorkommende Hypothese ist $H_o : \beta = o$. Mit ihr wird geprüft, ob x einen Wert zur Vorhersage von Y hat, falls eine lineare Approximation (Regressionsgerade) zugrundegelegt wird. Dabei kann es z.B. sehr gut sein, daß x^2 gut geeignet ist als Hilfe zur Bestimmung von Y.

Andere Testfunktionen befassen sich mit dem Testen folgender Hypothesen:

1.) $H_o : \mu = \mu_o \qquad t = \frac{a - \mu_o}{s_a} = \frac{a - \mu_o}{s_\varepsilon} \sqrt{n}$

2.) $H_o : E(Y|x_o) = \alpha_o \qquad t = \frac{a+b(x_o-\bar{x})-\alpha_o}{s_{\hat{Y}_x}} = \frac{a+b(x_o-\bar{x})-\alpha_o}{s_\varepsilon \cdot \sqrt{\frac{1}{n} + \frac{(x_o-\bar{x})^2}{S_{x^2}}}}$

3.) $H_o : \mu = \mu_o$ <u>und</u> $\beta = \beta_o$

$$F = \frac{n(a-\mu_o)^2 + S_{x^2}(b-\beta_o)^2}{2 s_\varepsilon^2}$$

Die Hypothesen werden jeweils abgelehnt, falls $|t| \geq t_{n-2;\ 1-\frac{\alpha}{2}}$

bzw. $F \geq F_{2,\ n-2;\ 1-\alpha}$.

Die Regressionsrechnung kann auch mit den Methoden der Varianzanalyse betrachtet werden, d.h. wir zerlegen eine einzelne Beobachtung in ihre verschiedenen Anteile:

$Y_i = \bar{Y} \quad + (\hat{Y}_i - \bar{Y}) + (Y_i - \hat{Y}_i)$

Anteil des   Anteil der   Abweichung der Beobachtung
Mittelwerts   Regression   von der Regression.

Bilden wie $\sum_i Y_i^2$, so erhalten wir (die gemischten Produkte sind alle Null):

$$\sum_i Y_i^2 = \frac{Y_\cdot^2}{n} + \sum_i (Y_i-\bar{Y})^2 + \sum_i (Y_i-\hat{Y}_i)^2$$

$$= \frac{Y_\cdot^2}{n} + \frac{S_{xy}^2}{S_{x^2}} + (S_{y^2} - \frac{S_{xy}^2}{S_{x^2}}) ,$$

wobei die einzelnen Quadratsummen voneinander unabhängig sind.

Diese Aufspaltung kann nun in einer Varianzanalysentabelle wiedergegeben werden.

Ursache	SQ	FG	E(MQ)
μ	$Y_\cdot^2/n$	1	$\sigma_\varepsilon^2 + n\mu^2$
β	S_{xy}^2/S_{x^2}	1	$\sigma_\varepsilon^2 + S_{x^2}\beta^2$
ε	$S_{y^2} - S_{xy}^2/S_{x^2}$	n-2	σ_ε^2

wobei $MQ = \frac{SQ}{FG}$.

Bis jetzt interessierten uns die x-Werte nicht besonders. Bestimmen wir nun aber den Versuch so, daß an verschiedenen Stellen x_i mehrere (n_i) Y-Werte beobachtet werden, so können wird den Ausdruck $\sum_i (Y_i - \hat{Y}_i)^2$ von oben (dabei wurde zwischen gleichen x-Werten unterschieden, was wir jetzt nicht mehr tun wollen) weiter aufspalten.

Hierzu sei Y_{ij} die j-te Beobachtung an der Stelle x_i (i = 1,...,k, j = 1,...,n_i).

Es gilt dann:

$$\sum_{i,j}(Y_{ij} - \hat{Y}_i)^2 = \sum_{i,j}(\bar{Y}_{i.} - \hat{Y}_i)^2 + \sum_{i,j}(Y_{ij} - \bar{Y}_{i.})^2$$

$$= \sum_i n_i(\bar{Y}_{i.} - \hat{Y}_i)^2 + \sum_{i,j}(Y_{ij} - \bar{Y}_{i.})^2 \; ; \; \text{mit } \bar{Y}_{i.} = \sum_{j=1}^{n_i} \frac{Y_{ij}}{n_i},$$

so daß wir also jetzt haben:

$$\sum_{i,j} Y_{ij}^2 = \underbrace{\frac{Y_{..}^2}{n}}_{\mu} + \underbrace{\sum_{i=1}^{k} n_i(\hat{Y}_i - \bar{Y}_{..})^2}_{\beta} + \underbrace{\sum_{i=1}^{k} n_i(\bar{Y}_{i.} - \hat{Y}_i)^2}_{\text{Abweichung der Mittelwerte von der Regressionsgeraden.}}$$

$$+ \underbrace{\sum_{i,j}(Y_{ij} - \bar{Y}_{i.})^2}_{}$$

Abweichung der Beobachtungen von den Mittelwerten.

(dabei ist: $n = \sum_{i=1}^{k} n_i$; $Y_{..} = \sum_{i=1}^{k} \sum_{j=1}^{n_i} Y_{ij}$ und $\bar{Y}_{..} = \frac{Y_{..}}{n}$,

sowie $\hat{Y}_i = a + b(x_i - \bar{x})$.)

Es gilt außerdem (mit $E(Y|x_i) = \eta_i$)

$$E(\frac{Y_{..}^2}{n}) = \sigma_\varepsilon^2 + n\mu^2$$

$$E(\sum_{i=1}^{k} n_i(\hat{Y}_i - \bar{Y}_{..})^2) = \sigma_\varepsilon^2 + \beta^2 \sum_{i=1}^{k} n_i(x_i - \bar{x})^2$$

$$E(\sum_{i=1}^{k} n_i (\bar{Y}_{i.} - \hat{Y}_i)^2) = (k-2)\sigma_\varepsilon^2 + \sum_{i=1}^{k} n_i(\eta_i - \mu - \beta(x_i - \bar{x}))^2$$

$$E(\sum_{i,j} (Y_{ij} - \bar{Y}_{i.})^2) = (n-k)\sigma_\varepsilon^2 \ .$$

Das können wir in einer Varianzanalysentabelle zusammenfassen:

Ursache	SQ	FG	E(MQ)
μ	$\dfrac{Y_{..}^2}{n}$	1	$\sigma_\varepsilon^2 + n\mu^2$
β	$\sum_{i=1}^{k} n_i(\hat{Y}_i - \bar{Y}_{..})^2$	1	$\sigma_\varepsilon^2 + \beta^2 \sum_{i=1}^{k} n_i(x_i - \bar{x})^2$
Mittelwerte um die Regressionsgr.	$\sum_{i=1}^{k} n_i(\bar{Y}_{i.} - \hat{Y}_i)^2$	k-2	$\sigma_\varepsilon^2 + \dfrac{1}{k-2} \sum_{i=1}^{k} n_i(\eta_i - \mu - \beta(x_i - \bar{x}))^2$
ε	$\sum_{i,j} (Y_{ij} - \bar{Y}_{i.})^2$	n-k	σ_ε^2

wobei $MQ = \dfrac{SQ}{FG}$; $E(Y|x_i) = \eta_i$; $\bar{x} = \dfrac{1}{n} \sum_{i=1}^{k} n_i x_i$

und $n = \sum_{i=1}^{k} n_i$ gesetzt wurde.

Zur Prüfung der Hypothese $H_0 : \eta_i = \mu + \beta(x_i - \bar{x})$

bilden wir die Testgröße:

$$F = \frac{\sum_i n_i(\bar{Y}_{i.} - \hat{Y}_i)^2 / (k-2)}{\sum_{i,j} (Y_{ij} - \bar{Y}_{i.})^2 / (n-k)} \quad ,$$

welche unter H_0 wie F-verteilt ist mit (k-2, n-k) FG.

Zum Berechnen der SQ in der obigen Varianzanalysentabelle benutzt man folgende Darstellungen:

$$\sum_{i=1}^{k} n_i(\hat{Y}_i - \bar{Y}_{..})^2 = b^2 S_{x^2} \quad \text{(wobei jetzt } S_{x^2} = \sum_{i=1}^{k} n_i x_i^2 - \frac{(\sum_i n_i x_i)^2}{n} \text{)}$$

$$\sum_{i=1}^{k} n_i(\bar{Y}_{i.} - \hat{Y}_i)^2 = S_{y^2} - b^2 S_{x^2} - (\sum_{i,j} Y_{ij}^2 - \sum_i \frac{Y_{i.}^2}{n_i})$$

$$\sum_{i,j} (Y_{ij} - \bar{Y}_{i.})^2 = \sum_{i,j} Y_{ij}^2 - \sum_i \frac{Y_{i.}^2}{n_i} \quad .$$

Das zweivariable Modell

Bis jetzt haben wir die x-Werte vorgegeben und die zugehörigen Y-Werte beobachtet.

Wir betrachten jetzt den Fall, bei dem auch x eine zufällige Größe ist, also vor dem Versuch nicht festlegt, sondern mit Y beobachtet wird, d.h. wir beobachten jetzt Wertpaare (X,Y) z.B. Körpergröße und Körpergewicht von zufällig ausgewählten Individuen.

Man kann nun in gleicher Weise die Regressionsgerade von Y auf X bestimmen:

$$y = \mu + \beta(x - \mu_x)$$

mit

$$\mu_x = E(X) .$$

Dabei wird μ durch $a = \bar{Y}$, β durch $b_{yx} = \frac{S_{xy}}{S_{x^2}}$ und μ_x durch $\bar{X}$ geschätzt.

Die Konfidenzintervalle und die Hypothesenteste sind dieselben wie bei festem x.

Im zweivariablen Fall können wir jetzt aber auch von der Regression von X nach Y sprechen; mit der Regressionsgeraden

$$X = \gamma + \delta (y - \mu_y)$$

und mit den Schätzwerten $c = \bar{X}$ für γ, $b_{xy} = \frac{S_{xy}}{S_{y^2}}$ für δ und $\bar{Y}$ für μ_y.

Außerdem können wir hier den Korrelationskoeffizienten ϱ zwischen X und Y schätzen durch

$$r = \frac{S_{xy}}{\sqrt{S_{x^2} \cdot S_{y^2}}}$$

Es gilt

$$r^2 = b_{yx} \cdot b_{xy}$$

Zum Testen von $H_o : \varrho = 0$ benutzt man, daß

$$t = \frac{r \cdot \sqrt{n-2}}{\sqrt{1-r^2}} \quad \text{t-verteilt ist mit n-2 FG (falls } \varrho = 0\text{)}.$$

Dieser Test ist identisch mit dem zur Prüfung von $H_o : \beta = 0$. Für $\varrho \neq 0$ gilt dies nicht mehr.
Ist $\varrho \neq 0$, so benutzt man, daß $Z(r) = \frac{1}{2} \ln \frac{1+r}{1-r}$ approximativ eine Normalverteilung mit dem Mittelwert

$$\frac{1}{2} \ln \frac{1+\varrho}{1-\varrho}$$

und der Varianz $\frac{1}{n-3}$ hat.

Zur Prüfung von $H_o : \varrho = \varrho_o$ wird also

$$u = (Z(r) - Z(\varrho_o)) \sqrt{n-3}$$

benutzt und die Hypothese abgelehnt, falls

$$|u| \geq u_{1-\frac{\alpha}{2}}$$

($u_{1-\frac{\alpha}{2}}$ ist das $1 - \frac{\alpha}{2}$ Quantil der Normalverteilung).

Multiple und partielle Regression

H.-J. Jesdinsky und R. Pfander

Das Modell der einfachen linearen Regression läßt sich in natürlicher Weise verallgemeinern. Bis jetzt untersuchten wir nur den Einfluß einer "unabhängigen"[1] Variablen x auf die "abhängige" Größe Y. Dabei wurde der Einfluß von anderen Variablen im Modell nicht berücksichtigt. Der Einfluß der nicht im Modell berücksichtigten Variablen wurde vielmehr - soweit diese mit x in Verbindung stehen - in dem Betrag von x vermengt.

Wir gehen jetzt dazu über, den Einfluß von mehreren "unabhängigen" Variablen $x_1,\ldots,x_k$ auf Y zu betrachten. Da die wesentlichen Unterschiede zur einfachen linearen Regression schon am Beispiel von 2 "unabhängigen" Größen x_1, x_2 gezeigt werden können, behandeln wir zunächst diesen Fall.

Wir betrachten also jetzt ein multiples Regressionsmodell

$$Y = \beta_0^* + \beta_1 \cdot x_1 + \beta_2 \cdot x_2 + \varepsilon$$

mit den Voraussetzungen:

$$E(Y|x_1,x_2) = \beta_0^* + \beta_1 x_1 + \beta_2 x_2$$

und $\quad V(\varepsilon) = V(Y) = \sigma_\varepsilon^2 \quad$ (unabhängig von x_1 und x_2)

Wir machen also jetzt die Voraussetzung, daß der Erwartungswert von Y an der Stelle x_1, x_2 auf der Ebene $y = \beta_0^* + \beta_1 \cdot x_1 + \beta_2 \cdot x_2$ liegt und daß alle übrigen Faktoren, die Y beeinflussen, nur eine zufällige Abweichung ε von dieser Ebene verursachen.

Wir werden jetzt z.B. den Einfluß von x_1 auf Y bei festgehaltenem x_2 behandeln können (partielle Regression).

Wie im Fall der linearen Regression haben wir n unabhängige Beobachtungen

---

[1] in diesem Zusammenhang heiße "unabhängige" Variable eine Größe, die fest vorgegeben werden kann.

Y_i ($i = 1,...,n$) an n festen Stellen (x_{1i}, x_{2i}). Bevor wir nun die Ebene $y = \beta_0^* + \beta_1 x_1 + \beta_2 x_2$ diesen Beobachtungswerten möglichst genau anpassen, nehmen wir die folgende Substitution vor:

$\beta_0 = \beta_0^* + \beta_1 \bar{x}_1 + \beta_2 \bar{x}_2$ mit $\bar{x}_j = \sum_{i=1}^{n} \frac{x_{ji}}{n}$ ($j = 1,2$) und erhalten dann

$$Y = \beta_0 + \beta_1 (x_1 - \bar{x}_1) + \beta_2 (x_2 - \bar{x}_2) + \varepsilon . \qquad (1)$$

Dabei sind Y, ε zufällige; β_0, β_1, β_2 unbekannte Parameter; x_1, x_2 fest.

Wir müssen uns zuerst Schätzgrößen für die unbekannten Parameter β_0, β_1, β_2 und σ_ε^2 verschaffen.

Dabei benutzen wir wieder die Methode der kleinsten Quadrate, d.h. haben wir n Beobachtungen Y_i an den Stellen (x_{1i}, x_{2i}) ($i=1,2,...,n$), dann bestimmen wir β_0, β_1, β_2 so, daß

$$\sum_{i=1}^{n} (Y_i - \beta_0 - \beta_1 (x_{1i} - \bar{x}_1) - \beta_2 (x_{2i} - \bar{x}_2))^2 \qquad (2)$$

minimal wird.

Als Schätzfunktionen für β_0, β_1 bzw. β_2 erhält man dann:

$$a = \bar{Y}$$

$$b_{yx_1 \cdot x_2} = \frac{S_{x_2^2} S_{x_1 y} - S_{x_1 x_2} S_{x_2 y}}{S_{x_1^2} S_{x_2^2} - S_{x_1 x_2}^2} \qquad (3)$$

$$b_{yx_2 \cdot x_1} = \frac{S_{x_1^2} S_{x_2 y} - S_{x_1 x_2} S_{x_1 y}}{S_{x_1^2} S_{x_2^2} - S_{x_1 x_2}^2}$$

Hierbei wurden die schon bei der einfachen linearen Regression benutzten Abkürzungen verwendet.

Die Varianz σ_ε^2 von Y wird mit Hilfe der Summe der Abweichungsquadrate von der Regressionsebene (in Y-Richtung) geschätzt.

$$\sigma_\varepsilon^2 = s_{y \cdot x_1 x_2}^2 = \frac{1}{n-3} \sum_{i=1}^{n} (Y_i - \hat{Y}_i)^2$$

$$= \frac{1}{n-3} (S_{y^2} - b_{yx_2 \cdot x_1} S_{yx_2} - b_{yx_1 \cdot x_2} S_{yx_1}), \quad (4)$$

dabei wurde $\hat{Y}_i = a + b_{yx_1 \cdot x_2}(x_{1i} - \bar{x}_1) + b_{yx_2 \cdot x_1}(x_{2i} - \bar{x}_2)$ gesetzt.

Die Schätzfunktionen a, $b_{yx_1 \cdot x_2}$, $b_{yx_2 \cdot x_1}$ und $s_{y \cdot x_1 x_2}^2$ sind erwartungstreu, d.h. es gilt: $E(a) = \beta_0$, $E(b_{yx_1 \cdot x_2}) = \beta_1$, $E(b_{yx_2 \cdot x_1}) = \beta_2$ und $E(s_{y \cdot x_1 x_2}^2) = \sigma_\varepsilon^2$.

Wir werden im weiteren b_1 für $b_{yx_1 \cdot x_2}$ und b_2 für $b_{yx_2 \cdot x_1}$ schreiben.

Es gilt

$$V(b_1) = \sigma_\varepsilon^2 \cdot \frac{S_{x_2^2}}{S_{x_1^2} S_{x_2^2} - S_{x_1 x_2}^2} \quad (5)$$

und als Schätzgröße hat man

$$\hat{V}(b_1) = s_{b_1}^2 = s_{y \cdot x_1 x_2}^2 \cdot \frac{S_{x_2^2}}{S_{x_1^2} S_{x_2^2} - S_{x_1 x_2}^2}.$$

Ferner ist

$$V(b_2) = \sigma_\varepsilon^2 \cdot \frac{S_{x_1^2}}{S_{x_1^2} S_{x_2^2} - S_{x_1 x_2}^2}$$

und

$$\hat{V}(b_2) = s_{b_2}^2 = s_{y \cdot x_1 x_2}^2 \cdot \frac{S_{x_1^2}}{S_{x_1^2} S_{x_2^2} - S_{x_1 x_2}^2}.$$

Zum Testen der verschiedenen Hypothesen setzen wir wieder voraus, daß die einzelnen Y_i unabhängig und normalverteilt sind.

1.) $H_o : \beta_1 = \tilde{\beta}_1$ ($\tilde{\beta}_1$ hypothetischer Wert)

$$\text{Testgröße} : t = \frac{b_1 - \tilde{\beta}_1}{s_{b_1}} \, . \tag{6}$$

2.) $H_o : \beta_2 = \tilde{\beta}_2$ ($\tilde{\beta}_2$ hypothetischer Wert)

$$\text{Testgröße} : t = \frac{b_2 - \tilde{\beta}_2}{s_{b_2}} \, .$$

Dabei sind die Testgrößen unter der Nullhypothese t-verteilt mit n-3 FG.

3.) Zur Prüfung der Hypothese $H_o : \beta_1 = \tilde{\beta}_1$ <u>und</u> $\beta_2 = \tilde{\beta}_2$ benutzt man, daß

$$Q = \left[(b_1-\tilde{\beta}_1)^2 \, S_{x_1^2} + 2(b_1-\tilde{\beta}_1)(b_2-\tilde{\beta}_2) \, S_{x_1 x_2} + (b_2-\tilde{\beta}_2)^2 \, S_{x_2^2} \right] / \sigma_\varepsilon^2$$

verteilt ist wie χ_2^2.

Außerdem ist Q unabhängig von $s^2_{y.x_1 x_2}/\sigma_\varepsilon^2$, so daß unter der Nullhypothese

$$F = \frac{(b_1 - \tilde{\beta}_1)^2 \, S_{x_1^2} + 2(b_1-\tilde{\beta}_1)(b_2-\tilde{\beta}_2) \, S_{x_1 x_2} + (b_2-\tilde{\beta}_2)^2 \, S_{x_2^2}}{2 \, s^2_{y.x_1 x_2}}$$

verteilt ist wie $F_{2,n-3}$.

Wir werden also die Nullhypothese $H_o : \beta_1 = \tilde{\beta}_1$ <u>und</u> $\beta_2 = \tilde{\beta}_2$ bei einer vorgegebenen Irrtumswahrscheinlichkeit α ablehnen, falls

$$F \geq F_{2, \, n-3; \, 1-\alpha} \, .$$

Wollen wir wissen, ob x_1 und x_2 zur Bestimmung von Y bei einem linearen Ansatz überhaupt geeignet sind, so haben wir die Hypothese $H_o : \beta_1 = \beta_2 = 0$ zu prüfen.
Die Testgröße hierfür erhalten wir aus dem obigen allgemeinen Fall, indem wir $\tilde{\beta}_1 = \tilde{\beta}_2 = 0$ setzen.

Es gilt:

$$b_1^2 S_{x_1}^2 + 2 b_1 b_2 S_{x_1 x_2} + b_2^2 S_{x_2}^2 = b_1 S_{yx_1} + b_2 S_{yx_2}.$$

$ß_1$ und $ß_2$ nennt man die partiellen Regressionskoeffizienten. Mit Hilfe des Tests der Hypothese $H_0 : ß_1 = 0$ können wir entscheiden, ob x_1 einen wesentlichen Beitrag zur Bestimmung von Y liefert, falls in der Regressionsgleichung schon x_2 berücksichtigt wurde. Umgekehrt prüft man mit $H_0 : ß_2 = 0$, ob x_2 zur Beschreibung von Y nützlich ist, falls x_1 schon berücksichtigt wurde.

Um zu testen, ob x_1 überhaupt einen Beitrag zur Bestimmung von Y leistet, bildet man

$$F = \frac{b_1 S_{yx_1} + (b_2 - b_2^*) S_{yx_2}}{s_{y \cdot x_1 x_2}^2} \qquad (7)$$

mit $b_2^* = S_{yx_2}/S_{x_2}^2$ und nimmt mit Irrtumswahrscheinlichkeit α einen Beitrag von x_1 zu Y an, wenn

$$F \geq F_{1, n-3, 1-\alpha}.$$

Ein $(1-\alpha)$-Konfidenzintervall für $ß_1$ ist nach

$$P(|b_1 - ß_1| \leq t_{n-3, 1-\frac{\alpha}{2}} \cdot s_{b_1}) = 1 - \alpha \qquad (8)$$

zu bestimmen: Indem man in der Klammer das Gleichheitszeichen setzt, erhält man für $ß_1$ zwei Lösungen, da $|b_1-ß_1|=|-(b_1-ß_1)|$. Diese sind die obere und die untere $(1-\alpha)$-Konfidenzgrenze.

Das Konfidenzintervall für $ß_2$ findet man entsprechend. Ein gemeinsames Konfidenzintervall für $ß_1$ <u>und</u> $ß_2$ ist gegeben durch

$$P\left\{\frac{(b_1-ß_1)^2 S_{x_1}^2 + 2(b_1-ß_1)(b_2-ß_2) S_{x_1 x_2} + (b_2-ß_2)^2 S_{x_2}^2}{2 S_{y \cdot x_1 x_2}^2} \leq F_{2, n-3; 1-\alpha}\right\}$$

$$= 1-\alpha.$$

Setzt man in der Klammer das Gleichheitszeichen, so erhält man für β_1, β_2 eine quadratische Gleichung. Die Lösungen liegen auf einer Ellipse.

Von größerer praktischer Bedeutung sind Konfidenzintervalle für den auf der Regressionsebene liegenden im Mittel zu erwartenden Wert bei gegebenen x_1 und x_2, $E(Y|x_1, x_2)$, der nach (1) und wegen der Erwartungstreue der Schätzungen (3) durch

$$\hat{Y}_{x_1 x_2} = a + b_1(x_1 - \bar{x}_1) + b_2(x_2 - \bar{x}_2)$$

geschätzt wird. Sei $E(Y|x_1, x_2)$ mit $Y_{x_1 x_2}$ bezeichnet, so gilt

$$P(|\hat{Y}_{x_1 x_2} - Y_{x_1 x_2}| \leq t_{n-3, 1-\frac{\alpha}{2}} \cdot s_{y.x_1 x_2} \sqrt{\frac{1}{n} + K_{x_1 x_2}}) = 1-\alpha \quad , \quad (9)$$

wobei

$$K_{x_1 x_2} = \frac{(x_1 - \bar{x}_1)^2 S_{x_2^2} + 2(x_1 - \bar{x}_1)(x_2 - \bar{x}_2) S_{x_1 x_2} + (x_2 - \bar{x}_2)^2 S_{x_1^2}}{S_{x_1^2} \cdot S_{x_2^2} - S_{x_1 x_2}^2} .$$

Das Konfidenzintervall für eine zukünftige Beobachtung unter x_1, x_2 wird Toleranzintervall genannt und ist aus

$$P(|Y^*_{x_1 x_2} - \hat{Y}_{x_1 x_2}| \leq t_{n-3, 1-\frac{\alpha}{2}} \cdot s_{y.x_1 x_2} \cdot \sqrt{\frac{n+1}{n} + K_{x_1 x_2}}) = 1-\alpha \quad (10)$$

zu erhalten (mit $K_{x_1 x_2}$ wie in (8)). Es ist zu beachten, daß bei Toleranzintervallen die Voraussetzung der Normalverteilung und einer von x_1, x_2 unabhängigen Varianz der Größen ϵ_i sehr wichtig ist. (Die Tests (6), (7) und Konfidenzintervalle (8) und (9) sind gegen geringgradige Verletzungen dieser Voraussetzungen unempfindlicher).

Die Grenzen des Toleranzintervalls in (10) liegen auf einem zweischaligen Hyperboloid; mit zunehmender Entfernung der Stelle x_1, x_2 von $\bar{x}_1, \bar{x}_2$ liegen die beiden Lösungen für $Y^*_{x_1 x_2}$ weiter auseinander. Es versteht sich von selbst, daß eine Voraussage $Y^*_{x_1 x_2}$ für Stellen x_1, x_2, die außerhalb des Bereichs liegen, der beobachtet wurde, ebenso wie bei der einfachen linearen Regression nicht sinnvoll ist.

Bei mehr als zwei "unabhängigen" Größen $x_1, x_2, \ldots, x_m$ treten grundsätzlich keine neuen Gesichtspunkte auf. Es fehlt lediglich die räumliche Anschauung. Außerdem werden die Formeln komplizierter. Eine übersichtliche Darstellung gestattet jedoch die Matrizenschreibweise, die im folgenden angewendet werden soll.

Entsprechend (1) schreibt man das Modell

$$Y = X\beta + \varepsilon \tag{1a}$$

Hierbei sind Y und ε n-dimensionale Zufallsvektoren mit $E(\varepsilon) = 0$, woraus folgt $E(Y) = X\beta$. Es ist $V(Y) = V(\varepsilon) = E(\varepsilon\varepsilon') = \sigma^2 I$, wobei $I_{n\times n}$ die (n×n)-Einheitsmatrix sei. Dies ist die Voraussetzung der Unkorreliertheit der Größen $\varepsilon_i (i=1,\ldots,n)$ und der Gleichheit der Varianzen. $X_{n\times(m+1)}$, wobei $m < n$, ist eine Matrix mit Elementen $x_{io}=1$ und $x_{ik}(k=1,\ldots,m)$ den Werten der m unabhängigen Größen der i-ten Beobachtung $(i=1,\ldots,n)$. Dabei soll gelten $\sum_{i=1}^{n} x_{ik}=0$ für alle k (falls dies nicht zutrifft, setze man x_{ik} gleich $x_{ik} - \bar{x}_k$). β ist ein (m+1)-dimensionaler fester Vektor mit $\beta'=(\beta_0, \beta_1, \ldots, \beta_m)$.

Das Ziel ist wieder die Gewinnung von Schätzgrößen für β und σ^2. Dies geschieht mittels der Methode der kleinsten Quadrate, d.h. wir minimieren den Ausdruck

$$\varepsilon'\varepsilon = (Y-X\beta)'(Y-X\beta) = Y'Y - Y'X\beta - (X\beta)'Y + (X\beta)'X\beta$$

Die beiden mittleren Glieder des rechtsstehenden Ausdrucks sind gleich (Skalare sind gleich ihrer Transponierten). Man erhält so die Aufgabe

$$\varepsilon'\varepsilon = Y'Y - 2(X\beta)'Y + \beta'X'X\beta \stackrel{!}{=} \text{Minimum} \tag{2a}$$

Bezeichne x_k den k-ten Spaltenvektor der Matrix X, so lauten die partiellen Ableitungen

$$\frac{\partial(\varepsilon'\varepsilon)}{\partial \beta_k} = -2x_k'Y + 2x\, s_k'\beta \qquad k = 0, 1, \ldots, m .$$

s_k ist der k-te Spaltenvektor von X'X.

Durch Nullsetzen der partiellen Ableitungen erhält man m+1 lineare Gleichungen, die sogenannten Normalgleichungen, die in Matrixschreibweise lauten

$$X'X\hat{\beta} = X'Y .$$

Von der symmetrischen Matrix X'X, die auch mit S bezeichnet wird, verlangt man beim Regressionsmodell gewöhnlich, daß ihre Inverse existiert. Man erhält so die eindeutige Lösung

$$\hat{\beta} = S^{-1}X'Y. \qquad (3a)$$

Wir beweisen die Erwartungstreue von $\hat{\beta}$. Es gilt

$$E(\hat{\beta}) = E(S^{-1}X'Y) = S^{-1}X'E(Y) = S^{-1}X'X\beta = \beta.$$

Setzt man $\hat{\beta}$ in (2a) ein, so erhält man

$$(Y-X\hat{\beta})'(Y-X\hat{\beta}) = Y'Y - 2(Y'XS^{-1}X'Y) + Y'XS^{-1}X'XS^{-1}X'Y =$$
$$= Y'Y - Y'XS^{-1}X'Y = Y'Y - \hat{\beta}'S\hat{\beta} = Y'(I-XS^{-1}X')Y.$$

Da die Matrix $I-XS^{-1}X'$ den Rang $n-(m+1)$ hat, folgt

$$\frac{Q_0}{\sigma^2} = \frac{1}{\sigma^2} Y'(I-XS^{-1}X')Y$$

einer χ^2-Verteilung mit $n-m-1$ Freiheitsgraden.

Als erwartungstreue Schätzung für σ^2 ergibt sich

$$\hat{\sigma}^2 = Q_0/(n-m-1). \qquad (4a)$$

Die Varianz des Schätzwerts von β ist entsprechend (3a)

$$V(\hat{\beta}) = S^{-1}X' \; V(Y) \; XS^{-1} = \sigma^2 S^{-1}X'XS^{-1} = \sigma^2 S^{-1}. \qquad (5a)$$

Die Vektoren $X\hat{\beta}$ und $Y-X\hat{\beta}$ sind unabhängig. Daher sind die folgenden Tests möglich.

Die Testgröße zu der Hypothese $\widetilde{H}_k : \beta_k = \widetilde{\beta}_k$, $\widetilde{\beta}_k$ ein theoretischer Wert, lautet

$$t = \frac{\hat{\beta}_k - \widetilde{\beta}_k}{\sqrt{\hat{\sigma}^2 \; s^{kk}}}, \qquad (6a)$$

wobei mit s^{ik} die Elemente der Matrix S^{-1} bezeichnet seien, und ist verteilt wie t mit $n-m-1$ Freiheitsgraden.

Eine Testgröße für die Hypothese $\widetilde{H} : \beta = \widetilde{\beta}$, $\widetilde{\beta}$ ein theoretischer Wert des Parametervektors, lautet

$$F = \frac{(\hat{\beta}-\tilde{\beta})'S(\hat{\beta}-\tilde{\beta})}{(m+1)\,\hat{\sigma}^2} \tag{6b}$$

und ist verteilt wie F mit m+1 und n-m-1 Freiheitsgraden.

Will man v Komponenten des Parametervektors nicht mittesten, so setzt man an den entsprechenden v Stellen in den Vektor $\hat{\beta}-\tilde{\beta}$ jeweils eine Null ein. Sei dieser Vektor mit d_v bezeichnet, so lautet die Testgröße

$$F = \frac{d_v'\,S\,d_v}{(m+1-v)\hat{\sigma}^2}\,, \tag{6c}$$

die wie F mit m+1-v und n-m+1 Freiheitsgraden verteilt ist.

Die Frage "Lohnt es sich, die Größe x_k zu berücksichtigen?" wird i.a. nicht von Test (6a) beantwortet. Sei mit X^* die Matrix bezeichnet, die aus X durch Streichen der k-ten Spalte entsteht, entsprechend sei $S^* = (X^*)'X^*$. Ein Beitrag von x_k zur Voraussage von Y ist mit einer Irrtumswahrscheinlichkeit α anzunehmen, wenn

$$\frac{1}{\hat{\sigma}^2} Y'(X'S^{-1}X - (X^*)'(S^*)^{-1}X^*)Y \geq F_{1,n-m-1;\,1-\alpha} \tag{7a}$$

gilt.

Man führt die Anpassung also einmal mit und einmal ohne x_k durch und testet mit der Differenz der Quadratsummen. Zur Berechnung gibt es weniger aufwendige Algorithmen, die aber zum Verständnis der Schätz- und Testverfahren bei der multiplen Regression entbehrlich sind.

Nach (6a) ist ein $(1-\alpha)$-Konfidenzintervall für β_k gegeben durch

$$P(|\hat{\beta}_k-\beta_k| \leq t_{n-m-1,\,1-\frac{\alpha}{2}} \cdot \sqrt{\hat{\sigma}^2 s^{kk}}) = 1-\alpha\,. \tag{8a}$$

Ein $(1-\alpha)$-Konfidenzintervall für den Wert $E(Y|x_1,\ldots,x_k)$, den wir kurz Y_x schreiben wollen, erhält man aus

$$P(|\hat{Y}_x-Y_x| \leq t_{n-m-1,\,1-\frac{\alpha}{2}}\,\sqrt{\hat{\sigma}^2 x'S^{-1}x}) = 1-\alpha, \tag{9a}$$

wobei $\hat{Y}_x = x'\hat{\beta}$ und $x' = (1, x_1-\bar{x}_1, \ldots, x_m-\bar{x}_m)$.

Ein Toleranzintervall für eine an der Stelle x durchgeführte zukünftige Beobachtung Y_x^* ergibt sich aus der Beziehung

$$P(|\hat{Y}_x - Y_x^*| \leq t_{n-m-1,\ 1-\frac{\alpha}{2}} \cdot \sqrt{\hat{\sigma}^2(1+x'S^{-1}x)}\ ) = 1-\alpha . \qquad (10a)$$

Eine Möglichkeit, auch nichtlineare Funktionen in x anzupassen, besteht in der Verwendung eines Polynoms

$$P(x) = \beta_0 + \beta_1 x + \beta_2 x^2 + \ldots + \beta_m x^m ,$$

wobei man wieder auf das lineare Modell mit den Potenzen von x als Spaltenelementen der X-Matrix zurückgreifen kann. Es ergeben sich dann bei der Wahl der Stellen x, an denen Beobachtungen durchgeführt werden sollen, gewisse Erfordernisse.

Andere nichtlineare Beziehungen kann man durch eine Transformation der Beobachtungen linearisieren, z.B. geht das Modell

$$Y = \beta_0 e^{\beta_1 x} \cdot \varepsilon$$

durch Logarithmieren über in

$$Y^* = \beta_0^* + \beta_1 x + \varepsilon^*$$

mit $\quad Y^* = \ln Y,\ \beta_0^* = \ln \beta_0,\ \varepsilon^* = \ln \varepsilon .$

Zahlenbeispiel:

Modell:

$$Y_i = \beta_0 + \beta_1 x_1 + \beta_2 x_2 + \varepsilon_i,\quad i = 1,\ldots,10$$

mit

Y_i Indikator der Mutationsrate im i-ten Versuch (z.B. Verlust gewisser enzymatischer Fähigkeiten)

x_{1i} γ-Strahlendosis bei 1. Bestrahlung im i-ten Versuch, Mittelwert $\bar{x}_1 = 4$ schon subtrahiert.

x_{2i} bei 2. Bestrahlung im i-ten Versuch, Mittelwert $\bar{x}_2 = 4$ bereits subtrahiert.

$\beta_0, \beta_1, \beta_2$ unbekannte Konstanten, die geschätzt werden sollen

ε_i Fehlergrößen mit $E(\varepsilon_i) = 0,\ E(\varepsilon_i \varepsilon_{i'}) = \begin{cases} \sigma^2 & i'=i \\ 0 & \text{sonst.} \end{cases}$

      mit $\sigma^2 > 0$ einer unbekannten Konstanten.

Wichtig ist, sich zu vergegenwärtigen, daß das Modell fordert, die Wirkung der 1. Bestrahlung solle nicht von der 2. abhängen und umgekehrt.

In Matrizenschreibweise lautet das Modell

$$Y = X\beta + \varepsilon ,$$

ausgeschrieben

(1a) $\begin{pmatrix} Y_1 \\ Y_2 \\ \cdot \\ \cdot \\ \cdot \\ Y_{10} \end{pmatrix} = \begin{pmatrix} 1 & x_{11} & x_{21} \\ 1 & x_{12} & x_{22} \\ \cdot & \cdot & \cdot \\ 1 & x_{1\,10} & x_{2\,10} \end{pmatrix} \begin{pmatrix} \beta_0 \\ \beta_1 \\ \beta_2 \end{pmatrix} + \begin{pmatrix} \varepsilon_1 \\ \varepsilon_2 \\ \cdot \\ \cdot \\ \cdot \\ \varepsilon_{10} \end{pmatrix}$

Wertetabelle[1])

i	y_i	x_{1i}	x_{2i}
1	4	-1	-1
2	3	0	-2
3	6	2	0
4	6	-2	3
5	5	0	1
6	7	1	1
7	5	0	0
8	5	-1	0
9	5	-2	2
10	4	3	-4
$\sum_i$	50	0	0
Mittel	5	0	0

---

[1]) Von der Wertetabelle an wurde immer y statt Y geschrieben. y ist eine Realisation der zufälligen Variablen Y.

Konsequent müßte man statt $\hat{\beta}$ für die Realisation jetzt auch etwa $\hat{\beta}(y)$ schreiben, zur Unterscheidung von $\hat{\beta}$, das eine Zufallsvariable ist. Eine Verwechslung von $\hat{\beta} = S^{-1}X'Y$ und $\hat{\beta}(y) = S^{-1}X'y$ wird hier nicht möglich sein, und daher wird das gleiche Symbol $\hat{\beta}$ für zwei verschiedene Begriffe verwendet. Dasselbe gilt auch für Q_0, $\hat{\sigma}^2$ usw.

$$S = X'X = \begin{pmatrix} 10 & 0 & 0 \\ 0 & 24 & -20 \\ 0 & -20 & 36 \end{pmatrix}$$

$$S^{-1} = \begin{pmatrix} \frac{1}{10} & 0 & 0 \\ 0 & \frac{9}{116} & \frac{5}{116} \\ 0 & \frac{5}{116} & \frac{6}{116} \end{pmatrix}$$

$$X'y = \begin{pmatrix} 50 \\ 0 \\ 14 \end{pmatrix}$$

$$\hat{\beta} = S^{-1}X'y = \begin{pmatrix} 5 \\ \frac{35}{58} \\ \frac{42}{58} \end{pmatrix}.$$

Es ist

$$Q_o = y'y - y'XS^{-1}X'y$$

$$= y'y - \hat{\beta}'X'y = 262 - (5 \;\; \tfrac{35}{58} \;\; \tfrac{42}{58})\begin{pmatrix} 50 \\ 0 \\ 14 \end{pmatrix} = 262 - 260{,}138 = 1{,}862$$

Man kann die bisherigen Ergebnisse im Form einer Varianzanalysetabelle schreiben:

Ursache	SQ		FG	MQ	F
ß	$\hat{\beta}'X y$	260,138	3	86,713	336
ε	Q_o	1,862	7	0,266	-
y	$y'y$	262,000	10	. . .	

Der angegebene F-Test entspricht Test (6b) mit $\tilde{B} = 0$.

Will man wissen, ob die Hinzunahme von β_0 in das Modell (1a) etwas ausmacht, d.h. ob die angepaßte Ebene durch den Nullpunkt geht, so hat man das Modell

$$Y = X^*\beta^* + \varepsilon^*$$

mit X^* einer Matrix, die aus X durch Streichen der 1. Spalte entsteht, an die Beobachtungen anzupassen (β^* ist jetzt ein 2-dimensionaler Vektor, ε^* ein n-dimensionaler Fehlervektor) und die Differenz $Q_0^* - Q_0$ zu bilden

$$S^* = \begin{pmatrix} 24 & -20 \\ -20 & 36 \end{pmatrix}, \quad (S^*)^{-1} = \begin{pmatrix} \frac{9}{116} & \frac{5}{116} \\ \frac{5}{116} & \frac{6}{116} \end{pmatrix}$$

$$(X^*)'y = \begin{pmatrix} 0 \\ 14 \end{pmatrix}, \quad \hat{\beta}^* = \frac{1}{116} \begin{pmatrix} 9 & 5 \\ 5 & 6 \end{pmatrix} \begin{pmatrix} 0 \\ 14 \end{pmatrix} = \frac{1}{58} \begin{pmatrix} 35 \\ 42 \end{pmatrix}$$

$$Q_0^* = y'y - (\hat{\beta}^*)'(X^*)'y = 262 - \frac{1}{58}(35 \; 42)\begin{pmatrix} 0 \\ 14 \end{pmatrix} = 262 - 10{,}138 = 251{,}862.$$

Die Varianzanalyse sieht hier folgendermaßen aus

Ursache	SQ		FG	MQ	F
β_0	$Q_0^* - Q_0$	250,000	1	250,000	940
"Rest"	$y'y - Q_0^*$	10,138	2	5,069	19,1
ε	Q_0	1,862	7	0,266	-
y	$y'y$	262,000	10	...	

Fragt man, ob β_1 und β_2 zur Voraussage von Y beisteuern, so ist i.a. mit dem Modell, in dessen X-Matrix die letzten beiden Spalten fehlen,

$$Y = X^{**}\beta^{**} + \varepsilon^{**}$$

ein Ausdruck Q_0^{**} zu bilden.

Da $X^{**} = \underline{1}$, dem n-dimensionalen Vektor mit lauter Einsen, läßt sich besonders leicht rechnen. Es ist

$$S^{**} = 10, \quad (S^{**})^{-1} = \frac{1}{10}, \quad (X^{**})'y = 50$$

$$\hat{\beta}^{**} = \frac{1}{10} \cdot 50 = 5,$$

$$Q_o^{**} = y'y - (\hat{\beta}^{**})'\underline{1}'y = 262 - 5 \cdot 50 = 12.$$

Die SQ für den Effekt von β_1 und β_2 ist also:

$$Q_o^{**} - Q_o = 12 - 1{,}862 = 10{,}138.$$

Man erkennt beim Vergleich mit der Varianzanalysetabelle, daß

$$Q_o^{**} - Q_o = y'y - Q_o^*,$$

dem "Rest" in der obigen Varianzanalyse-Tabelle.

Man sagt in diesem Fall, in dem sich die SQ zweier Effekte additiv verhalten, die Effekte seien <u>orthogonal</u>. Man kann die Orthogonalität schon an der Matrix S^{-1}, der (bis auf den Faktor σ^2) Kovarianzmatrix von $\hat{\beta}$, erkennen: Die Elemente s^{12}, s^{13} sind Null. Im vorliegenden Fall hatten wir die Orthogonalität durch die Festsetzung

$$\sum_i x_{1i} = \sum_i x_{2i} = 0$$

erreicht. Man kann allgemein durch Wahl einer geeigneten X-Matrix Orthogonalität verschiedener Einflußgrößen erzielen. Die Wahl der Design-Matrix X ist ein wesentlicher Gegenstand der Versuchsplanung.

Wir prüfen schnell nach, daß die Effekte x_1, x_2 nicht orthogonal sind. Das Minimum nach Anpassung an β_0, β_2 ist (X_1 fehlt die β_1 entsprechende Spalte, $S_1 = X_1'X_1$)

$$Q_1 = 262 - (50 \; 14) \begin{pmatrix} 10 & 0 \\ 0 & 36 \end{pmatrix}^{-1} \begin{pmatrix} 50 \\ 14 \end{pmatrix} =$$

$$= 262 - (50 \; 14) \begin{pmatrix} \frac{1}{10} & 0 \\ 0 & \frac{1}{36} \end{pmatrix} \begin{pmatrix} 50 \\ 14 \end{pmatrix} = 262 - 255{,}444$$

$$= 6{,}556$$

Entsprechend ist das Minimum zum Testen von β_2

$$Q_2 = 262 - (50\ 0) \begin{pmatrix} 10 & 0 \\ 0 & 24 \end{pmatrix} \begin{pmatrix} 50 \\ 0 \end{pmatrix} =$$

$$= 262 - (50\ 0) \begin{pmatrix} \frac{1}{10} & 0 \\ 0 & \frac{1}{24} \end{pmatrix} \begin{pmatrix} 50 \\ 0 \end{pmatrix} = 262 - 250$$

$$= 12,000$$

$Q_1 - Q_0 = 6,556 - 1,862 = 4,694$ und

$Q_2 - Q_0 = 12,000 - 1,862 = 10,138$ addieren sich <u>nicht</u> zu der

Summe der Abweichungsquadrate für β_1 und β_2, $Q_0^{**} - Q_0 = 10,138$.

Betrachten wir zum Schluß noch Konfidenz- und Toleranzintervalle für Y an Stellen x_1, x_2 und zwar anhand folgender Fragestellungen:

Mit welcher Spontanmutation muß man bei unbestrahlten Mikroorganismen rechnen?

Dieses ist zunächst die Frage nach dem Erwartungswert von Y unter $x_1 = -4$, $x_2 = -4$ (die Mittelwerte $\bar{x}_1 = 4$, $\bar{x}_2 = 4$ waren vorher abgezogen worden).

Ein Schätzwert für

$$E(Y|x), \text{ mit } x' = (1, -4, -4)$$

ist

$$\hat{Y}_x = x'\hat{\beta} = (1, -4, -4) \begin{pmatrix} 5 \\ \frac{35}{58} \\ \frac{42}{58} \end{pmatrix} = -\frac{9}{29} = -0,310$$

Das 95%-Konfidenzintervall für $\hat{Y}_x$ erhält man als

$$\hat{Y}_x \pm t_{7;\ 0,975} \sqrt{\hat{\sigma}^2\ x'S^{-1}x}$$

$$= -0,310 \pm t_{7;0,975} \sqrt{0,266 \cdot (\tfrac{1}{10} + \tfrac{100}{29})} = -0,31 \pm 2,365\sqrt{0,266 \cdot 3,55} =$$

$$= -0,3 \pm 2,3$$

Wir schließen also mit einer Irrtumswahrscheinlichkeit von 5 %, daß das Intervall $[-2,6; 2,0]$ den zu erwartenden Wert für unbestrahlte Mikroorganismen überdeckt.

Jetzt fragen wir nach einem Bereich, in dem 95% der Mikrobenkulturen unter der Dosis 4 bei der 1. und 2. Bestrahlung liegen werden. Dies ist die Frage nach dem Toleranzintervall. Dafür erhalten wir

$$x'\hat{\beta} \pm t_{7;0,975}\sqrt{\hat{\sigma}^2(1 + x'S^{-1}x)}.$$

Mit $x' = (1,0,0)$ erhält man $5 \pm 2,365\sqrt{0,266(1+\frac{1}{10})} = 5 \pm 1,3$.

95 % der Werte sind unter der Dosis 4 bei der 1. und 2. Bestrahlung im Intervall $[3,7 ; 6,3]$ zu erwarten.

Nichtlineare Regression

R. Pfander

Führt bei der einfachen linearen Regression der Test auf Linearität zur Ablehnung der Hypothese, so wird man versuchen, eine quadratische oder kubische (allgem. polynomiale) Regression zu berechnen.

Wir betrachten zunächst zu n gegebenen Werten x_i (i=1,...,n) das Modell

$$Y_i = \beta_0 + \beta_1(x_i - \bar{x}) + \beta_2(x_i^2 - \overline{x^2}) + \varepsilon_i \quad (i=1,...,n)$$

mit

$$\overline{x^2} = \sum_i x_i^2 / n$$

und setzen voraus, daß

$$E(Y|x) = \beta_0 + \beta_1(x - \bar{x}) + \beta_2(x^2 - \overline{x^2})$$

gilt.

Diese quadratische Regression können wir aber auf den schon bekannten Fall der multiplen Regression zurückführen. Setzen wir nämlich im multiplen Regressionsmodell

$$Y = \beta_0 + \beta_1(x_1 - \bar{x}_1) + \beta_2(x_2 - \bar{x}_2) + \varepsilon$$

für $x_1 = x$ und $x_2 = x^2$, so erhalten wir gerade das Modell der quadratischen Regression. Da nichts über x_1 und x_2 vorausgesetzt zu werden braucht, ist dies erlaubt.

Die Berechnung der Regressionskoeffizienten erfolgt nach den Formeln, die bei der multiplen Regression angegeben wurden.

Mit der Prüfung der Hypothese $H_0 : \beta_2 = 0$ können wir feststellen, ob eine Hinzunahme des quadratischen Gliedes sinnvoll ist.

In entsprechender Weise können wir auch die Parameter eines Polynoms k-ten Grades schätzen und testen, wenn wir von dem Modell ausgehen, daß das Polynom die bedingten Erwartungswerte $E(Y|x)$ ausgleicht (polynomiale Regression).

Nun gibt es aber auch den Fall, daß wir eine Regressionskurve vermuten, die nicht linear und auch kein Polynom ist. Hier ist es jedoch oft möglich, die Regressionskurven durch eine Transformation in lineare Regressionskurven überzuführen, wobei dann Linearität zwischen den transformierten Größen besteht.

Z.B. $Y = \alpha\, e^{\beta x} \longrightarrow \ln Y = \ln \alpha + \beta x = \beta_0 + \beta_1(x - \bar{x})$

(mit $\beta_0 = \ln \alpha + \beta_1 \bar{x}$; $\beta_1 = \beta$)

$Y = \alpha(x - c)^\beta \longrightarrow \ln Y = \ln \alpha + \beta \ln(x - c)$

mit bekanntem c und $x > c$.

Es wird nun vorausgesetzt, daß das transformierte Y um die transformierte Regressionskurve normalverteilt ist. Wir können dann die einfache lineare Regression verwenden. (Dabei ist wieder wesentlich, daß die Varianz nicht von x abhängt.)

Orthogonalpolynome

H.J. Jesdinsky

Hat ein Faktor in einer Varianzanalyse quantitativen Charakter, so liegt eigentlich ein Regressionsproblem vor. Will man sich nicht auf die Anpassung einer Geraden beschränken, besteht andererseits aber keine Modellannahme für ein bestimmtes nichtlineares Modell, so sucht man gewöhnlich eine Kurve durch ein Polynom anzupassen. Man wählt also das Modell

$$Y_{ij} = \beta_0 + \beta_1 x_i + \beta_2 x_i^2 + \ldots + \beta_m x_i^m + \delta_i + \varepsilon_{ij} \qquad (1)$$

$$i = 1,\ldots,n$$
$$j = 1,\ldots,k$$
$$\sum_i \delta_i = 0 \qquad m \leq n - 1$$

(Aus $m = n - 1$ folgt $\delta_i \equiv 0$ für $i = 1,\ldots,n$)

ε_{ij} unabhängig und $E(\varepsilon_{ij}) = 0$, $E(\varepsilon_{ij}^2) = \sigma_\varepsilon^2$.

Man kann nach dem Verfahren der multiplen Regression vorgehen, wobei die Potenzen von x_i die "unabhängigen" Variablen[1] sind.

Weisen die Stufen des quantitativen Faktors gleiche Abstände auf, so kann die Auswertung wesentlich vereinfacht werden. Es gelingt nämlich, statt der Stufenzahlen des quantitativen Faktors $1, 2,\ldots,n$ und deren Potenzen andere Vektoren

$$(X_{1\nu}^{(n)}, X_{2\nu}^{(n)}, \ldots X_{n\nu}^{(n)})', \quad \nu = 0, 1, \ldots, n-1$$

mit
$$X_{i0}^{(n)} \equiv 1 \quad i = 1,\ldots, n \qquad (2)$$

---

[1] "unabhängig" soll wie bei der multiplen Regression so viel heißen wie "fest vorgegeben"

und

$$\sum_{i=1}^{n} X_{i\nu}^{(n)} X_{i\nu'}^{(n)} = 0 \text{ für } \nu' \neq \nu, \; 0 \leq \nu, \nu' \leq n - 1, \; n = 3,\ldots \quad (3)$$

zu finden.

Ein Vorteil dieser Darstellung liegt darin, daß sich die partielle Regression mit $X_{i\nu}^{(n)}$ unabhängig von den partiellen Regressionen mit $X_{i\nu'}^{(n)}$ ($\nu' \neq \nu$) testen läßt (für alle $0 \leq \nu', \nu \leq n - 1$).

Dies ist beim Testen der partiellen Regressionen mit x^ν nicht der Fall.

Die Vektoren (2) bezeichnet man als Orthogonalpolynome wegen der Bedingung (3). Sie sind meist so tabelliert (z.B. Fisher und Yates Tabellen XXIII), daß n über dem Vektoren steht und i die Zeilen herunterläuft. (Wir wollen im folgenden den Index n weglassen, da er aus dem Zusammenhang hervorgeht).

Unter den Vektoren steht der Ausdruck $\sum_i X_{i\nu}^2$, darunter ein Faktor λ (die $X_{i\nu}$ sind nur bis auf einen Faktor eindeutig bestimmt, λ ist die kleinste Zahl, mit der alle Komponenten $\lambda \cdot X_{i\nu}$ ganzzahlig ausfallen).

Die Varianzanalyse läuft in der üblichen Weise (orthogonale Vergleiche in einem Faktor, die - gewöhnlich - nicht die gesamte SQ ausschöpfen). Hier ist die Varianzanalyse für Modell (1) gegeben. Es können aber auch kreuzklassifizierte oder hierarchische Faktoren zusammen mit einem Faktor, der mit Orthogonalpolynomen untersucht wird, vorkommen.

Varianzanalyse zu Modell (1)

Ursache	SQ	FG
β_0 Mittelwert	$Y_{..}^2 / nk$	1
$\beta_1 \cdot m-1 \ldots 2o$ lineare Komponente	$(\sum_i X_{i1} Y_{i.})^2 / (k \sum_i X_{i1}^2)$	1
$\beta_2 \cdot 1 \ldots 31o$ quadratische Komponente	$(\sum_i X_{i2} Y_{i.})^2 / (k \sum_i X_{i2}^2)$	1
...	...	...
$\beta_m \cdot m-1 \ldots 1o$ Komponente m-ten Grades	$(\sum_i X_{im} Y_{i.})^2 / (k \sum_i X_{im}^2)$	1
Rest	$\sum_i Y_{i.}^2 /k - SQ(\beta_0) - \ldots - SQ(\beta_m \cdot m-1 \ldots 1o)$	$n - m - 1$
Versuchsfehler	$\sum_{ij} Y_{ij}^2 - \sum_i Y_{i.}^2 / k$	$n(k-1)$

Die geschätzten partiellen Regressionskoeffizienten

$$b_\nu = \frac{\sum_i X_{i\nu} Y_{i.}}{k \sum_i X_{i\nu}^2} \qquad (4)$$

(mit $X_{io} \equiv 1$ ist also

$$b_o = \frac{Y_{..}}{kn})$$

gestatten die Berechnung der auf dem angepaßten Polynom liegenden Werte

$$\hat{Y}_i = b_o + b_1 X_{i1} + \ldots + b_m X_{im}. \qquad (5)$$

Die Formel des Polynoms, ausgedrückt in den ursprünglichen x-Werten, ist über folgende Beziehungen zu erhalten (der Index i kann entfallen, da beliebige x-Werte eingesetzt werden können):

$$\hat{Y} = b_0 + b_1 X_1 + b_2 X_2 + \ldots + b_m X_m$$

mit folgenden Ausdrücken für X_m ($m = 1,\ldots,4$)

$$\left.\begin{array}{l} X_1 = \lambda_1 x \\ X_2 = \lambda_2 (x^2 - \frac{n^2-1}{12}) \\ X_3 = \lambda_3 (x^3 - \frac{3n^2-7}{20} x) \\ X_4 = \lambda_4 (x^4 - \frac{3n^2-13}{14} + \frac{3(n^2-1)(n^2-9)}{560}) \end{array}\right\} \quad (6)$$

<u>Beispiel:</u> Eine Firma will einen Sulfonamidsaft schmackhaft herstellen und setzt versuchsweise 5 logarithmisch äquidistante Konzentrationen eines Geschmackskorrigens hinzu. Die Beurteilung durch 5 Personen lautet (in Punktzahlen $0,1,\ldots,6$):

Konz. in γ/100 ml	i \ j	Personen					.
		1	2	3	4	5	
2,5	1	2	3	0	3	0	8
5,0	2	3	6	1	2	2	14
10,0	3	4	6	2	4	4	20
20,0	4	3	2	2	4	5	16
40,0	5	0	2	2	3	3	10
	.	12	19	7	16	14	68

Es handelt sich offenbar um einen Blockversuch, in Modell (1) muß noch der Term γ_j hinzugefügt werden (Effekt der j-ten Versuchsperson). Zunächst ist daran gedacht, den beobachteten Werten eine Parabel anzupassen.

Die Vergleichsvektoren lauten

$(-2, -1, 0, 1, 2)'$ für die lineare und
$(2, -1, -2, -1, 2)'$ für die quadratische Komponente.

Nach der üblichen Notierung erhält man

(ij) = 248,00   (i) = 203,20
(j) = 201,20   (1) = 184,96

$$\text{SQ (lin. Trend)} = \frac{6^2}{5 \cdot 10} = 0,72$$

$$\text{SQ (quadr. Trend)} = \frac{(-34)^2}{5 \cdot 10} = 16,51$$

$b_0 = 2,72 \quad (= \bar{Y}_{..})$

$b_1 = 0,120$

$b_2 = -0,486$

Varianzanalyse

Ursache	SQ	FG	MQ	F
lin. Trend	0,72	1	0,72	0,40
quadr. Trend	16,51	1	16,51	9,27**
"Rest"	1,01	2	0,51	0,29
Versuchspersonen	16,24	4	4,06	2,28
Versuchsfehler	28,56	16	1,78	-

Das SQ ("Rest") ist hier nicht signifikant. Man nimmt in diesem Fall an, daß ein Polynom 2. Grades zur Beschreibung der Daten genügt.

Die Gleichungen (5) ergeben

$\hat{Y}_1 = 2.72 + 0,120 \cdot (-2) + (-0,486) \cdot 2 = 1,508$ usw.

$\hat{Y}_2 = 3.086$

$\hat{Y}_3 = 3.692$

$\hat{Y}_4 = 3.326$

$\hat{Y}_5 = 1.988$.

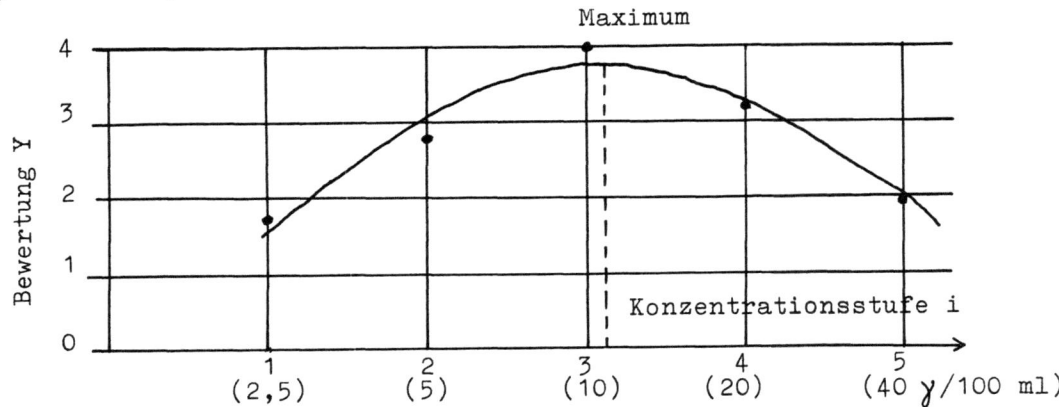

Die Gleichung der Parabel lautet (hier $\lambda_1 = \lambda_2 = 1$):

$$\hat{Y} = 2{,}72 + 0{,}120 \cdot 1 \cdot x + (-0{,}486) \cdot 1 \cdot (x^2 - \tfrac{25-1}{12})$$

$$= 3{,}692 + 0{,}120\, x - 0{,}486\, x^2 .$$

Laut Modell (1) hatten die Stufen x den Mittelwert Null, folglich gilt $x = i - 3$, also

$$\hat{Y} = 3{,}692 + 0{,}120\,(i-3) + (-0{,}486)(i-3)^2$$

$$= 1{,}042 + 3{,}036\, i - 0{,}486\, i^2$$

Setzen wir $\frac{d\hat{Y}}{di} = 0$, so ergibt sich aus

$$3{,}036 - 0{,}972\, i = 0$$
$$i = 3{,}123 .$$

Wir haben ein <u>Maximum</u> ($Y'' = -0{,}972 < 0$).

Um den Logarithmus der Konzentration c, die zu dem größten Wohlgeschmack gehört, zu erhalten, müssen wir zwischen log 10 und log 20 interpolieren:

$$\log c = \log 10 + 0{,}123\,(1{,}301 - 1{,}000)$$
$$= 1{,}000 + 0{,}037 = 1{,}037$$
$$c = 10{,}9\, \gamma/100\ \mathrm{ml} .$$

<u>Literatur:</u>

Fisher, R.A. and F. Yates: Statistical Tables for Biological Agriculture and Medical Research 6.Aufl. Edinburgh: Oliver and Boyd 1963.

Einfache Kovarianzanalyse
W. Widdra

Einleitung

Die in der praktischen Anwendung benutzten "Linearen Modelle" der Statistik werden in Varianzanalyse, Regressionstheorie und Kovarianzanalyse unterteilt. Diese Einteilung richtet sich nach der Behandlung der einzelnen Faktoren im mathematischen Modell, bei der man "quantitative" und "qualitative" unterscheidet.

Bei "quantitativer" Behandlung tritt der betreffende Faktor explizit als Zahlenwert in der Modellgleichung auf, bei "qualitativer" Behandlung trifft dies nicht zu. Dafür zwei Beispiele: Bei einer Untersuchung der Wirkung eines Medikamentes bei verschiedener Dosis geht die Dosisgröße in die Modellgleichung ein - quantitativer Fall. Beim Vergleich verschiedener Medikamente braucht die Dosisgröße nicht ins Modell einzugehen - qualitativer Fall.

Einteilung der Modelle:

Varianzanalyse: Alle Faktoren werden qualitativ behandelt.
Regressionstheorie: "   "   "   quantitativ   "
Kovarianzanalyse: Die   "   "   z.T. quantitativ, z.T. qualitativ behandelt.

Varianzanalyse und Regressionstheorie lassen sich also theoretisch als Spezialfälle der Kovarianzanalyse auffassen.

Beispiele:

1) Bei einem Vergleich von Medikamenten kann die beobachtete Wirkung der einzelnen Präparate davon beeinflußt werden, daß die Medikamente verschieden schnell ausgeschieden werden. Durch eine Kovarianzanalyse kann dieser Einfluß ausgeschaltet werden.

2) Oft hängt die Wirkung von einem Ausgangswert ab. Bei einem Fütterungsversuch mit gleichaltrigen Jungtieren, bei dem als Untersuchungsmerkmal Y die Zunahme des Gewichtes während des Versuchs verwendet wird, kann man meist erwarten, daß bei gleicher Behandlung die Tiere, die bei Beginn des Versuchs überdurchschnittlich schwer waren, eine höhere Zunahme zeigen.

Ziel der einfachen Kovarianzanalyse, wie sie hier besprochen werden soll, ist es, einen derartigen Einfluß zu eliminieren.

<u>Modell</u> (Einfach-Klassifikation mit gleicher Beobachtungsanzahl pro Klasse)

$$Y_{ij} = \mu + \tau_i + \beta(X_{ij} - \bar{X}..) + \varepsilon_{ij} \qquad i = 1,\ldots,I;\ j = 1,\ldots,J .$$

Dabei bedeuten

Y_{ij} = gemessene Größe

μ = gemeinsamer Mittelwert (d.h. $\mu = E(\frac{1}{I \cdot J} \sum_{i,j} Y_{ij})$), unbekannt

τ_i = Effekt der i-ten Behandlung mit $\sum_i \tau_i = 0$, unbekannt

β = Regressionskoeffizient, unbekannt

$\varepsilon_{ij} \sim N(0,\sigma^2)$, σ^2 unbekannt

X_{ij} = bekannter, Y_{ij} zugeordneter Wert – in den Beispielen

    1): z.B. Ausscheidungsgeschwindigkeit eines Medikaments

    2): Anfangsgewicht

$\bar{X}.. = \frac{1}{I \cdot J} \sum_{i,j} X_{ij}$

<u>Voraussetzungen</u> für die Anwendbarkeit des Modelles sind

(a) $\beta \neq 0$

(b) β, X_{ij} sind unabhängig von der Behandlung.

Mögliche <u>Fragestellungen</u> (Test- und Schätzprobleme) betreffen die unbekannten Parameter $\mu, \tau_i, \beta, \sigma^2$ oder einen Teil von ihnen.

Im folgenden verwenden wir die Bezeichnungen

$$\bar{X}_{i.} = \frac{1}{J} \sum_j X_{ij} , \qquad \bar{Y}_{i.} = \frac{1}{J} \sum_j Y_{ij}$$

$$\bar{X}.. = \frac{1}{I \cdot J} \sum_{i,j} X_{ij} , \qquad \bar{Y}.. = \frac{1}{I \cdot J} \sum_{i,j} Y_{ij} .$$

<u>Schätzwerte und Testgrößen</u>

(a) Schätzwert für den gemeinsamen Mittelwert:

$$\hat{\mu} = \bar{Y}..$$

(b) Schätzwert für den Regressionskoeffizienten:

$$\hat{\beta} = \frac{\sum_{i,j}(X_{ij} - \bar{X}_{i.})(Y_{ij} - \bar{Y}_{i.})}{\sum_{i,j}(X_{ij} - \bar{X}_{i.})^2}$$

(c) Schätzwert für den Effekt der i-ten Behandlung:

$$\hat{\tau}_i = \bar{Y}_{i.} - \hat{\beta}(\bar{X}_{i.} - \bar{X}_{..}) - \hat{\mu}$$

(d) Schätzwert für die Varianz:

$$\hat{\sigma}^2 = \frac{1}{I(J-1)-1} Q_0$$

(e) Zur Prüfung, ob Unterschiede zwischen den Behandlungen bestehen, geht man von der Nullhypothese

$$H_0 : \text{alle } \tau_i = 0 \quad (i = 1,\ldots, I)$$

aus. Man verwendet die Testgröße

$$F = \frac{\frac{1}{I-1}(Q_1 - Q_0)}{\frac{1}{I(J-1)-1} Q_0} \quad .$$

Diese folgt unter der Nullhypothese einer F-Verteilung mit $I-1$ und $I(J-1)-1$ Freiheitsgraden.

Dabei bedeuten

$$Q_1 = \sum_{i,j}(Y_{ij} - \bar{Y}_{..})^2 - \frac{(\sum_{i,j}(X_{ij} - \bar{X}_{..})(Y_{ij} - \bar{Y}_{..}))^2}{\sum_{i,j}(X_{ij} - \bar{X}_{..})^2}$$

$$Q_0 = \sum_{i,j}(Y_{ij} - \bar{Y}_{i.})^2 - \frac{(\sum_{i,j}(X_{ij} - \bar{X}_{i.})(Y_{ij} - \bar{Y}_{i.}))^2}{\sum_{i,j}(X_{ij} - \bar{X}_{i.})^2} \quad .$$

<u>Prüfung der Voraussetzungen:</u> Die Kovarianzanalyse hat nur Sinn, wenn der Regressionskoeffizient ß sich von 0 unterscheidet. Ist man nicht sicher, ob dies zutrifft, so kann dies wie folgt geprüft werden:

Die Nullhypothese

$$H_o : \beta = 0$$

ist abzulehnen, wenn folgendes gilt:

$$\hat{\beta} \cdot \frac{\sum\limits_{i,j}(X_{ij} - \bar{X}_{i.})(Y_{ij} - \bar{Y}_{i.})}{\frac{1}{I(J-1)-1} Q_o} \geq F_{1, I(J-1)-1, 1-\alpha} \quad .$$

Für die Kovarianzanalyse wurde außerdem vorausgesetzt, daß sich die Regressionskoeffizienten in den einzelnen Gruppen nicht unterscheiden. Diese Hypothese ist abzulehnen, wenn

$$\frac{\frac{1}{I-1}(Q_o - Q_o^*)}{\frac{1}{I(J-2)} Q_o^*} \geq F_{I-1, I(J-2), 1-\alpha}$$

zutrifft.

Dabei bedeutet

$$Q_o^* = \sum\limits_{i,j}(Y_{ij} - \bar{Y}_{i.})^2 - \sum\limits_{i} \frac{\sum\limits_{j}(X_{ij} - \bar{X}_{i.})(Y_{ij} - \bar{Y}_{i.})}{\sum\limits_{j}(X_{ij} - \bar{X}_{i.})^2} \quad .$$

<u>Beispiel:</u> Als Beispiel sei ein Versuch betrachtet, bei dem die Gewichtszunahme in Abhängigkeit von I=4 verschiedenen Behandlungen untersucht werden soll. Das Gewicht X_{ij} bei Beginn des Versuchs soll ausgeschaltet werden.

X_{ij}:

j \ i	1	2	3	4	
1	30	24	34	41	
2	27	31	32	32	
3	20	20	35	30	
4	21	26	35	35	
5	33	20	30	28	
6	29	25	29	36	
$X_{i.}$	160	146	195	202	$X_{..} = 703$
$\bar{X}_{i.}$	26,67	24,33	32,50	33,67	$\bar{X}_{..} = 29,29$

Y_{ij}:	i j	1	2	3	4	
	1	165	180	156	201	
	2	170	169	189	173	
	3	130	171	138	200	
	4	156	161	190	193	
	5	167	180	160	142	
	6	151	170	172	189	
$Y_{i.}$		939	1031	1005	1098	$Y_{..}$ = 4073
$\bar{Y}_{i.}$		156,50	171,83	167,50	183,00	$\bar{Y}_{..}$ = 169,71

Ergebnis:

$\hat{\beta}$ = 1,374 Freiheitsgrade:

Q_1 = 6864,61 $I-1 = 3$

Q_0 = 5255,01 $I(J-1)-1 = 19$

$Q_1 - Q_0$ = 1609,60

Testgröße $F = \dfrac{\frac{1}{3} \cdot 1609,60}{\frac{1}{19} \cdot 5255,01} = 1,94$

Bei einer Irrtumswahrscheinlichkeit von 0,05 ist also die Nullhypothese, daß alle Behandlungen gleichwertig sind (d.h. $\tau_1 = \tau_2 = \tau_3 = \tau_4 = 0$), nicht abzulehnen. (Der kritische Wert ist 3,13.)

Mehrfache Kovarianzanalyse

W. Widdra

Einleitung

Zum besseren Verständnis des Folgenden wird besonders auf die Abschnitte "Einfache Kovarianzanalyse" und "Varianzanalyse, 2-Faktor-Kreuzklassifikation" verwiesen.

Die bereits angegebene Unterscheidung von Varianzanalyse, Regressionstheorie und Kovarianzanalyse gilt auch im allgemeinen Fall beliebig vieler Faktoren.

Beim Modell der Einfach-Klassifikation trat nur je ein quantitativer Faktor (im zweiten Beispiel: die "Behandlung") und ein qualitativer Faktor (das Anfangsgewicht) auf.

Wir wollen hier nur die Verallgemeinerung auf zwei qualitative und einen quantitativen Faktor behandeln.

(Es soll ausdrücklich darauf hingewiesen werden, daß im allgemeinen Fall der mehrfachen Kovarianzanalyse keine Beziehung zwischen der Zahl der quantitativ und der Zahl der qualitativ behandelten Faktoren besteht. Die Zahl der quantitativen Faktoren kann größer oder kleiner(wie hier)oder gleich der Zahl der qualitativen Faktoren sein. Nur muß mindestens je ein quantitativer und ein qualitativer Faktor auftreten, sonst liegt der Spezialfall eines Modelles der Varianzanalyse oder der Regressionstheorie vor.)

Beispiel

Wir benutzen das zweite Beispiel bei der einfachen Kovarianzanalyse. Die Einteilung der Versuchstiere soll jetzt nach Behandlung und (zusätzlich) Geschlecht erfolgen (= zwei qualitative Faktoren). Als quantitativer Faktor wird wieder das Gewicht der Versuchstiere beim Beginn der Behandlung genommen.

Modell (Zweifachklassifikation mit gleicher Beobachtungszahl pro Zelle)

$$Y_{ijk} = \mu + \alpha_i + \beta_j + (\alpha\beta)_{ij} + \gamma(X_{ijk} - \bar{X}...) + \varepsilon_{ijk}$$

$i = 1,\ldots,I$
$j = 1,\ldots,J$
$k = 1,\ldots,K$

Es liegen also I·J Gruppen mit K Beobachtungen pro Gruppe vor.
In der Modellgleichung bedeuten:

Y_{ijk} = gemessene Größe

μ = gemeinsamer Mittelwert, unbekannt

α_i = Hauptwirkung des Faktors A, unbekannt

β_j = " " " B, "

$(\alpha\beta)_{ij}$ = Wechselwirkung der Faktoren AB, "

γ = Regressionskoeffizient, unbekannt

$\varepsilon_{ijk} \sim N(0,\sigma^2)$, σ^2 unbekannt

X_{ijk} = bekannter, Y_{ijk} zugeordneter Wert,

$\bar{X}_{...} = \frac{1}{I \cdot J \cdot K} \sum_{ijk} X_{ijk}$

Zur Eindeutigkeit werden folgende Normierungsbedingungen gestellt:

$$\sum_i \alpha_i = \sum_j \beta_j = \sum_i (\alpha\beta)_{ij} = \sum_j (\alpha\beta)_{ij} = 0$$

<u>Voraussetzungen</u> bei der Anwendung dieses Modelles sind

a) $\gamma \neq 0$

b) γ ist unabhängig von den Faktoren A, B.

c) X_{ijk} sind unabhängig von der Behandlung; sie dürfen sich also im Verlauf der Untersuchung nicht ändern.

Mögliche <u>Fragestellungen</u> (Schätz- und Testprobleme) betreffen die unbekannten Parameter μ, α_i, β_j, $(\alpha\beta)_{ij}$, γ, σ^2 oder einen Teil von ihnen.

Als Schätzwerte für die Parameter μ, α_i, β_j, $(\alpha\beta)_{ij}$, γ, σ^2 erhält man nach der Methode der kleinsten Quadrate:

$\hat{\mu} = \bar{Y}_{...}$

$\hat{\gamma} = \dfrac{\sum\limits_{i,j,k}(X_{ijk} - \bar{X}_{ij.})(Y_{ijk} - \bar{Y}_{ij.})}{\sum\limits_{i,j,k}(X_{ijk} - \bar{X}_{ij.})^2}$

$$\hat{\alpha}_i = \bar{Y}_{i..} - \hat{\mu} - \hat{\gamma}(\bar{X}_{i..} - \bar{X}_{...})$$

$$\hat{\beta}_j = \bar{Y}_{.j.} - \hat{\mu} - \hat{\gamma}(\bar{X}_{.j.} - \bar{X}_{...})$$

$$(\widehat{\alpha\beta})_{ij} = \bar{Y}_{ij.} - \hat{\mu} - \hat{\gamma}(\bar{X}_{ij.} - \bar{X}_{...}) - \hat{\alpha}_i - \hat{\beta}_j$$

$$\hat{\sigma}^2 = \frac{Q_0}{I \cdot J \cdot (K-1) - 1}.$$

Folgende Hypothesen können z.B. geprüft werden:

1) Sind die Hauptwirkungen des Faktors A gleich?

   D.h. H_0: $\alpha_1 = \alpha_2 = \ldots = \alpha_I = \alpha^*$ (Wegen $\sum_i \alpha_i = 0$ muß $\alpha^* = 0$ sein)

2) Sind die Hauptwirkungen des Faktors B gleich?

   D.h. H_0: $\beta_1 = \beta_2 = \ldots = \beta_J = \beta^*$ (Wegen $\sum_j \beta_j = 0$ muß $\beta^* = 0$ sein)

3) Besteht eine Wechselwirkung zwischen den Faktoren A und B?

   D.h. H_0: $(\alpha\beta)_{ij} = 0$ für $i = 1, 2, \ldots, I$ und $j = 1, 2, \ldots, J$

Die Fragestellungen 1) und 2) lassen sich mit Hilfe der einfachen Kovarianzanalyse behandeln. (Durch Summation der Modellgleichung über i (j) und anschließender Division durch I (bzw. J) erhält man formal die alte Modellgleichung.)

Als Testgrößen erhält man für die drei genannten Fragestellungen:

1) $\dfrac{\frac{1}{I-1}(Q_a - Q_0)}{\frac{1}{I \cdot J \cdot (K-1) - 1} Q_0}$, Freiheitsgrade $I-1$ und $I \cdot J \cdot (K-1) - 1$

2) $\dfrac{\frac{1}{J-1}(Q_b - Q_0)}{\frac{1}{I \cdot J \cdot (K-1) - 1} Q_0}$, Freiheitsgrade $J-1$ und $I \cdot J \cdot (K-1) - 1$

3) $\dfrac{\frac{1}{(I-1)(J-1)}(Q_c - Q_0)}{\frac{1}{I \cdot J \cdot (K-1) - 1} Q_0}$, Freiheitsgrade $(I-1)(J-1)$ und $I \cdot J \cdot (K-1) - 1$

Diese drei Testgrößen sind jeweils F-verteilt mit den angegebenen

Freiheitsgraden, falls die Nullhypothese (H_0) zutrifft.

Dabei bedeuten

$$Q_0 = \sum_{i,j,k}(Y_{ijk} - \bar{Y}_{ij.})^2 - (\hat{\gamma})^2 \sum_{i,j,k}(X_{ijk} - \bar{X}_{ij.})^2$$

$$Q_a = \sum_{j,k}(\bar{Y}_{.jk} - \bar{Y}_{.j.})^2 - (\hat{\gamma}_a)^2 \sum_{j,k}(\bar{X}_{.jk} - \bar{X}_{.j.})^2$$

$$\text{mit} \quad \hat{\gamma}_a = \frac{\sum_{j,k}(\bar{X}_{.jk} - \bar{X}_{.j.})(\bar{Y}_{.jk} - \bar{Y}_{.j.})}{\sum_{j,k}(\bar{X}_{.jk} - \bar{X}_{.j.})^2}$$

$$Q_b = \sum_{i,k}(\bar{Y}_{i.k} - \bar{Y}_{i..})^2 - (\hat{\gamma}_b)^2 \sum_{i,k}(\bar{X}_{i.k} - \bar{X}_{i..})^2$$

$$\text{mit} \quad \hat{\gamma}_b = \frac{\sum_{i,k}(\bar{X}_{i.k} - \bar{X}_{i..})(\bar{Y}_{i.k} - \bar{Y}_{i..})}{\sum_{i,k}(\bar{X}_{i.k} - \bar{X}_{i..})^2}$$

$$Q_c = \sum_{i,j,k}(Y_{ijk} - \bar{Y}_{i..} - \bar{Y}_{.j.} + \bar{Y}_{...})^2 - (\hat{\gamma}_c)^2 \sum_{i,j,k}(X_{ijk} - \bar{X}_{i..} - \bar{X}_{.j.} + \bar{X}_{...})^2$$

$$\hat{\gamma}_c = \frac{\sum_{i,j,k}(Y_{ijk} - \bar{Y}_{i..} - \bar{Y}_{.j.} + \bar{Y}_{...})(X_{ijk} - \bar{X}_{i..} - \bar{X}_{.j.} + \bar{X}_{...})}{\sum_{i,j,k}(X_{ijk} - \bar{X}_{i..} - \bar{X}_{.j.} + \bar{X}_{...})^2} \quad .$$

<u>Prüfung der Voraussetzungen</u>

Vorausgesetzt wurde $\gamma \neq 0$. Ist man nicht sicher, ob dies zutrifft, so kann man als Nullhypothese

$$H_0 : \gamma = 0$$

prüfen und dazu die folgende Testgröße verwenden:

$$\frac{\frac{1}{I \cdot J}(Q^* - Q_0)}{\frac{1}{I \cdot J \cdot (K-1) - 1} Q_0} \quad .$$

Sie besitzt eine F-Verteilung mit $I \cdot J$ und $I \cdot J \cdot (K-1) - 1$ Freiheitsgraden, falls γ verschwindet.

Dabei bedeutet:

$$Q^* = \sum_{i,j,k}(Y_{ijk} - \bar{Y}_{ij.})^2 \ .$$

Außerdem wurde vorausgesetzt, daß der Regressionskoeffizient in allen Gruppen gleich ist. Wenn dies nicht zutrifft, liegt das folgende Modell vor:

$$Y_{ijk} = \mu + \alpha_i + \beta_j + (\alpha\beta)_{ij} + \gamma_{ij}(X_{ijk} - \bar{X}_{...}) + \varepsilon_{ijk},$$

d.h. im alten Modell ist γ durch γ_{ij} ersetzt worden.

Die genannte Voraussetzung läßt sich mit der folgenden Nullhypothese

$$H_o = \text{"alle } \gamma_{ij} \text{ sind gleich"}$$

prüfen. Dazu kann man die Testgröße

$$\frac{\frac{1}{IJ-1}(Q_o - Q_o^*)}{\frac{1}{IJ \cdot (K-1) - IJ} Q_o^*}$$

verwenden. Gilt die Nullhypothese, so ist diese Testgröße F-verteilt mit $IJ-1$ und $IJ \cdot (K-1) - IJ$ Freiheitsgraden.

Dabei bedeutet:

$$Q_o^* = \sum_{i,j,k}(Y_{ijk} - \bar{Y}_{ij.})^2 - \sum_{i,j}(\hat{\gamma}_{ij})^2 \sum_k (X_{ijk} - \bar{X}_{ij.})^2$$

$$\hat{\gamma}_{ij} = \frac{\sum_k (X_{ijk} - \bar{X}_{ij.})(Y_{ijk} - \bar{Y}_{ij.})}{\sum_k (X_{ijk} - \bar{X}_{ij.})^2} \ .$$

Nichtorthogonale Varianzanalyse
H.-J. Jesdinsky

Das Modell der Zweifaktor-Kreuzklassifikation mit Wechselwirkung

$$Y_{ijk} = \mu + \alpha_i + \beta_j + (\alpha\beta)_{ij} + \varepsilon_{ijk} \tag{1}$$

$$i = 1,\ldots,I; \; j = 1,\ldots,J$$

mit $\sum_i \alpha_i = \sum_j \beta_j = \sum_i (\alpha\beta)_{ij} = \sum_j (\alpha\beta)_{ij} = 0,$ (2)

ε_{ijk} mit Erwartungswert 0 und sämtlich unkorreliert mit Varianz σ^2, wurde bisher für den Fall

$$k = 1,\ldots,K$$

behandelt. Im allgemeinen kann die Laufgrenze des Index k von i,j abhängen:

$$k = 1,\ldots,K_{ij}$$

Wenn nicht gilt $K_{ij} \equiv K$ (oder $K_{ij} = K_{i.}K_{.j}/K_{..}$, in diesem Fall wählt man die Nebenbedingungen (2) meist

$$\sum_i K_{i.}\alpha_i = \sum_j K_{.j}\beta_j = \sum_i K_{ij}(\alpha\beta)_{ij} = \sum_j K_{ij}(\alpha\beta)_{ij} = 0$$

und kann bei der Zerlegung der Quadratsumme wie bei konstantem K verfahren), so muß man auf die allgemeine Methode der kleinsten Quadrate zurückgreifen.

Obwohl das Vorgehen grundsätzlich analog dem bei der multiplen Regression angewendeten ist, lohnt sich eine gesonderte Darstellung wegen gewisser Schwierigkeiten bei der Gewinnung der Schätzwerte.

Wir formulieren zunächst (1) in Matrizenschreibweise und wählen $I = J = 2$. Sei β ein m-dimensionaler Vektor

$$\beta' = (\mu,\alpha_1,\alpha_2,\beta_1,\beta_2,(\alpha\beta)_{11},(\alpha\beta)_{12},(\alpha\beta)_{21},(\alpha\beta)_{22}), \; \text{d.h. } m = 9$$

und $n = K_{..}$,

ε ein n-dimensionaler Vektor mit

$$\varepsilon' = (\varepsilon_{111},\ldots,\varepsilon_{IJK_{IJ}}).$$

Die Elemente x_{ij} einer Matrix $X_{n \times m}$ seien wie folgt definiert:

$$x_{ij} = \begin{cases} 1, & \text{falls die j-te Komponente von ß in der i-ten Beobachtung vorkommt} \\ 0 & \text{sonst} \end{cases}$$

Dann ist (1a)

$$Y = X\beta + \mathcal{E}$$

mit (1) gleichbedeutend.

Die 6 Bedingungen (2) lauten

$$0 = H\beta, \qquad (2a)$$

wobei 0 der 5x1 - Nullvektor und H die Matrix

$$H = \begin{pmatrix} 0 & 1 & 1 & 0 & 0 & 0 & 0 & 0 & 0 \\ 0 & 0 & 0 & 1 & 1 & 0 & 0 & 0 & 0 \\ 0 & 0 & 0 & 0 & 0 & 1 & 0 & 1 & 0 \\ 0 & 0 & 0 & 0 & 0 & 0 & 1 & 0 & 1 \\ 0 & 0 & 0 & 0 & 0 & 1 & 1 & 0 & 0 \end{pmatrix}$$

ist (Die letzte unter (2) genannte Bedingung, $\sum_j (\alpha\beta)_{2j} = 0$, konnte weggelassen werden, da der zugehörige Vektor $h_6' = (000000011)$ wegen $h_6' = h_3' + h_4' - h_5'$ linear abhängig von den übrigen Zeilenvektoren von H ist). Die einzige Schwierigkeit in der Behandlung des Modells (1a) liegt darin, daß hier die 9-reihige Matrix $S=X'X$ nur den Rang 4 hat und somit keine Inverse besitzt. Man kann aber zeigen, daß die Matrix $S + H'H$ eine Inverse besitzt, wenn (2a) sämtliche linearen Beziehungen zwischen den Parametern des Modells (den Komponenten des Vektors ß) beschreibt. Die Matrix $(S+H'H)^{-1}$ sei im folgenden mit S^- bezeichnet, die Matrix $(\frac{X}{H})$ mit $\underline{X}$. Mit $\underline{X}$ und S^- lassen sich alle bei der multiplen Regression schon gewonnen Ergebnisse in gleicher Weise auch für den Fall des vorliegenden Modells darstellen. Es ist

$$\hat{\beta} = S^- \underline{X}'Y, \qquad V(\hat{\beta}) = \sigma^2 S^-,$$

$$\hat{\sigma}^2 = \frac{1}{n-IJ} Q_0 \text{ mit } Q_0 = Y'(I - \underline{X} S^- \underline{X}')Y.$$

Einem Effekt, z.B. α, wird die Quadratsumme

$$SQ_\alpha = Q_o^* - Q_o$$

$$Q_o^* = Y'(I-X_\alpha S_\alpha^- X_\alpha')Y \, ,$$

wobei X_α, H_α aus den Matrizen X und H durch Streichen der den Parametern $\alpha_1,\ldots,\alpha_I$ entsprechenden Spalten hervorgehen und $S_\alpha^- = (X_\alpha' X_\alpha + H_\alpha' H_\alpha)^{-1}$ ist, zugeordnet. Entsprechend findet man SQ_μ, SQ_β, $SQ_{\alpha\beta}$. Es gilt i.a. <u>nicht</u> $SQ_\mu + SQ_\alpha + SQ_\beta + SQ_{\alpha\beta} + Q_o = Y'Y$, daher die Bezeichnung nichtorthogonale Varianzanalyse.

Der Rechenaufwand mit der dargelegten Methode ist beträchtlich. Hat man keine Rechenanlage zur Verfügung oder reicht bei mehr als zwei kreuzklassifizierten Faktoren oder zwei kreuzklassifizierten Faktoren mit vielen Stufen die Kapazität der Maschine nicht aus, so wird man X_{nxm} so wählen, daß sie vollen Rang m hat und S^{-1} existiert.
Dies sei an einem Beispiel gezeigt.

Es mögen 10 Beobachtungen nach Modell (1) mit $I = J = 2$, $K_{11} = 3$, $K_{12} = 1$, $K_{21} = 2$, $K_{22} = 4$ vorliegen. Aus (2) erhalten wir

$$\alpha_2 = -\alpha_1, \, \beta_2 = -\beta_1, \, (\alpha\beta)_{11} = -(\alpha\beta)_{12} = -(\alpha\beta)_{21} = (\alpha\beta)_{22} \, .$$

Hiernach wählen wir den Parametervektor ß

$$\beta' = (\mu, \, \alpha_1, \, \beta_1, \, (\alpha\beta)_{11}) \, .$$

Sodann lautet die Matrix $X_{10\times 4}$

$$X = \begin{pmatrix} 1 & 1 & 1 & 1 \\ 1 & 1 & 1 & 1 \\ 1 & 1 & 1 & 1 \\ 1 & 1 & -1 & -1 \\ 1 & -1 & 1 & -1 \\ 1 & -1 & 1 & -1 \\ 1 & -1 & -1 & 1 \\ 1 & -1 & -1 & 1 \\ 1 & -1 & -1 & 1 \\ 1 & -1 & -1 & 1 \end{pmatrix} , \qquad S = X'X = \begin{pmatrix} 10 & -2 & 0 & 4 \\ -2 & 10 & 4 & 0 \\ 0 & 4 & 10 & -2 \\ 4 & 0 & -2 & 10 \end{pmatrix}$$

$$S^{-1} = \frac{1}{192} \begin{pmatrix} 25 & 7 & -5 & -11 \\ 7 & 25 & -11 & -5 \\ -5 & -11 & 25 & 7 \\ -11 & -5 & 7 & 25 \end{pmatrix}$$

Wir benötigen noch die Werte der Beobachtungen. Es sei

$$y' = (3\ 2\ 2\ 6\ 4\ 5\ 0\ 1\ 2\ 1)$$

Dann ist

$$y'X = (26\ 0\ 6\ -4)\ ,\ y'y = 100$$

$$\hat{\beta} = \frac{1}{192} \begin{pmatrix} 25 & 7 & -5 & -11 \\ 7 & 25 & -11 & -5 \\ -5 & -11 & 25 & 7 \\ -11 & -5 & 7 & 25 \end{pmatrix} \begin{pmatrix} 26 \\ 0 \\ 6 \\ -4 \end{pmatrix} = \frac{1}{24} \begin{pmatrix} 83 \\ 17 \\ -1 \\ -43 \end{pmatrix}$$

$$Q_0 = 100 - \frac{1}{24} (83\ 17\ -1\ -43) \begin{pmatrix} 26 \\ 0 \\ 6 \\ -4 \end{pmatrix} = 100 - \frac{581}{6} = \frac{19}{6}$$

$$\hat{\sigma}^2 = \frac{19}{36}.$$

Es sei Q_i die Minimierung über ein Modell, dessen X-Matrix X_i die i-te Spalte von X fehlt. Wir berechnen Q_4, um

$$SQ_{\alpha\beta} = Q_4 - Q_0$$

zu erhalten. Es sei wieder $S_4 = X_4' X_4$.

Es ist

$$Q_4 = y'(I - X_4 S_4^{-1} X_4')y$$

$$S_4 = \begin{pmatrix} 10 & -2 & 0 \\ -2 & 10 & 4 \\ 0 & 4 & 10 \end{pmatrix}, \qquad S_4^{-1} = \frac{1}{200} \begin{pmatrix} 21 & 5 & -2 \\ 5 & 25 & -10 \\ -2 & -10 & 24 \end{pmatrix}$$

$$y'X_4 = (26\ 0\ 6)$$

$$y'X_4 S_4^{-1} = \frac{1}{200} (534\ 70\ 92)$$

$$Q_4 = 100 - \frac{1}{100} (267\ 35\ 46) \begin{pmatrix} 26 \\ 0 \\ 6 \end{pmatrix} = 100 - \frac{7218}{100}$$

$SQ_{\alpha\beta} = Q_4 - Q_0 = 27{,}82 - 3{,}17 = 24{,}65$.

Die Größe $F = \dfrac{Q_4 - Q_0}{\hat{\sigma}^2} = \dfrac{24{,}65}{0{,}528} = 46{,}7$ ist an dem $(1-\alpha)$-Quantil der F-Verteilung mit 1 und 6 Freiheitsgraden zu testen. Die Hypothese $(\alpha\beta)_{11} = 0$ läßt sich auf dem 0,1%-Niveau verwerfen, da $46{,}7 > 35{,}5$.

Lecture Notes in Operations Research and Mathematical Systems

Vol. 1: H. Bühlmann, H. Loeffel, E. Nievergelt, Einführung in die Theorie und Praxis der Entscheidung bei Unsicherheit. 2. Auflage, IV, 125 Seiten 4°. 1969. DM 12,– / US $ 3.30

Vol. 2: U. N. Bhat, A Study of the Queueing Systems M/G/1 and GI/M/1. VIII, 78 pages. 4°. 1968. DM 8,80 / US $ 2.50

Vol. 3: A. Strauss, An Introduction to Optimal Control Theory. VI, 153 pages. 4°. 1968. DM 14,– / US $ 3.90

Vol. 4: Einführung in die Methode Branch and Bound. Herausgegeben von F. Weinberg. VIII, 159 Seiten. 4°. 1968. DM 14,– / US $ 3.90

Vol. 5: L. Hyvärinen, Information Theory for Systems Engineers. VIII, 205 pages. 4°. 1968. DM 15,20 / US $ 4.20

Vol. 6: H. P. Künzi, O. Müller, E. Nievergelt, Einführungskursus in die dynamische Programmierung. IV, 103 Seiten. 4°. 1968. DM 9,– / US $ 2.50

Vol. 7: W. Popp, Einführung in die Theorie der Lagerhaltung. VI, 173 Seiten. 4°. 1968. DM 14,80 / US $ 4.10

Vol. 8: J. Teghem, J. Loris-Teghem, J. P. Lambotte, Modèles d'Attente M/G/1 et GI/M/1 à Arrivées et Services en Groupes. IV, 53 pages. 4°. 1969. DM 6,– / US $ 1.70

Vol. 9: E. Schultze, Einführung in die mathematischen Grundlagen der Informationstheorie. VI, 116 Seiten. 4°. 1969. DM 10,– / US $ 2.80

Vol. 10: D. Hochstädter, Stochastische Lagerhaltungsmodelle. VI, 269 Seiten. 4°. 1969. DM 18,– / US $ 5.00

Vol. 11/12: Mathematical Systems Theory and Economics. Edited by H. W. Kuhn and G. P. Szegö. VIII, IV, 486 pages. 4°. 1969. DM 34,– / US $ 9.40

Vol. 13: Heuristische Planungsmethoden. Herausgegeben von F. Weinberg und C. A. Zehnder. II, 93 Seiten. 4°. 1969. DM 8,– / US $ 2.20

Vol. 14: Computing Methods in Optimization Problems. Edited by A. V. Balakrishnan. V, 191 pages. 4°. 1969. DM 14,– / US $ 3.90

Vol. 15: Economic Models, Estimation and Risk Programming: Essays in Honor of Gerhard Tintner. Edited by K. A. Fox, G. V. L. Narasimham and J. K. Sengupta. VIII, 461 pages. 4°. 1969. DM 24,– / US $ 6.60

Vol. 16: H. P. Künzi und W. Oettli, Nichtlineare Optimierung: Neuere Verfahren, Bibliographie. IV, 180 Seiten. 4°. 1969. DM 12,– / US $ 3.30

Vol. 17: H. Bauer und K. Neumann, Berechnung optimaler Steuerungen, Maximumprinzip und dynamische Optimierung. VIII, 188 Seiten. 4°. 1969. DM 14,– / US $ 3.90

Vol. 18: M. Wolff, Optimale Instandhaltungspolitiken in einfachen Systemen. V, 143 Seiten. 4°. 1970. DM 12,– / US $ 3.30

Vol. 19: L. Hyvärinen, Mathematical Modeling for Industrial Processes. VI, 122 pages. 4°. 1970. DM 10,– / US $ 2.80

Vol. 20: G. Uebe, Optimale Fahrpläne. IX, 161 Seiten. 4°. 1970. DM 12,– / US $ 3.30

Vol. 21: Th. Liebling, Graphentheorie in Planungs- und Tourenproblemen am Beispiel des städtischen Straßendienstes. IX, 118 Seiten. 4°. 1970. DM 12,– / US $ 3.30

Vol. 22: W. Eichhorn, Theorie der homogenen Produktionsfunktion. VIII, 119 Seiten. 4°. 1970. DM 12,– / US $ 3.30

Vol. 23: A. Ghosal, Some Aspects of Queueing and Storage Systems. IV, 93 pages. 4°. 1970. DM 10,– / US $ 2.80

Vol. 24: Feichtinger, Lernprozesse in stochastischen Automaten.
V, 66 Seiten. 4°. 1970. DM 6,– / $ 1.70

Vol. 25: R. Henn und O. Opitz, Konsum- und Produktionstheorie I.
II, 124 Seiten. 4°. 1970. DM 10,– / $ 2.80

Vol. 26: D. Hochstädter und G. Uebe, Ökonometrische Methoden.
XII, 250 Seiten. 4°. 1970. DM 18,– / $ 5.00

Vol. 27: I. H. Mufti, Computational Methods in Optimal Control Problems.
IV, 45 pages. 4°. 1970. DM 6,– / $ 1.70

Vol. 28: Theoretical Approaches to Non-Numerical Problem Solving. Edited by R. B. Banerji and M. D. Mesarovic. VI, 466 pages. 4°. 1970. DM 24,– / $ 6.60

Vol. 29: S. E. Elmaghraby, Some Network Models in Management Science.
III, 177 pages. 4°. 1970. DM 16,– / $ 4.40

Vol. 30: H. Noltemeier, Sensitivitätsanalyse bei diskreten linearen Optimierungsproblemen.
VI, 102 Seiten. 4°. 1970. DM 10,– / $ 2.80

Vol. 31: M. Kühlmeyer, Die nichtzentrale t-Verteilung.
II, 106 Seiten. 4°. 1970. DM 10,– / $ 2.80

Vol. 32: F. Bartholomes und G. Hotz, Homomorphismen und Reduktionen linearer Sprachen.
XII, 143 Seiten. 4°. 1970. DM 14,– / $ 3.90

Vol. 33: K. Hinderer, Foundations of Non-stationary Dynamic Programming with Discrete Time Parameter.
VI, 160 pages. 4°. 1970. DM 16,– / $ 4.40

Vol. 34: H. Störmer, Semi-Markoff-Prozesse mit endlich vielen Zuständen. Theorie und Anwendungen.
VII, 128 Seiten. 4°. 1970. DM 12,– / $ 3.30

Vol. 35: F. Ferschl, Markovketten. VI, 168 Seiten. 4°. 1970. DM 14,– / $ 3.90

Vol. 36: M. P. J. Magill, On a General Economic Theory of Motion.
VI, 95 pages. 4°. 1970. DM 10,– / $ 2.80

Vol. 37: H. Müller-Merbach, On Round-Off Errors in Linear Programming.
VI, 48 pages. 4°. 1970. DM 10,– / $ 2.80

Vol. 38: Statistische Methoden I, herausgegeben von E. Walter.
VIII. 338 Seiten. 4°. 1970. DM 22,– / $ 6.10

Vol. 39: Statistische Methoden II, herausgegeben von E. Walter.
IV, 145 Seiten. 4°. 1970. DM 14,– / $ 3.90

Beschaffenheit der Manuskripte

Die Manuskripte werden photomechanisch vervielfältigt; sie müssen daher in sauberer Schreibmaschinenschrift geschrieben sein. Handschriftliche Formeln bitte nur mit schwarzer Tusche eintragen. Notwendige Korrekturen sind bei dem bereits geschriebenen Text entweder durch Überkleben des alten Textes vorzunehmen oder aber müssen die zu korrigierenden Stellen mit weißem Korrekturlack abgedeckt werden. Falls das Manuskript oder Teile desselben neu geschrieben werden müssen, ist der Verlag bereit, dem Autor bei Erscheinen seines Bandes einen angemessenen Betrag zu zahlen. Die Autoren erhalten 75 Freiexemplare.

Zur Erreichung eines möglichst optimalen Reproduktionsergebnisses ist es erwünscht, daß bei der vorgesehenen Verkleinerung der Manuskripte der Text auf einer Seite in der Breite möglichst 18 cm und in der Höhe 26,5 cm nicht überschreitet. Entsprechende Satzspiegelvordrucke werden vom Verlag gern auf Anforderung zur Verfügung gestellt.

Manuskripte, in englischer, deutscher oder französischer Sprache abgefaßt, nimmt Prof. Dr. M. Beckmann, Department of Economics, Brown University, Providence, Rhode Island 02912/USA oder Prof. Dr. H.P. Künzi, Institut für Operations Research und elektronische Datenverarbeitung der Universität Zürich, Sumatrastraße 30, 8006 Zürich entgegen.

Cette série a pour but de donner des informations rapides, de niveau élevé, sur des développements récents en économétrie mathématique et en recherche opérationnelle, aussi bien dans la recherche que dans l'enseignement supérieur. On prévoit de publier

1. des versions préliminaires de travaux originaux et de monographies
2. des cours spéciaux portant sur un domaine nouveau ou sur des aspects nouveaux de domaines classiques
3. des rapports de séminaires
4. des conférences faites à des congrès ou à des colloquiums

En outre il est prévu de publier dans cette série, si la demande le justifie, des rapports de séminaires et des cours multicopiés ailleurs mais déjà épuisés.

Dans l'intérêt d'une diffusion rapide, les contributions auront souvent un caractère provisoire; le cas échéant, les démonstrations ne seront données que dans les grandes lignes. Les travaux présentés pourront également paraître ailleurs. Une réserve suffisante d'exemplaires sera toujours disponible. En permettant aux personnes intéressées d'être informées plus rapidement, les éditeurs Springer espèrent, par cette série de »prépublications«, rendre d'appréciables services aux instituts de mathématiques. Les annonces dans les revues spécialisées, les inscriptions aux catalogues et les copyrights rendront plus facile aux bibliothèques la tâche de réunir une documentation complète.

Présentation des manuscrits

Les manuscrits, étant reproduits par procédé photomécanique, doivent être soigneusement dactylographiés. Il est recommandé d'écrire à l'encre de Chine noire les formules non dactylographiées. Les corrections nécessaires doivent être effectuées soit par collage du nouveau texte sur l'ancien soit en recouvrant les endroits à corriger par du verni correcteur blanc.

S'il s'avère nécessaire d'écrire de nouveau le manuscrit, soit complètement, soit en partie, la maison d'édition se déclare prête à verser à l'auteur, lors de la parution du volume, le montant des frais correspondants. Les auteurs reçoivent 75 exemplaires gratuits.

Pour obtenir une reproduction optimale il est désirable que le texte dactylographié sur une page ne dépasse pas 26,5 cm en hauteur et 18 cm en largeur. Sur demande la maison d'édition met à la disposition des auteurs du papier spécialement préparé.

Les manuscrits en anglais, allemand ou francais peuvent être adressés au Prof. Dr. M. Beckmann, Department of Economics, Brown University, Providence, Rhode Island 02912/USA ou au Prof. Dr. H.P. Künzi, Institut für Operations Research und elektronische Datenverarbeitung der Universität Zürich, Sumatrastraße 30, 8006 Zürich.

If you have any concerns about our products,
you can contact us on
ProductSafety@springernature.com

In case Publisher is established outside the EU,
the EU authorized representative is:
**Springer Nature Customer Service Center GmbH
Europaplatz 3, 69115 Heidelberg, Germany**

Printed by Libri Plureos GmbH
in Hamburg, Germany